大学生公共基础课系列教材

办公软件高级应用操作实务

主　编　俞立峰　沈戎芬　宋雯斐
副主编　徐春霞　王丽丽　何帅慧　陈　暄　杨世杰

U0294248

电子工业出版社·
Publishing House of Electronics Industry
北京·BEIJING

内 容 简 介

　　本书紧密围绕计算机等级考试新大纲的要求组织内容，对计算机信息技术基础教材从内容及组织模式上进行了不同程度的调整，使之更加符合当前高职教育的教学需要。本书从教学实际需求出发，侧重培养学生的创新精神和实践能力，在注重系统性、科学性的基础上重点突出实用性和可操作性，使学生快速掌握计算机应用的基础知识，具备操作计算机、使用现代化办公软件、进行网络操作等基本能力。

　　本书可作为高校办公软件高级应用课程的实践教材，也可作为自学教材或考试辅导教材。

图书在版编目（CIP）数据

办公软件高级应用操作实务 / 俞立峰，沈戎芬，宋雯斐主编. —北京：电子工业出版社，2021.8
ISBN 978-7-121-41558-6

Ⅰ．①办…　Ⅱ．①俞…　②沈…　③宋…　Ⅲ．①Windows 操作系统—高等职业教育—教材 ②办公自动化—应用软件—高等职业教育—教材　Ⅳ．①TP316.7 ②TP317.1

中国版本图书馆 CIP 数据核字（2021）第 137307 号

责任编辑：康　静
印　　刷：天津嘉恒印务有限公司
装　　订：天津嘉恒印务有限公司
出版发行：电子工业出版社
　　　　　北京市海淀区万寿路 173 信箱　邮编 100036
开　　本：787×1092　1/16　印张：16.75　字数：428.8 千字
版　　次：2023 年 3 月第 1 版
印　　次：2025 年 3 月第 9 次印刷
定　　价：49.80 元

　　凡所购买电子工业出版社图书有缺损问题，请向购买书店调换。若书店售缺，请与本社发行部联系，联系及邮购电话：（010）88254888，88258888。

　　质量投诉请发邮件至 zlts@phei.com.cn，盗版侵权举报请发邮件至 dbqq@phei.com.cn。

　　本书咨询联系方式：（010）88254609，hzh@phei.com.cn。

前　言

办公软件高级应用课程是高校学生的必修课程。通过本课程的学习，学生可以掌握办公自动化的基本概念及办公集成软件的高级应用技术，进而理解计算思维在本专业领域中的典型应用，为后继专业课程提供必要的基础。

计算机信息技术的飞速发展，促使高校的计算机教学不断地改革和跟进，特别是对于高职教育，教育理论、教育体系及教育思想处于不断探索之中。目前市场上许多教材在内容选取及教学模式组织上已经不能适应高职教育的需要。为促进计算机教学的顺利开展，适应教学实际的需要和培养学生应用能力的要求，编者根据《浙江省高校计算机等级考试大纲（2019）》的要求，着手编写本教材。本书紧密围绕计算机等级考试新大纲的要求组织内容，对计算机信息技术基础教材从内容及组织模式上进行了不同程度的调整，使之更加符合当前高职教育的教学需要。希望对参加计算机等级考试的考生有所帮助。

本书从教学实际需求出发，侧重培养学生的创新精神和实践能力，在注重系统性、科学性的基础上重点突出实用性和可操作性，使学生快速掌握计算机应用的基础知识，具备操作计算机、使用现代化办公软件、进行网络操作等基本能力。

本书由浙江工业职业技术学院的俞立峰、宁波幼儿师范高等专科学校（宁波教育学院）的沈戎芬、浙江工业职业技术学院的宋雯斐担任主编，徐春霞、王丽丽、何帅慧、陈暄、杨世杰担任副主编。Word 部分由何帅慧、杨世杰编写，Excel 部分由徐春霞、俞立峰编写，PowerPoint 部分由陈暄、沈戎芬编写，本书的视频部分由王丽丽老师完成，全书由俞立峰、宋雯斐统稿，在编写的过程中，得到了同事的帮助和审阅，特别是绍兴市越城区金匠职业技术培训学校的培训讲师们对本书提出了许多宝贵的意见，在此表示衷心的感谢！

为了方便教师教学，本书配有电子教学课件及相关资源，请有此需要的教师登录华信教育资源网（www.hxedu.com.cn）免费注册后下载，如有问题可在网站留言板留言或与电子工业出版社编辑联系（E-mail：hzh@phei.com.cn），也可以与作者联系（yu__lifeng@163.com）。

由于编者的水平有限，加之时间仓促，书中难免有不妥和疏漏之处，恳请专家、教师和读者多提宝贵意见，以帮助我们以后对教材进行修订。

编　者
2023 年 3 月

目　录

上　篇

下　篇

上 篇

1　文字处理软件 Word 2019

Word 2019 是一款能够很好满足文字编辑排版要求的办公软件，是目前最通用的办公软件之一。本部分内容主要介绍 Word 2019 的基本知识和基本操作。

1.1　基础知识

1.1.1　Word 2019 的启动和退出

1. Word 2019 的启动

Word 2019 的启动方法常见的有以下 3 种。

（1）安装完 Office 2019 后，在任务栏下会自动生成 Office 2019 的快捷方式，在任务栏中单击 Word 2019 的快捷方式便可启动 Word 2019。

（2）单击"开始"，然后在"所有程序"中选择 Word 2019，也可启动 Word 2019。

（3）双击桌面的快捷方式图标。

2. Word 2019 的退出

Word 2019 的退出方法常见的有以下 3 种。

（1）单击 Word 2019 窗口右上角的"关闭"按钮。

（2）按 Alt+F4 组合键。

（3）选择"文件"→"关闭"菜单命令。

1.1.2　Word 2019 的工作界面

启动 Word 2019 后，屏幕上会显示 Word 2019 的编辑窗口，如图 1-1 所示，主要由快速访问工具栏、标题栏、功能区、导航窗格、编辑区、标尺栏、状态栏、水平/垂直滑块、视图区、缩放滑块等部分组成，下面逐一介绍几个功能区的操作。

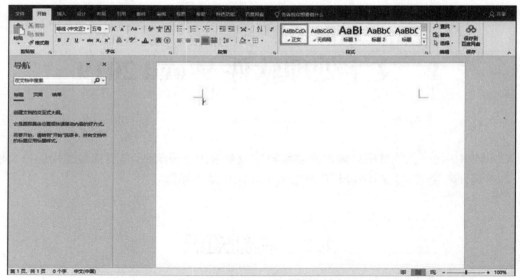

图 1-1 Word 2019 的编辑窗口

在 Word 2019 的编辑窗口中，上方看起来像菜单的是功能区，当单击功能区时会像选项卡一样进行切换，下面一一介绍。

"开始"功能区中包括"剪贴板""字体""段落""样式""编辑"5 个分组，该功能区主要用于帮助用户对 Word 2019 文档进行文字编辑和格式设置，是用户最常用的功能区，如图 1-2 所示。

图 1-2 "开始"功能区

"插入"功能区包括"页面""表格""插图""加载项""媒体""链接""批注""页眉和页脚""文本""符号"几个分组，主要用于在 Word 2019 文档中插入各种元素，如图 1-3 所示。

图 1-3 "插入"功能区

"设计"功能区包括"文档格式""页面背景"两个分组，主要功能包括主题的选择和设置、设置水印、设置页面颜色和页面边框等项目，如图 1-4 所示。

图 1-4 "设计"功能区

"布局"功能区包括"页面设置""稿纸""段落""排列"几个分组，用于帮助用户设置 Word 2019 文档页面样式，如图 1-5 所示。

图 1-5 "布局"功能区

"引用"功能区包括"目录""脚注""信息检索""引文与书目""题注""索引""引文目录"几个分组，用于实现在 Word 2019 文档中插入目录等比较高级的功能，如图 1-6 所示。

图 1-6 "引用"功能区

"邮件"功能区包括"创建""开始邮件合并""编写和插入域""预览结果""完成"几个分组，该功能区专门用于在 Word 2019 文档中进行邮件合并方面的操作，如图 1-7 所示。

图 1-7 "邮件"功能区

"审阅"功能区包括"校对""语言""辅助功能""语言""中文简繁转换""批注""修订""更改""比较""保护""墨迹"几个分组，主要用于对 Word 2019 文档进行校对和修订等操作，适用于多人协作处理 Word 2019 长文档，如图 1-8 所示。

图 1-8 "审阅"功能区

"视图"功能区包括"视图""沉浸式""页面移动""显示""显示比例""窗口""宏"等几个分组，主要用于帮助用户设置 Word 2019 操作窗口的视图类型，以方便操作，如图 1-9 所示。

图 1-9 "视图"功能区

1.1.3 自定义 Word 2019 的工作界面

Word 2019 在安装好后，其界面是默认的，用户可根据自己的习惯进行设置，其中包括自定义快速访问工具栏、功能区和视图模式。

1. 自定义快速访问工具栏

为了方便操作，用户可以在快速访问工具栏中添加常用的命令或者删除不常用的命令。

（1）添加常用命令。单击快速访问工具栏中的 ▼ 按钮，在弹出的命令框中选择"其他命令"，然后在"从下列位置选择命令"中选择需要的命令，单击"添加"按钮，然后单击"确定"按钮，在快速访问工具栏中就会出现添加的命令，如图1-10所示。

图1-10 添加快速访问工具栏命令

（2）删除不常用命令。单击快速访问工具栏中的 ▼ 按钮，在弹出的命令框中选择"其他命令"，然后在"自定义快速访问工具栏"中选择需要删除的命令，单击"删除"按钮，然后单击"确定"按钮，在快速访问工具栏中就会删除所选择的命令，如图1-11所示。

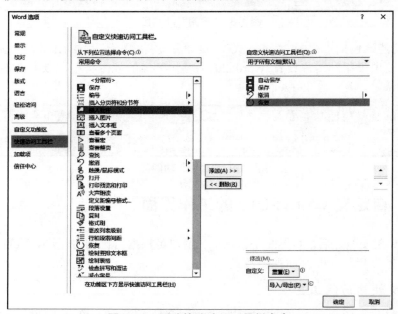

图1-11 删除快速访问工具栏命令

2. 自定义功能区

在 Word 2019 工作界面中，用户可选择"文件"→"选项"命令，在打开的"Word 选项"对话框中单击"自定义功能区"选项卡，在其中根据需要显示或隐藏相应的功能选项卡、新建选项卡、在选项卡中新建组和命令等，如图 1-12 所示。

图 1-12　"自定义功能区"选项卡

1.2　基本操作

1.2.1　创建文档

启动 Word 2019 后，将会自动创建一个空白的文档，用户也可根据需要手动创建符合要求的模板文档，其操作如下：

（1）选择"开始"→"所有程序"→"Word 2019"，启动 Word 2019。

（2）选择"文件"→"新建"命令，在打开的面板中选择"空白文档"选项，对文档进行新建。

1.2.2　模板和样式

模板和样式是 Word 2019 中常见的排版工具，下面分别介绍相关知识。

1. 模板

当我们编辑文档时，有时会遇到使用一个格式修饰文档，这时可以使用模板。用模板创建一个新的文档，可以按照这个模板的样式修饰文档，这样就不用每次都设置格式了，其操作方法如下。

执行"文件"→"新建"命令，选择所需要的模板，如图 1-13 所示。

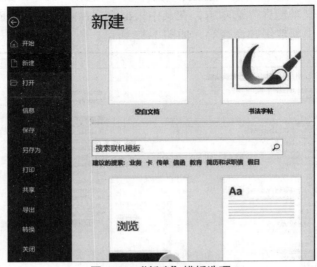

图 1-13 "新建"模板选项

选择好模板后单击，会弹出下载对话框，单击"创建"按钮，如图 1-14 所示。

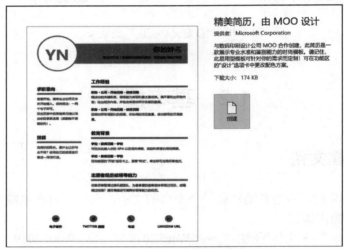

图 1-14 创建新的模板

2．样式

当编排一篇较长的文档时，需要对许多文字和段落进行相同的设置，如果只是利用字体格式和段落格式来进行排版，就会非常浪费时间，也很难使文档的格式保持一致，使用"样式"功能可以减少很多重复的操作，并且排版后的格式是一致的。

样式是一组已经命名的字符和段落格式，它可以设置文档中的标题、题注及正文等各个文档元素的格式，对文档主要有以下作用。

（1）使文档的格式便于统一。

（2）便于构筑大纲，使文档更有条理，编辑和修改更简单。

（3）可生成目录。

1.2.3 修改和编辑文本

若要输入与文档中已有的内容相同的文本，可以通过"复制"的方法来操作；若要将所需内容从一个位置移动到另一个位置，可以通过"剪切"的方法来操作。

1．复制文本

复制文本是指在目标位置为原位置的文本创建一个副本，复制文本后，原位置和目标位置都存在该文本，具体的操作方法有以下 3 种。

（1）选择要复制的文本，在"开始"功能区里单击"复制"按钮，利用鼠标或者键盘上的方向键定位到要粘贴的地方，然后在"开始"功能区里单击"粘贴"按钮。

（2）选择要复制的文本，右击，选择"复制"命令，利用鼠标或者键盘上的方向键定位到要粘贴的地方，然后右击，选择"粘贴"命令。

（3）选择要复制的文本，按 Ctrl+C 组合键，利用鼠标或者键盘上的方向键定位到要粘贴的地方，然后按 Ctrl+V 组合键。

2．移动文本

移动文本是指将文本从原来的位置移动到文档中其他的位置，具体的操作方法有以下 3 种。

（1）选择要移动的文本，在"开始"功能区里单击"剪切"按钮，利用鼠标或者键盘上的方向键定位到要粘贴的地方，然后在"开始"功能区里单击"粘贴"按钮。

（2）选择要移动的文本，右击，选择"剪切"命令，利用鼠标或者键盘上的方向键定位到要粘贴的地方，然后右击，选择"粘贴"命令。

（3）选择要移动的文本，按 Ctrl+X 组合键，利用鼠标或者键盘上的方向键定位到要粘贴的地方，然后按 Ctrl+V 组合键。

1.2.4 查找和替换文本

在工作或学习中，输入时可能打错了一些字，在这种情况下，可以使用"查找和替换"功能来检查和修改错误的部分，其操作方法如下。

将插入点定位到文档的开始处，在"开始"功能区的"编辑"组中找到"替换"按钮，或者按 Ctrl+H 组合键，打开"查找和替换"对话框，如图 1-15 所示。

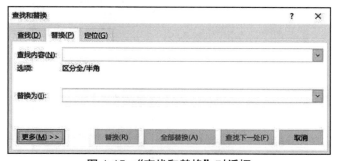

图 1-15 "查找和替换"对话框

1.2.5　保存文档

完成编辑后，必须对文档进行保存。一般情况下，保存文档的方法有 4 种，第一种是执行"文件"→"保存"命令，这种方法是直接在现有的文档中进行保存；第二种是执行"文件"→"另存为"命令，这种方法可以将文档保存在计算机的其他位置，也就是按照用户的意愿按指定的位置进行保存；第三种是按 Ctrl+S 组合键对文档进行直接保存；第四种是单击快速访问工具栏中的 ■ 按钮对文档进行保存。

1.2.6　字体的设置

字体设置包括文字的字体、字号、增大字号、减小字号、字形、上标、下标、颜色等设置。当文字输入完后，对文档中文字的字体及字号等进行设置，操作方法如下。

选择需要设置的文字，在"开始"功能区里找到"字体"组进行设置，如图 1-16 所示。

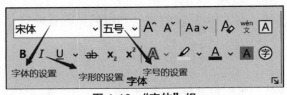

图 1-16　"字体"组

选择需要设置的文字，在"开始"功能区里单击"字体"组右侧的 ■ 按钮，在弹出的对话框中也可以对字体进行设置，如图 1-17 所示。

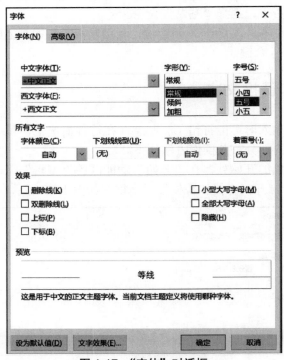

图 1-17　"字体"对话框

1.2.7 段落的设置

对于 Word 2019 中文档的录入，常常需要注意录入的格式，通过合理设置段落格式，可以让文稿看起来更加美观。

选择要设置段落的文字，右击，选择"段落"命令，或者在"开始"功能区的"段落"组中单击右侧的 📑 按钮，就会弹出"段落"对话框，如图 1-18 所示。

图 1-18 "段落"对话框

段落格式：在"开始"选项卡下的"段落"功能区中可以对文本段落格式进行设置，包括改变段落的对齐方式、缩进方式、行距、段落间距、项目符号和编号，以及设置段落底纹和边框等。

段落对齐方式：利用 Word 的编辑排版功能调整文档中段落相对于页面的位置。常用的对齐方式有：左对齐（Ctrl+L）、居中对齐（Ctrl+E）、右对齐（Ctrl+R）、两端对齐（Ctrl+J）和分散对齐（Ctrl+Shift+J）。具体操作为：将光标定位在段落中，单击"段落"功能区中相应的对齐按钮即可。

段落缩进：指的是文本与页边距之间的距离。减小或增加缩进量，改变的是文本与页边距之间的距离。通过为段落设置缩进，可以增强段落的层次感。段落缩进一共有 4 种方式，即首行缩进、悬挂缩进、左缩进、右缩进。

段落间距及行距设置：段落间距指段落与段落之间的距离，行距指段落内部文本行与行之间的距离。具体操作为：将光标定位在需要设置的段落文本中，单击"段落"功能区右下

角的 按钮，打开"段落"对话框，在该对话框中进行相应设置。

1.2.8 项目符号和编号

项目符号和编号的作用是使文章变得具有可读性、层次分明。下面我们来学习项目符号和编号。

1. 项目符号

"项目符号"按钮在"开始"功能区的"段落"组中，其作用是创建适用于技术或法律文档的编号，使用起来非常方便，如果"项目符号库"中没有我们想要的符号，可单击"定义新项目符号"按钮，在弹出的对话框中包含了"符号""图片""字体"3 个选项，可以在里面选择自己所需的符号，如图 1-19 所示。

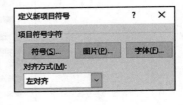

图 1-19 "项目符号"的相关设置

2. 编号

Word 2019 文档中，我们需要对编辑过的 Word 文档进行整体的调整，让 Word 文档看起来整体有序、整齐美观，这就需要为段落设置编号。"编号"按钮在"开始"功能区的"段落"组中，Word 2019 使用编号很简单，只需要在"编号库"中选择一种样式就可以了，但有时也需要重新定义编号的起始值，我们可以选择已应用的编号，右击，选择"设置编号值"命令，在打开的"起始编号"对话框中输入新编号的初始值或者选择开始新列表，如图 1-20 所示。

图 1-20 "编号"的相关设置

1.2.9 页面设置

页面设置包括设置页面大小、页边距、页面背景、水印、封面等，这些设置将应用于文档的所有页面。

1. 设置页面大小

Word 2019 默认页面大小为 A4（21 厘米×29.7 厘米），但是在实际生活中，编辑完成 Word 2019 文档之后，需要根据实际情况设置文档的纸张大小，"页面设置"可以调整页面纸张大小，有以下 3 种方法可以打开"页面设置"对话框。

（1）双击标尺栏，在打开的"页面设置"对话框中进行相应的设置。

（2）在"布局"功能区的"页面设置"组中单击"页边距"按钮，在弹出的选项中选择"自定义页边距"，在打开的"页面设置"对话框中进行相应的设置。

（3）在"布局"功能区的"页面设置"组中单击 按钮，在打开的"页面设置"对话框中进行相应的设置。

2. 分隔符

Word 2019 包括四类分隔符：分页符、分栏符、分节符和自动换行符。下面主要介绍前面三类。

分页符：标记一页终止并开始下一页的点。在 Word 中输入文字时，会按照页面设置中的参数使文字填满一行时自动换行，填满一页时自动换页，而分页符的作用是使文档在插入分页符的位置强制换页。其快捷键是 Ctrl+Enter。注意：不要用连续输入多个换行符的方式换页。

分栏符：指示分栏符后面的文字将从下一栏开始。有时根据排版和美观的需要，需要对文本进行分栏操作。具体操作步骤为：选中需要进行分栏的文字，单击"布局"选项卡，在"页面设置"功能区中单击"栏"按钮，在弹出的列表中选择相应的分栏数，或者选择"更多栏"命令，在打开的"栏"对话框中进行自定义设置，如图 1-21 所示。

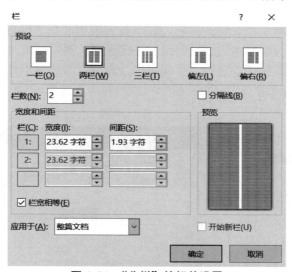

图 1-21 "分栏"的相关设置

分节符：指为表示节的结尾插入的标记。新建的 Word 文档默认只有 1 节，在文档左下角会显示节的序号。分节符包含节的格式设置元素，如页边距、页面的方向、页眉和页脚，以及页码的顺序。可以使用分节符改变文档中一个或多个页面的版式或格式。例如，可以通过分节符设置文档中不同页面的纸张方向，有的纵向显示有的横向显示。通过分节符可以设置不同的页码格式和不同的页眉文字等。

3．页眉和页脚及页码

单击"插入"选项卡，选择"页眉和页脚"功能区中的"页眉"、"页脚"或"页码"可以给文档添加页眉、页脚和页码。

添加页眉步骤为：单击"页眉"按钮，在下拉列表中选择"编辑页眉"命令，进入页眉和页脚编辑状态，这时正文区域会变成灰色，不可编辑。如图 1-22 所示，在页眉区域输入页眉内容即可。如果要退出页眉编辑状态，可以单击"页眉和页脚工具"功能区右侧的"关闭页眉和页脚"按钮，或者直接在正文区域双击。

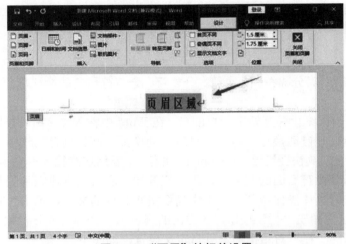

图 1-22　"页眉"的相关设置

添加页码步骤为：单击"页码"按钮，在下拉列表中选择"设置页码格式"命令，打开"页码格式"对话框。对编号格式、页码编号进行设置，然后单击"确定"按钮，如图 1-23 所示。再次单击"页码"按钮，选择"页码底端"命令（页码放置的位置，一般页码放在页面的底端），选择"普通数字 2"（页码居于页面的左中右位置），如图 1-24 所示，即可添加页码，并同时进入页脚编辑状态。

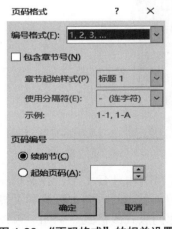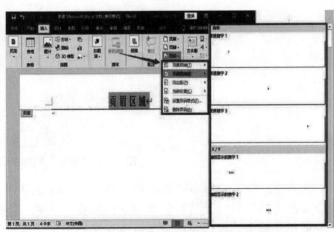

图 1-23　"页码格式"的相关设置　　　　**图 1-24　"插入页码"的相关设置**

如果要退出页脚编辑状态，可以单击"页眉和页脚工具"右侧的"关闭页眉和页脚"按钮，或者直接在正文区域双击即可退出。

1.2.10 页面背景设置

1. 背景颜色设置

在 Word 2019 中，页面背景可以是纯色背景，也可以是渐变色背景或图片背景。其设置方法如下。

在"设计"功能区的"页面背景"组中单击"页面颜色"按钮，在弹出的列表中选择一种颜色作为背景色，如图 1-25 所示。

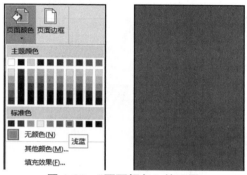

图 1-25　"页面颜色"的设置

也可以设置背景色为渐变色或者以图片的方式作为文档的背景，其操作方法如下：在"设计"功能区的"页面背景"组中单击"页面颜色"按钮，在弹出的列表中选择"填充效果"，在打开的"填充效果"对话框中选中"渐变"选项卡，在"颜色"选项组中选择"双色"，此时可以对"颜色 1"和"颜色 2"进行设置。设置好后，可以对颜色的透明度进行设置，在"底纹样式"中还可以设置渐变的样式。也可以选择"预设"颜色效果，在"预设颜色"中选择一种需要的预设，如图 1-26 所示。

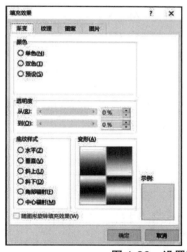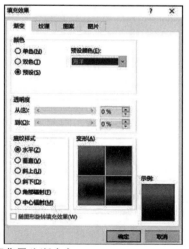

图 1-26　设置页面背景为渐变色

设置背景图片的方法如下：在"设计"功能区的"页面背景"组中单击"页面颜色"按钮  ，在弹出的列表中选择"填充效果"，在打开的"填充效果"对话框中单击"图片"选项卡，找到相应的图片，单击"确定"按钮即可完成设置。

2. 添加水印

在制作文档时，为了表明所有权和出处，可以为文档添加水印背景，其操作方法如下：在"设计"功能区的"页面背景"组中单击"水印"按钮，在弹出的列表中选择所需要的水印效果，如图 1-27 所示。

除了软件自带的几种水印之外，还可以根据需要对"水印"进行设置，其操作方法如下：在"设计"功能区的"页面背景"组中单击"水印"按钮，在弹出的列表中选择"自定义水印"，在打开的"水印"对话框中进行设置，如图 1-28 所示。

图 1-27 "水印"的设置

图 1-27 自定义水印的设置

1.2.11 表格操作

在 Word 2019 中，创建表格的方法有 3 种，下面分别介绍。

1. 插入自动表格

插入自动表格的操作方法如下。

（1）在"插入"功能区的"表格"组中单击"表格"按钮。

（2）在打开的下拉列表中按住鼠标的左键不放，直到满足所需的表格行数、列数后，再松开鼠标；或者不用按住鼠标，直接在表格区域拖动鼠标，直到满足所需的表格行数、列数后单击，同样也可以创建表格，如图 1-28 所示。

2. 插入指定行列表格

插入指定行列表格操作方法如下。

（1）在"插入"功能区的"表格"组中单击"表格"按钮，在弹出的下拉列表中选择"插入表格"选项，打开"插入表格"对话框，如图 1-29 所示。

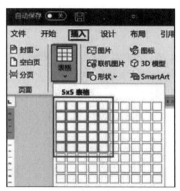

图 1-28　插入自动表格

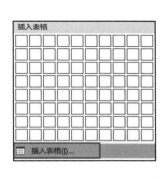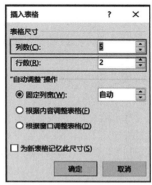

图 1-29　"插入表格"对话框

（2）在该对话框中设置我们所需要的列数和行数，然后单击"确定"按钮即可创建表格。

3．表格工具

将光标移到表格上，在任意单元格上单击，顶部的标题栏区域会出现"表格工具"，其下方有"设计""布局"两个选项卡。在"表格工具"下的"设计"选项卡中，可设置表格样式、边框、底纹等。在"表格工具"下的"布局"选项卡中，可进行插入行、列，拆分/合并单元格，设置单元格内容的对齐方式，对表格内容进行排序，设置重复标题行，插入公式等操作，如图 1-30 所示。

选中表格后，单击鼠标右键，在弹出的快捷菜单中可执行合并单元格、删除单元格、拆分单元格、表格属性、新建批注等操作。

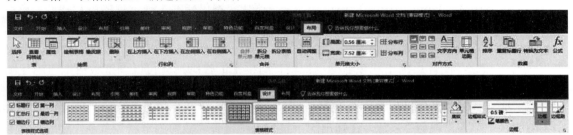

图 1-30　表格"设计""布局"选项卡

1.2.12 图片操作

Word 可以把剪贴画中的图片或磁盘中的图片插入到文档中。

（1）插入图片。将光标置于需要插入图片的位置，单击"插入"选项卡，在"插图"功能区中单击"图片"按钮，打开"插入图片"对话框，如图 1-31 所示。在磁盘中找到所需插入的图片，单击"插入"按钮，即可在光标处插入图片。

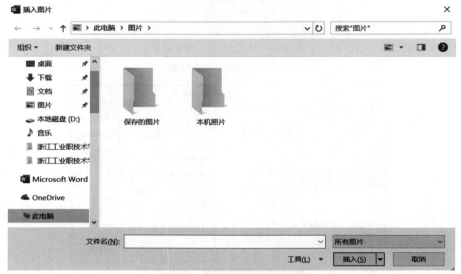

图 1-31 "插入图片"对话框

（2）编辑图片。插入图片后，选中图片，在 Word 文档窗口的上方会多出"图片工具—格式"选项卡。该选项卡中包含了多种编辑图片功能，包括调整、图片样式、辅助功能、排列、大小等几个功能组，如图 1-32 所示。

图 1-32 "图片工具—格式"选项卡

（3）裁剪图片。Word 2019 裁剪图片功能非常强大，不仅能够实现常规的图片裁剪，还可以将图片裁剪为不同的形状。

具体操作：选中需要裁剪的图片，在"图片工具—格式"选项卡下"大小"功能区中单击"裁剪"按钮，图片周围出现裁剪框，拖动裁剪框上的控制柄就可以调整裁剪框包围住图片的范围，如图 1-33 所示，操作完成后，按回车键确认。

（4）形状裁剪，具体操作为：选中需要裁剪的图片，在"图片工具—格式"选项卡下"大小"功能区中单击"裁剪"按钮，在弹出的下拉列表中选择"裁剪为形状"命令，然后在"形状"窗口中选择需要裁剪的形状按钮即可，如图 1-34 所示。

图 1-33　"裁剪"对话框

图 1-34　"裁剪为形状"对话框

1.2.13　保护文档

为了防止他人随意查看文档信息，可以使用 Word 2019 里的"保护文档"功能对文档进行保护，其操作方法如下。

执行"文件"→"信息"命令，在窗口中单击"保护文档"按钮 🔒，然后选择"用密码进行加密"选项，如图 1-35 所示。

在打开的"加密文档"对话框中输入密码"123456"，然后单击"确定"按钮，再次输入密码"123456"确认，最后单击"确定"按钮，并对所有文档进行保存，如图 1-36 所示。

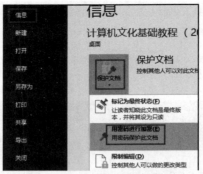

图 1-35 "保护文档"的设置

提示：对文档进行加密还有另一种方法，即执行"文件"→"另存为"→"浏览"命令，在弹出的"另存为"对话框中单击"工具"按钮，然后单击"常规选项"，在其中输入密码，也可以为文档提供加密保护。

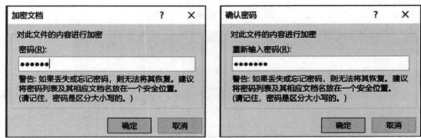

图 1-36 "输入密码"的设置

1.2.14 打印设置

打印文档之前，可以先通过"打印预览"查看打印效果。单击快速访问工具栏上的"打印预览和打印"按钮，或者按快捷键 Ctrl+P，打开"打印"窗口。窗口右边所见的页面效果即是打印输出后的效果，如图 1-37 所示。

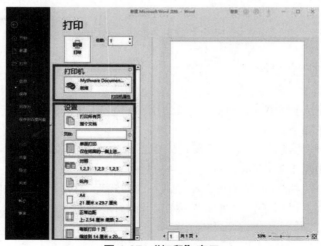

图 1-37 "打印"窗口

"打印"窗口的左边可以进行打印设置，包括设置打印份数、选择打印机、打印范围、打印纸张等。在设置打印范围时，默认为"打印所有页"，可以在下拉列表中选择"打印当前页面"或者"自定义打印范围"。

  自定义打印范围可在"页数"右侧的文本框中输入页码或页码范围，页码范围可由数字、英文逗号（,）、减号（-）组成。逗号分隔表示指定页码，减号分隔表示起止页码。如图 1-38 所示，表示打印第 1 页到第 3 页、第 5 页、第 7 页到第 9 页，共打印 7 页。

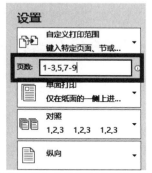

图 1-38 "自定义打印范围"的设置

2 综合操作：Word 2019 短文档单项操作

项目 2.1 主控文档和子文档 1

任务描述

主控文档（语音版）

建立主控文档 Main.docx，按序创建子文档 Sub1.docx、Sub2.docx、Sub3.docx。要求：

（1）Sub1.docx 中第一行内容为"Sub^1"，样式为正文。

（2）Sub2.docx 中第一行内容为"办公软件高级应用"，样式为正文，将该文字设置为书签（名为 Mark）；第二行为空白行；在第三行中插入书签 Mark 标记的文本。

（3）Sub3.docx 中第一行使用域插入该文档创建时间（格式不限）；第二行使用域插入该文档的存储大小。

任务实施

1. 在指定文件夹中右击，选择"新建"→"Microsoft Word 文档"，如图 2-1 所示，创建文档并命名为"Main.docx"。

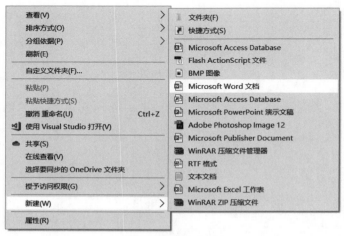

图 2-1 新建文档

继续新建文档"Sub1.docx""Sub2.docx""Sub3.docx"。

双击打开 Sub1.docx，输入文字"Sub1"，然后选中"1"，单击"开始"选项卡下"字体"

组中的"上标"命令图标，保存后关闭文档"Sub1.docx"。

双击打开"Sub2.docx"，输入"办公软件高级应用"；然后选中"办公软件高级应用"，单击"插入"→"链接"组中的"书签"命令，在打开的"书签"对话框的"书签名"框中输入"Mark"，再单击"添加"按钮，如图 2-2 所示。

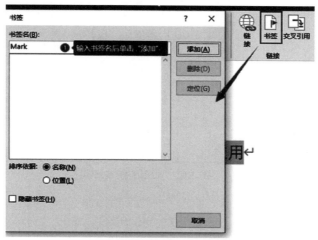

图 2-2　插入书签

在"用"字后按回车键空一行；继续按回车键进入第三行，单击"插入"→"文档部件"→"域"，打开"域"对话框。在该对话框中，"类别"选择"链接和引用"，"域名"选择"Ref"，"域属性"选择"Mark"，最后单击"确定"按钮退出，如图 2-3 所示。

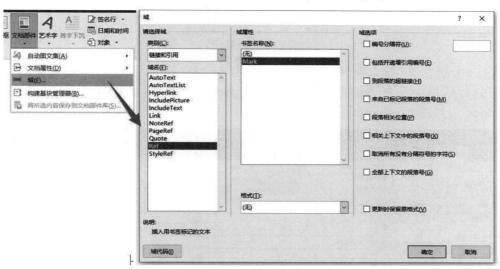

图 2-3　插入书签标记的文本

保存文档后关闭。

双击打开"Sub3.docx"，单击"插入"→"文档部件"→"域"，在打开的"域"对话框中设置"类别"为"日期和时间"，"域名"为 CreateDate，域属性任意，单击"确定"按钮即可，如图 2-4 所示。

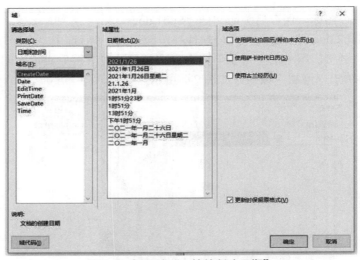

图 2-4　插入域"文档的创建日期"

按回车键进入第二行，继续单击"插入"→"文档部件"→"域"，在打开的"域"对话框中设置"类别"为"文档信息"，"域名"为"FileSize"，单击"确定"按钮即可。

保存文档后关闭。

双击打开"Main.docx"，单击"视图"选项卡下的"大纲"命令，进入到大纲视图，如图 2-5 所示。

图 2-5　大纲视图

单击"大纲显示"选项卡下的"显示文档"命令，展开子命令，然后单击"插入"命令，在打开的对话框中选择前面创建好的"Sub1.docx"，然后继续同样插入"Sub2.docx""Sub3.docx"，如图 2-6 所示。

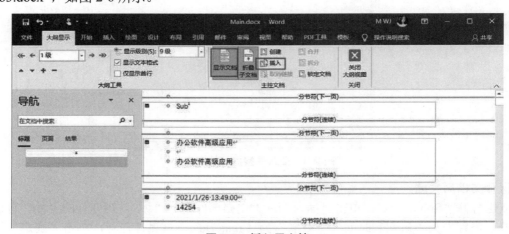

图 2-6　插入子文档

最后单击"关闭大纲视图"按钮，保存文档后关闭即可。

项目 2.2　主控文档和子文档 2

任务描述

建立主控文档"主文档.docx"，按序创建子文档 Sub1.docx、Sub2.docx 和 Sub3.docx。要求：

主控文档（语音版）

（1）Sub1.docx 中第一行内容为"Sub^1"，第二行内容为文档创建的日期（使用域，格式不限），样式均为"标题 1"；

（2）Sub2.docx 中第一行内容为"Sub^2"，第二行内容为"→"，样式均为"标题 2"。

（3）Sub3.docx 中第一行内容为"浙江省高校计算机等级考试"，样式为正文，将该文字设置为书签（名为 Mark）；第二行为空白行；在第三行中插入书签 Mark 标记的文本。

任务实施

在指定文件夹中单击鼠标右键，在快捷菜单中选择"新建"→"Microsoft Word 文档"，创建文档并命名为"主文档.docx"。同法按序创建"Sub1.docx""Sub2.docx""Sub3.docx"。

双击打开"Sub1.docx"，输入文字"Sub1"，然后选中"1"，单击"开始"选项卡下"字体"组中的"上标"命令图标。

按回车键进入第二行（此时需要再次单击"上标"命令去掉上标格式），再单击"插入"→"文档部件"→"域"，在打开的"域"对话框中选择"类别"为"日期和时间"，"域名"为"CreateDate"，域属性任意，单击"确定"按钮。

选中两行文字，在"开始"选项卡下"样式"组中单击"标题 1"样式。保存后关闭文档"Sub1.docx"。

双击打开 Sub2.docx，输入文字"Sub2"，然后选中"2"，单击"开始"选项卡下"字体"组中的"上标"命令图标；按回车键进入第二行（此时需要再次单击"上标"命令去掉上标格式），切换到英文输入状态，依次输入"==>"即可自动转换成"→"；选中两行文字，在"开始"选项卡下"样式"组中单击"标题 2"样式。保存后关闭文档"Sub2.docx"。

双击打开"Sub3.docx"，输入"浙江省高校计算机等级考试"；然后选中文字，单击"插入"→"链接"组中的"书签"命令，在弹出的"书签"对话框的"书签名"框中输入"Mark"，再单击"添加"按钮。

在"考试"字后按回车键空一行；继续按回车键进入第三行，单击"插入"→"文档部件"→"域"，弹出"域"对话框。在"域"对话框中，"类别"选择"链接和引用"，"域名"选择"Ref"，在"域属性"中选择"Mark"，最后单击"确定"按钮退出。

双击打开"主文档.docx"，单击"视图"选项卡下的"大纲"命令，进入到大纲视图。单击"大纲显示"下的"显示文档"命令，展开子命令，然后单击"插入"命令，在弹出的对话框中选择前面创建好的"Sub1.docx"，然后继续同样插入"Sub2.docx""Sub3.docx"。

保存后关闭文档。

项目 2.3 分页和域

任务描述

在本题文件夹下，建立文档"MyDoc.docx"，要求：

（1）文档共有 6 页，第 1 页和第 2 页为一节，第 3 页和第 4 页为一节，第 5 页和第 6 页为一节。

分页和域（语音版）

（2）每页显示内容均为三行，左右居中对齐，样式为"正文"。

a）第一行显示：第 x 节。

b）第二行显示：第 y 页。

c）第三行显示：共 z 页。

其中 x，y，z 是使用插入的域自动生成的，并以中文数字（壹、贰、叁）的形式显示。

（3）每页行数均设置为 40，每行 30 个字符。

（4）每行文字均添加行号，从"1"开始，每节重新编号。

任务实施

1. 在指定文件夹中单击鼠标右键，在快捷菜单中选择"新建"→"Microsoft Word 文档"，创建文档并命名为"MyDoc.docx"。

第节↵
第页↵
共页↵

2. 双击打开文档，按图 2-7 所示输入文字。

图 2-7　输入文字

3. 将光标置于"第"和"节"中间，单击"插入"→"文档部件"→"域"，在打开的"域"对话框中设置"类别"为"编号"，"域名"为"Section"，"域属性"格式为"壹，贰，叁…"，如图 2-8 所示，单击"确定"按钮。

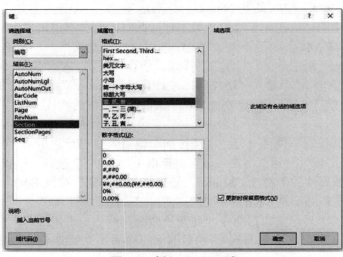

图 2-8　插入 Section 域

将光标置于第二行"第"和"页"中，用同样的方法插入 Page 域，"域属性"格式为"壹，贰，叁…"。

将光标置于第三行"共"和"页"中，用同样的方法插入 NumPages 域，其中域"类别"为"文档信息"，"域属性"格式为"壹，贰，叁…"。

4. 选中 3 行文字，右键复制。

5. 将光标置于在第三行的末尾，单击"布局"→"分隔符"→"分页符"，进入到第二页，右击，在弹出的快捷菜单中选择"粘贴"命令（或按 Ctrl+V 组合键，后面简述成右击选择"粘贴"命令，特此说明）。

单击"布局"→"分隔符"→"下一页分节符"，进入到第三页，右击选择"粘贴"命令（Ctrl+V）。

单击"布局"→"分隔符"→"分页符"，进入到第四页，右击选择"粘贴"命令（Ctrl+V）。

单击"布局"→"分隔符"→"下一页分节符"，进入到第五页，右击选择"粘贴"命令（Ctrl+V）。

单击"布局"→"分隔符"→"分页符"，进入到第六页，右击选择"粘贴"命令（Ctrl+V）。

6. 按 Ctrl+A 组合键全选，再按 Ctrl+E 组合键全文居中，右击选择"更新域"，完成后，效果如图 2-9 所示。

```
1                       第壹节↵
2                       第壹页↵
3                       共陆页 …………………………分页符…………………………↵

4                       第壹节↵
5                       第贰页↵
6                       共陆页 …………………………分节符(下一页)…………………………

1                       第贰节↵
2                       第叁页↵
3                       共陆页 …………………………分页符…………………………↵

4                       第贰节↵
5                       第肆页↵
6                       共陆页 …………………………分节符(下一页)…………………………

1                       第叁节↵
2                       第伍页↵
3                       共陆页 …………………………分页符…………………………↵

4                       第叁节↵
5                       第陆页↵
6                       共陆页↵
```

图 2-9　分页分节效果

7. 单击"布局"选项卡下"页面设置"组右下角的扩展按钮，弹出"页面设置"对话框。在其中的"文档网格"选项卡下选中"网格"下的"指定行和字符网格"，"字符数"下"每行"设为"30"，"行"下"每页"设为"40"，并设置"应用于"为"整篇文档"，如图 2-10 所示。

图 2-10　文档网格设置

8. 切换到"布局"选项卡，单击下方的"行号"按钮，在弹出的"行号"对话框中勾选"添加行编号"，"编号"下选中"每节重新编号"，确定"起始编号"为"1"，确定后返回"页面设置"对话框，再确定后退出，如图 2-11 所示。

图 2-11　行号设置

最后整篇文档的效果如图 2-12 所示。

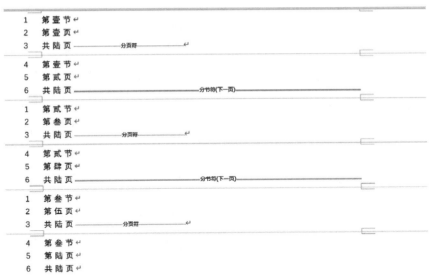

图 2-12　文档效果图

项目 2.4　节和版面设计——考试成绩

任务描述

节和版面设计
（语音版）

建立文档"考试成绩.docx"，由三页组成。其中：

（1）第一页中第一行内容为"语文"，样式为"标题 1"；页面垂直对齐方式为"居中"；页面方向为纵向、纸张大小为 16 开；页眉内容设置为"90"，居中显示；页脚内容设置为"优秀"，居中显示。

（2）第二页中第一行内容为"数学"，样式为"标题 2"；页面垂直对齐方式为"顶端对齐"；页面方向为横向、纸张大小为 A4；页眉内容设置为"65"，居中显示；页脚内容设置为"及格"，居中显示；对该页面添加行号，起始编号为"1"。

（3）第三页中第一行内容为"英语"，样式为"正文"；页面垂直对齐方式为"底端对齐"；页面方向为纵向、纸张大小为 B5；页眉内容设置为"58"，居中显示；页脚内容设置为"不及格"，居中显示。

任务实施

1. 在指定文件夹中单击鼠标右键，在快捷菜单中选择"新建"→"Microsoft Word 文档"，创建文档并命名为"考试成绩.docx"。

2. 双击打开"考试成绩.docx",输入"语文",单击"布局"→"分隔符"→"下一页分节符",进入到第二页;输入"数学",再次单击"布局"→"分隔符"→"下一页分节符",进入到第三页,输入"英语"。

3. 选中"语文"两字,单击"开始"选项卡下"样式"组中的"标题1"。将光标置于第一页中,单击"布局"选项卡下"页面设置"组中右下角的扩展按钮,打开"页面设置"对话框。

在"页面设置"对话框的"布局"选项卡下设置"页面"下的"垂直对齐方式"为"居中",在"纸张"选项卡下设置"纸张大小"为"16开",最后确认"应用于"为"本节",确定后退出,如图2-13所示。

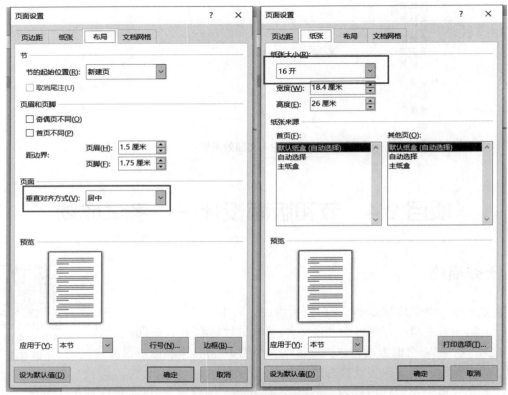

图2-13 页面设置

4. 将光标置于"数学"行中,单击"开始"选项卡下"样式"组中的"标题2"。

单击"布局"选项卡下"页面设置"组中右下角的扩展按钮,打开"页面设置"对话框。在"页边距"选项卡下设置"纸张方向"为"横向",在"布局"选项卡下单击"行号"按钮,在打开的"行号"对话框中勾选"添加行编号",确定后退回到"页面设置"对话框,再确定后退出,如图2-14所示。

5. 将光标置于"英语"行中,打开"页面设置"对话框,在"纸张"选项卡中设置"纸张大小"为"B5",在"布局"选项卡中设置"页面"下的"垂直对齐方式"为"底端对齐","应用于"为"本节",确定后退出。

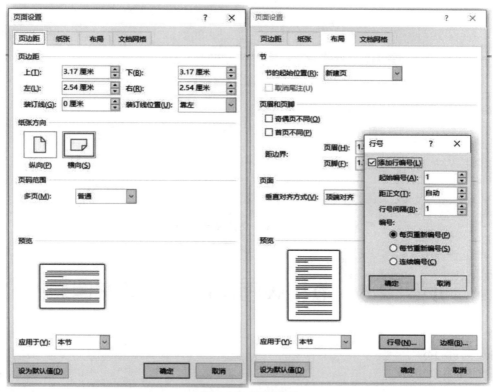

图 2-14 页面设置

6. 双击第一页顶端页眉处，进入页眉和页脚的编辑状态。输入"90"，切换到第一页的页脚处，输入"优秀"，在"开始"选项卡下"段落"组中单击"居中"按钮。

将光标置于第二页的页眉处，首先单击"页眉和页脚工具"选项卡下的"链接到前一节"命令，使其处于不选中的状态，也就是断开和前一节的联系，如图 2-15 所示。然后删除"90"，输入"65"；切换到页脚，同样先单击"链接到前一节"命令断开和上一节的联系，然后删除"优秀"，输入"及格"，单击"居中"按钮。

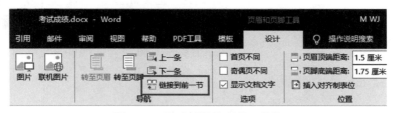

图 2-15 取消"链接到前一节"

将光标置于第三页的页眉处，首先单击"页眉和页脚工具"选项卡下的"链接到前一节"命令，使其处于不选中的状态，也就是断开和前一节的联系。然后删除"65"，输入"58"；切换到页脚，同样先单击"链接到前一节"命令断开和上一节的联系，然后删除"及格"，输入"不及格"，单击"居中"按钮。

整篇文档效果图如图 2-16 所示。

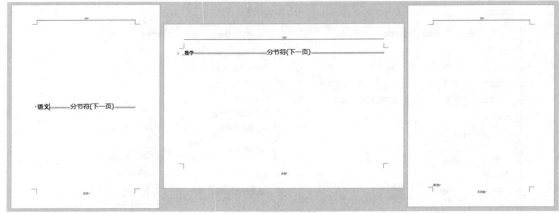

图 2-16　文档效果图

项目 2.5　节和版面设计——国家信息

任务描述

在本题文件夹下，先建立文档"国家信息.docx"，由三页组成，要求：

（1）第一页中第一行内容为"中国"，样式为"标题 1"；页面垂直对齐方式为"居中"；页面方向为纵向、纸张大小为 16 开；页眉内容设置为"China"，居中显示；页脚内容设置为"我的祖国"，居中显示。

节和版面设计
（语音版）

（2）第二页中第一行内容为"美国"，样式为"标题 2"；页面垂直对齐方式为"顶端对齐"；页面方向为横向、纸张大小为 A4；页眉内容设置为"USA"，居中显示；页脚内容设置为"American"，居中显示；对该页面添加行号，起始编号为"1"。

（3）第三页中第一行内容为"日本"，样式为"正文"；页面垂直对齐方式为"底端对齐"；页面方向为纵向、纸张大小为 B5；页眉内容设置为"Japan"，居中显示；页脚内容设置为"岛国"，居中显示。

任务实施

1. 在指定文件夹中单击鼠标右键，在快捷菜单中选择"新建"→"Microsoft Word 文档"，创新文档并命名为"国家信息.docx"。

2. 双击打开"国家信息.docx"，输入"中国"，单击"布局"→"分隔符"→"下一页分节符"，进入到第二页；输入"美国"，再次单击"布局"→"分隔符"→"下一页分节符"，进入到第三页，输入"日本"。

3. 将光标置于"中国"一行中，单击"开始"选项卡下"样式"组中的"标题 1"。打开"页面设置"对话框。在"页面设置"对话框的"布局"选项卡下设置"页面"下的"垂直对齐方式"为"居中"，在"纸张"选项卡下设置"纸张大小"为"16 开"，最后确认"应用于"

为"本节"，确定后退出。

4. 将光标置于"美国"行中，单击"开始"选项卡下"样式"组中的"标题 2"。打开"页面设置"对话框，在"页边距"选项卡下设置"纸张方向"为"横向"，在"布局"选项卡下单击"行号"按钮，在打开的对话框中勾选"添加行编号"，确定后退出。

5. 将光标置于"日本"行中，打开"页面设置"对话框，在"纸张"选项卡中设置"纸张大小"为 B5，在"布局"选项卡中设置"页面"下的"垂直对齐方式"为"底端对齐"，确认"应用于"为"本节"，确定后退出。

6. 双击第一页顶端页眉处，进入页眉和页脚的编辑状态。输入"China"，切换到第一页的页脚，输入"我的祖国"，在"开始"选项卡下"段落"组中单击"居中"按钮。

将光标置于第二页页眉处，首先单击"页眉和页脚工具"选项卡下的"链接到前一节"命令，使其处于不选中的状态。然后删除"China"，输入"USA"；切换到页脚，同样先单击"链接到前一节"命令，断开和上一节的联系，然后删除"我的祖国"，输入"American"，居中。

将光标置于第三页页眉处，首先单击"页眉和页脚工具"选项卡下的"链接到前一节"命令，使其处于不选中的状态。然后删除"USA"，输入"Japan"；切换到页脚，同样先单击"链接到前一节"，断开和上一节的联系，然后删除"American"，输入"岛国"，居中。

项目 2.6 索引——省份信息

任务描述

在本题文件夹下，先建立文档"省份信息.docx"，要求：

（1）由 6 页组成，其中：

第一页中第一行内容为"浙江"，样式为"正文"；

第二页中第一行内容为"江苏"，样式为"正文"；

第三页中第一行内容为"浙江"，样式为"正文"；

第四页中第一行内容为"江苏"，样式为"正文"；

第五页中第一行内容为"安徽"，样式为"标题 3"；

第六页为空白。

索引（语音版）

（2）在文档页脚处插入"第 X 页 共 Y 页"形式的页码，其中，X，Y 是阿拉伯数字，使用域自动生成，居中显示。

再使用自动索引方式，建立索引自动标记文件"MyIndex.docx"，其中，标记为索引项的文字 1 为"浙江"，主索引项 1 为"Zhejiang"；标记为索引项的文字 2 为"江苏"，主索引项 1 为"Jiangsu"。使用自动标记文件，在文档"Example.docx"第六页中创建索引。

任务实施

在指定文件夹中单击鼠标右键，在快捷菜单中选择"新建"→"Microsoft Word 文档"，创建文档并命名为"省份信息.docx"。

双击打开"省份信息.docx"，输入"浙江"，单击"布局"→"分隔符"→"分页符"，进入下一页。输入"江苏"，再单击"布局"→"分隔符"→"分页符"，进入下一页。输入"浙江"，单击"布局"→"分隔符"→"分页符"，进入下一页。输入"江苏"，单击"布局"→"分隔符"→"分页符"，进入下一页。输入"安徽"，最后再单击"布局"→"分隔符"→"分页符"，进入下一页，空白，无须输入。

将光标置于"安徽"一行中，单击"开始"选项卡下"样式"组中的"标题 3"。

双击页脚处进入页脚编辑状态，输入"第页 共页"，将光标放在"第"和"页"两字中间，单击"插入"→"文档部件"→"域"，在打开的"域"对话框中设置"类别"为"编号"，"域名"为"Page"，"域属性"格式为"1，2，3…"，确定后退出。将光标放在"共"和"页"两字中间，单击"插入"→"文档部件"→"域"，在打开的"域"对话框中设置"类别"为"文档信息"，"域名"为"NumPages"，"域属性"格式为"1，2，3…"，确定后退出。最后单击"页眉和页脚工具"选项卡下的"关闭页眉和页脚"命令退出页脚编辑状态。

在文件夹中再新建一个文件 MyIndex.docx。双击打开，单击"插入"→"表格"，插入一个 2×2 的表格，如图 2-17 所示。

图 2-17　插入表格

在表格中输入文字，效果如图 2-18 所示。

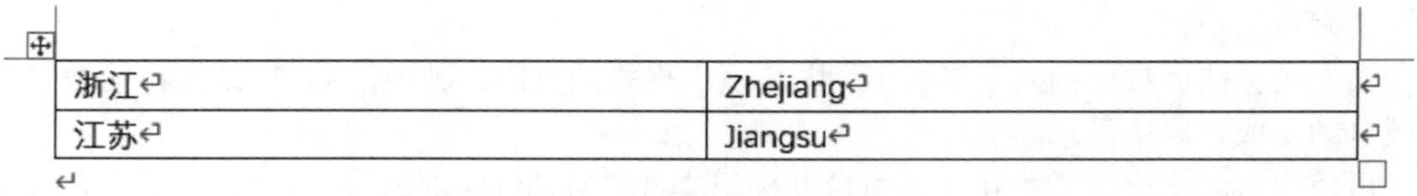

浙江	Zhejiang	
江苏	Jiangsu	

图 2-18　输入文字效果

保存并关闭 MyIndex.docx。

6. 将光标置于"省份信息.docx"的最后一页中，单击"引用"选项卡下的"插入索引"命令，弹出"索引"对话框。单击对话框下方的"自动标记"按钮，如图 2-19 所示，在弹出的"选择索引标记文件"对话框中选择前面创建的文档 MyIndex.docx，确定后退出。

图 2-19　插入索引

此时我们可以发现在文档中的"浙江"和"江苏"处都做了标记，如图 2-20 所示。

图 2-20　插入索引后的效果

将光标置于"省份信息.docx"的最后一页中，再一次单击"引用"选项卡下的"插入索引"命令，弹出"索引"对话框。此时只需要直接单击"确定"按钮就能在第 6 页中显示索引目录，如图 2-21 所示。

------分节符(连续)------

Jiangsu, 2, 4↵   Zhejiang, 1, 3↵   ----分节符(连续)----
↵

图 2-21　插入索引目录的效果

项目 2.7　邮件合并——考生信息

任务描述

在本题文件夹下，建立考生信息"Ks.xlsx"，如表 1（注：此处的图表编

邮件合并
（语音版）

号保留考题中的编号下同）所示，要求：

（1）使用邮件合并功能，建立准考证范本文件"Ks_T.docx"，如图 1 所示。

（2）生成所有考生的信息单"Ks.docx"。

表 1

准考证号	姓名	性别	年龄
8011400001	张三	男	22
8011400002	李四	女	18
8011400003	王五	男	21
8011400004	赵六	女	20
8011400005	吴七	女	21
8011400006	陈一	男	19

准考证号：《准考证号》

姓名	《姓名》
性别	《性别》
年龄	《年龄》

图 1

任务实施

1. 在指定文件夹中单击鼠标右键，在快捷菜单中选择"新建"→"Microsoft Excel 工作表"，创建工作表并命名为"Ks.xlsx"，如图 2-22 所示。

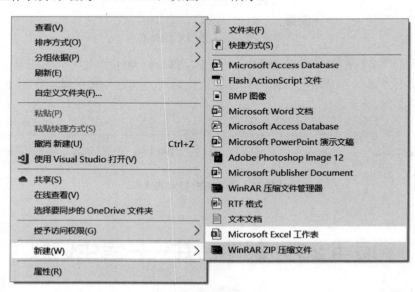

图 2-22　新建工作表

双击打开工作簿，输入数据，如图 2-23 所示。

图 2-23　输入文字

2. 在指定文件夹中单击鼠标右键，在快捷菜单中选择"新建"→"Microsoft Word 文档"，创建文档并命名为"Ks_T.docx"。

双击打开文档，输入文字"准考证号："，水平居中，回车换行后在"插入"选项卡下单击"表格"，插入 3 行 2 列的表格，表内输入相关文字，具体如图 2-24 所示。

图 2-24　输入准考证号信息

3. 单击"邮件"选项卡下的"选择收件人"命令，在弹出的下拉列表中选择"使用现有列表"，如图 2-25 所示。

图 2-25　使用现有列表

在弹出的"选取数据源"对话框中单击之前创建的文件"Ks.xlsx"，如图 2-26 所示，单击"打开"按钮。

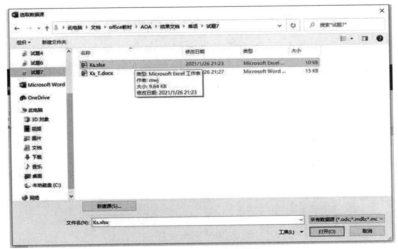

图 2-26　选取数据源

在弹出的"选择表格"对话框中保持默认设置，如图 2-27 所示，确定后，我们就发现"邮件"选项卡下很多灰色的命令可用了。

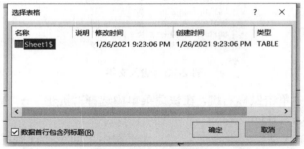

图 2-27　选择表格

4. 将光标置于"准考证号："的后面，单击"邮件"选项卡下"插入合并域"的下半部分，在弹出的下拉列表中选择"准考证号"，如图 2-28 所示。

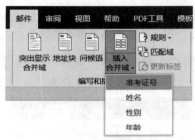

图 2-28　插入合并域

将光标置于"姓名"列的右侧单元格，单击"邮件"→"插入合并域"，选择"姓名"。同法插入性别域、年龄域，最后范本文件的效果如图 2-29 所示。

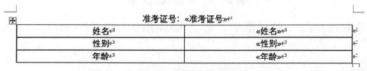

图 2-29　插入合并域后的范本文件

5. 最后单击"邮件"选项卡下的"完成并合并"命令，在下拉列表中选择"编辑单个文档"，然后在打开的"合并到新文档"对话框中直接单击"确定"按钮，完成合并，如图 2-30 所示。

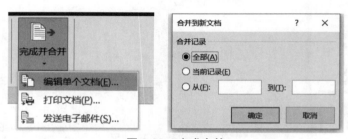

图 2-30　完成合并

6. 合并后，会自动生成一个新文档，单击"保存"按钮，将此新文档保存到考试文件夹下，并命名为 Ks.docx。

因此，最终，文件夹内应该有 3 个文件，如图 2-31 所示。

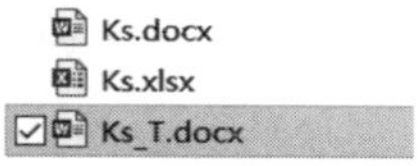

图 2-31 最终的文件夹信息

项目 2.8　邮件合并——成绩信息

任务描述

在本题文件夹下，建立成绩信息"成绩.xlsx"，如表 1 所示，要求：

（1）使用邮件合并功能，建立成绩单范本文件"CJ_T.docx"，如图 1 所示。

（2）生成所有考生的成绩单"CJ.docx"。

邮件合并
（语音版）

表 1

姓名	语文	数学	英语
张三	80	91	98
李四	78	69	79
王五	87	86	76
赵六	65	97	81

姓名《同学》	
语文	《语文》
数学	《数学》
英语	《英语》

图 1

任务实施

1. 在指定文件夹中单击鼠标右键，在快捷菜单中选择"新建"→"Microsoft Excel 工作表"，创建工作表并命名为"成绩.xlsx"。

双击打开工作簿，输入数据，如图 2-32 所示。

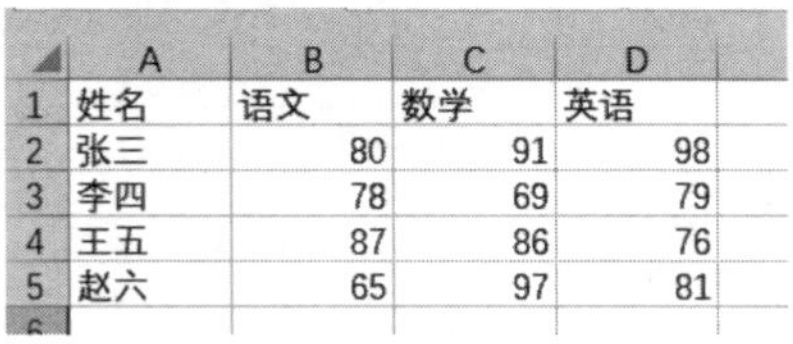

◢	A	B	C	D
1	姓名	语文	数学	英语
2	张三	80	91	98
3	李四	78	69	79
4	王五	87	86	76
5	赵六	65	97	81
6				

图 2-32 工作表中输入的数据

2. 在指定文件夹中单击鼠标右键，在快捷菜单中选择"新建"→"Microsoft Word 文档"，创建文档并命名为"CJ_T.docx"。

双击打开文档，输入文字"同学"，水平居中，回车换行后在"插入"选项卡下单击"表格"，插入 3 行 2 列的表格，表内输入相关文字，具体如图 2-33 所示。

同学	
语文	
数学	
英语	

图 2-33 表格信息

3. 单击"邮件"选项卡下"选择收件人"命令，在弹出的下拉列表中选择"使用现有列表"。

4. 将光标置于"同学"的前面，单击"邮件"选项卡下"插入合并域"的下半部分，在弹出的下拉列表中选择"姓名"，如图 2-34 所示。

图 2-34 插入姓名域

同法插入语文域、数学域、英语域，最后范本文件的效果如图 2-35 所示。

«姓名»同学	
语文	«语文»
数学	«数学»
英语	«英语»

图 2-35 范本文件效果

5. 最后单击"邮件"选项卡下的"完成并合并"命令，在下拉列表中选择"编辑单个文档"，然后在打开的"合并到新文档"对话框中直接单击"确定"按钮，完成合并。

6. 合并后，会自动生成一个新文档，如图 2-36 所示，单击"保存"按钮，将此新文档保存到考试文件夹下，并命名为 CJ.docx。

张三同学	
语文	80
数学	91
英语	98

分节符(下一页)

李四同学	
语文	78
数学	69
英语	79

分节符(下一页)

王五同学	
语文	87
数学	86
英语	76

分节符(下一页)

赵六同学	
语文	65
数学	97
英语	81

分节符(连续)

图 2-36 创建的新文档

因此，最终，文件夹内应该有 3 个文件：成绩.xlsx、CJ_T.docx、CJ.docx。

项目 2.9　邀请函

任务描述

在本题文件夹下，建立文档"sjzy.docx"，设计会议邀请函。要求：
（1）在一张 A4 纸上，正反面书籍折页打印，横向对折。
（2）页面（一）和页面（四）打印在 A4 纸的同一面；页面（二）和页面（三）打印在 A4 纸的另一面。
（3）四个页面要求依次显示如下内容：

书籍折页
（语音版）

● 页面（一）显示"邀请函"三个字，上下左右均居中对齐显示，竖排，字体为隶书，72 号。
● 页面（二）显示"汇报演出定于 2012 年 4 月 21 日，在学生活动中心举行，敬请光临！"，文字横排。
● 页面（三）显示"演出安排"，文字横排，居中，应用样式"标题 1"。
● 页面（四）显示两行文字，行（一）为"时间：2012 年 4 月 21 日"，行（二）为"地点：学生活动中心"。竖排，左右居中显示。

任务实施

1. 在指定文件夹中单击鼠标右键，在快捷菜单中选择"新建"→"Microsoft Word 文档"，创建文档并命名为"sjzy.docx"。
2. 双击打开文档，在第一页中输入"邀请函"。
单击"布局"→"分隔符"→"下一页分节符"，进入第二页，输入文字"汇报演出定于 2012 年 4 月 21 日，在学生活动中心举行，敬请光临！"。
单击"布局"→"分隔符"→"下一页分节符"，进入第三页，输入文字"演出安排"。
单击"布局"→"分隔符"→"下一页分节符"，进入第三页，输入文字"时间：2012 年 4 月 21 日"，回车进入第二行，输入文字"地点：学生活动中心"。
最终文档如图 2-37 所示。

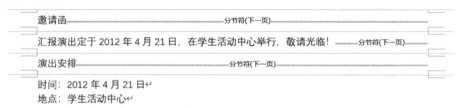

图 2-37　输入文字及分节后的文档

3. 选中"邀请函"文字，在"开始"选项卡下设置字体为"隶书"，字号为"72"。

在"布局"选项卡下单击"文字方向"，选择"垂直"；在"开始"选项卡下单击"段落"组中的"垂直居中"，设置文字上下居中显示。

在"布局"选项卡下单击"页面设置"组右下角的扩展按钮，打开"页面设置"对话框，在其"布局"选项卡下设置"页面"下的"垂直对齐方式"为"居中"，设置文字左右居中显示，如图 2-38 所示。

文字垂直 垂直居中

图 2-38 水平居中

4. 将光标定位到第三页"演出安排"一行中，单击"开始"选项卡下"样式"组中的"标题 1"，然后再单击"段落"组中的"居中"。

5. 将光标定位到第四页，在"布局"选项卡下单击"文字方向"，选择"垂直"；在"布局"选项卡下单击"页面设置"组右下角的扩展按钮，打开"页面设置"对话框。在其"布局"选项卡下设置"页面"下的"垂直对齐方式"为"居中"，设置文字左右居中。

完成 4 个页面的版面设计后，效果如图 2-39 所示。

图 2-39　4 页版面设计后的效果

6. 设置书籍折页。

① 将光标定位到第一页"邀请函"中。

② 单击"布局"选项卡下"页面设置"组右下角的扩展按钮，弹出"页面设置"对话框。在对话框的"页边距"选项卡中先设置"纸张方向"为"纵向"；再设置"页码范围"下"多页"为"书籍折页"（或反向书籍折页），如图 2-40 所示。

图 2-40　书籍折页

说明：有的题目中要求正反面拼页打印，则只需要将前面步骤中"纸张方向"改成"横向"，多页中"书籍折页"改成"拼页"即可。

完成后的效果如图 2-41 所示。

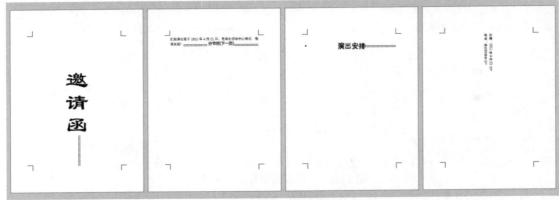

图 2-41　文档效果图

项目 2.10　样式&审阅

任务描述

在本题文件夹下，建立文档"city.docx"，共有两页组成。要求：

（1）第一页内容如下：

第一章　浙江

第一节　杭州和宁波

第二章　福建

第一节　福州和厦门

第三章　广东

第一节　广州和深圳

要求：章和节的序号为自动编号（多级符号），分别使用样式"标题 1"和"标题 2"。

（2）新建样式"福建"，使其与样式"标题 1"在文字格式外观上完全一致，但不会自动添加到目录中，并应用于"第二章　福建"；在文档的第二页中自动生成目录（注意：不修改"目录"对话框的默认设置）。

（3）对"宁波"添加一条批注，内容为"海港城市"；对"广州和深圳"添加一条修订，删除"和深圳"。

样式和审阅
（语音版）

图 2-42　输入文字

任务实施

1. 在指定文件夹中单击鼠标右键，在快捷菜单中选择"新建"→"Microsoft Word 文档"，创建文档并命名为"city.docx"。

2. 双击打开文档，在第一页中输入文字，如图 2-42 所示。

3. 按住 Ctrl 键不连续地选择"浙江""福建""广东"，单击"开始"

选项卡下"样式"组中的"标题 1"；同样按住 Ctrl 键不连续选择其他文字，应用"标题 2"样式。

4. 参照长文档操作步骤，设置多级列表。简要步骤如下：

（1）将光标置于"浙江"一行，单击"开始"→"段落"→"多级列表"，选择"定义新的多级列表"。

（2）在弹出的"定义新多级列表"对话框中，单击级别"1"，先在"此级别的编号样式"框中选择"一，二，三（简）…"，然后在"输入编号的格式"中在编号"一"前输入"第"，后输入"章"，"将级别链接到样式"设为"标题 1"，如图 2-43 所示。

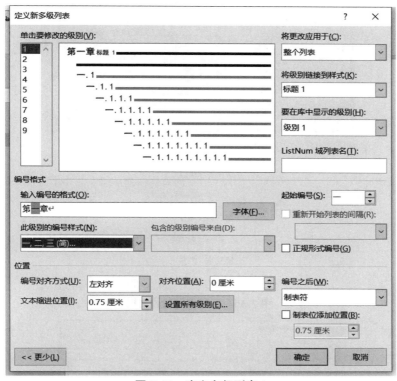

图 2-43　定义多级列表 1

（3）继续单击级别"2"，在"输入编号的格式"框中删除默认的编号，输入文字"第"和"节"，将光标置于这两字中间，"此级别的编号样式"选择"一，二，三（简）…"，最后"将级别链接到样式"设为"标题 2"，确定后退出，如图 2-44 所示。

设置好级别后的文档如图 2-45 所示。

5. 将光标置于"福建"一行中，单击"样式"组右下角的扩展按钮，打开"样式"框，再单击"样式"框下方的"新建样式"，在弹出的"根据格式化创建新样式"对话框中设置"名称"为"福建"，如图 2-46 所示，再单击下方的"格式"按钮，选择"段落"。在打开的"段落"对话框中设置"大纲级别"由原先的"1 级"改为"正文文本"，如图 2-47 所示。确定后返回。

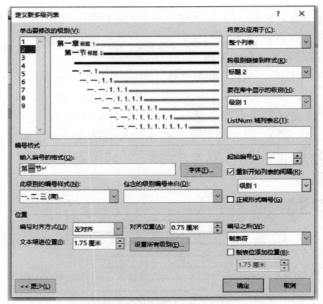

图 2-44　定义多级列表 2

图 2-45　定好级别后的文档

图 2-46　新建样式

图 2-47　修改大纲级别

6. 将光标置于第一页的末尾，单击"布局"→"分隔符"→"分页符"，进入第二页，单击"样式"组中的"正文"，去除默认的标题 2 样式。再单击"引用"→"目录"→"自定义目录"，弹出"目录"对话框，直接单击"确定"按钮后即可插入目录。

7. 选中第一页中的"宁波"，单击"审阅"选项卡下的"新建批注"命令，在弹出的"批注"对话框中输入文字"海港城市"，如图 2-48 所示。

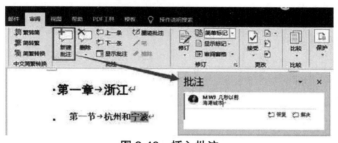

图 2-48　插入批注

8. 单击"审阅"选项卡下的"修订"，使其处于选中状态，然后选中"和深圳"3 个字，按键盘上的 Delete 键删除，如图 2-49 所示。

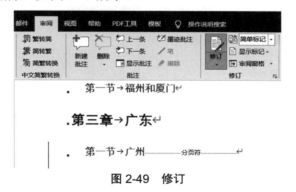

图 2-49　修订

最后效果如图 2-50 所示。

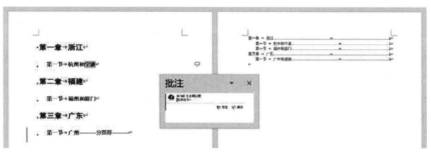

图 2-50　项目 2.10 最后的效果

项目 2.11 样式&域

任务描述

样式和域
（语音版）

在本题文件夹下，建立文档"yu.docx"要求：

（1）输入以下内容：

第一章 浙江

第一节 杭州和宁波

第二章 福建

第一节 福州和厦门

第三章 广东

第一节 广州和深圳

其中，章和节的序号为自动编号（多级符号），分别使用样式"标题1"和"标题2"，并设置每章均从奇数页开始。

（2）在第一章第一节下的第一行中输入文字"当前日期：×年×月×日"，其中"×年×月×日"为使用插入的域自动生成的，并以中文数字的形式显示。

（3）将文档的作者设置为"张三"，并在第二章第一节下的第一行中写入文字"作者：×"，其中"×"为使用插入的域自动生成的。

（4）在第三章第一节下的第一行中输入文字"总字数：×"，其中"×"为使用插入的域自动生成的，并以中文数字的形式显示。

任务实施

1. 在指定文件夹中单击鼠标右键，在快捷菜单中选择"新建"→"Microsoft Word 文档"，创建文档并命名为"yu.docx"。

2. 双击打开文档，参照上一题步骤，输入文字后进行标题 1、标题 2 样式的应用及多级列表的设定。

3. 将光标放在"第二章"编号上，单击"布局"→"分隔符"→"奇数页分节符"，同法将光标置于"第三章"上，也插入"奇数页分节符"。

然后将光标置于第一章中，打开"页面设置"对话框，在其"布局"选项卡下设置"节的起始位置"为"奇数页"。确保第一章也从奇数页开始，如图 2-51 所示。

3. 在"杭州和宁波"后按回车键，插入一行，输入文字"当前日期："，再单击"插入"→"文档部件"→"域"。在打开的"域"对话框中设置"类别"为"日期和时间"，"域名"为"Date"，"域属性"为"二〇二一年一月二十七日"，如图 2-52 所示，确定后退出。

4. 单击"文件"菜单→"信息"，在右侧的作者栏中删除已有作者，输入"张三"，如图 2-53 所示。

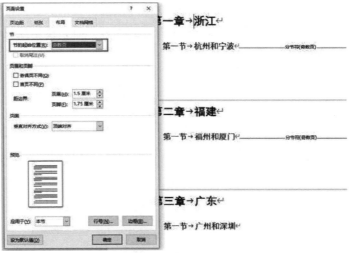

图 2-51 修改分节符

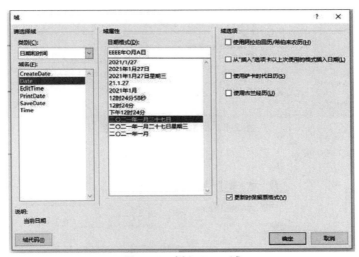

图 2-52 插入 Date 域

图 2-53 修改作者

单击 ← 返回，在"第一节　福州和厦门"后按回车键进入下一行，输入文字"作者："，然后单击"插入"→"文档部件"→"域"。在打开的"域"对话框中设置"类别"为"文档信息"，"域名"为"Author"，确定即可。

5. 在"广州和深圳"后按回车键进入下一行，输入文字"总字数："，再单击"插入"→"文档部件"→"域"。在打开的"域"对话框中设置"类别"为"文档信息"，"域名"为"NumWords"，"域属性"为"一，二，三（简）…"，如图 2-54 所示，确定即可。

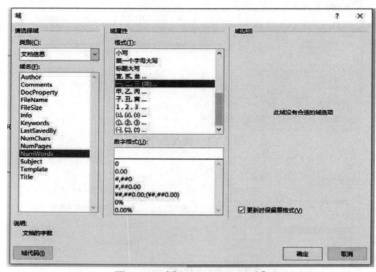

图 2-54　插入 NumWords 域

最后效果如图 2-55 所示。

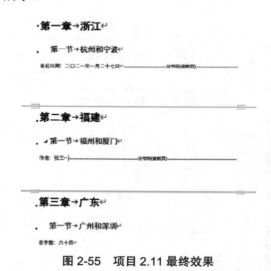

图 2-55　项目 2.11 最终效果

3　综合操作：Word 2019 长文档综合操作

项目　泰山

任务描述

1. 对正文进行排版

1）使用多级符号对章名、小节名进行自动编号，替换原有的编号。要求：

● 章号的自动编号格式为：第 X 章（例：第 1 章），其中：X 为自动排序，阿拉伯数字序号，对应级别 1，居中显示。

● 小节名自动编号格式为：X.Y，X 为章数字序号，Y 为节数字序号（例：1.1），X，Y 均为阿拉伯数字序号，对应级别 2，左对齐显示。

泰山
（语音版）

2）新建样式，样式名为："样式 12345"。其中：

● 字体：

中文字体为"楷体"；

西文字体为"Times New Roman"；

字号为"小四"。

● 段落：

首行缩进 2 字符；

段前 0.5 行，段后 0.5 行，行距 1.5 倍；

其余格式，默认设置。

3）对正文中的图添加题注"图"，位于图下方，居中。要求：

● 编号为"章序号"—"图在章中的序号"（例如第 1 章中第 2 幅图，题注编号为 1-2）；

● 图的说明使用图下一行的文字，格式同编号；

● 图居中。

4）对正文中出现"如下图所示"中的"下图"两字，使用交叉引用。改为"图 X-Y"，其中"X-Y"为图题注的编号。

5）对正文中的表添加题注"表"，位于表上方，居中。

● 编号为"章序号"—"表在章中的序号"（例如第 1 章中第 1 张表，题注编号为 1-1）；

● 表的说明使用表上一行的文字，格式同编号；

● 表居中，表内文字不要求居中。

6）对正文中出现"如下表所示"中的"下表"两字，使用交叉引用。改为"表 X-Y"，其中"X-Y"为表题注的编号。

7）对正文中首次出现"诗经"的地方插入脚注（置于页面底端），添加文字"中国最早的诗歌总集。"。

8）将 2）中的样式应用到正文中无编号的文字，不包括章名、小节名、表文字、表和图的题注、尾注。

2. 在正文前按序插入三节，使用 Word 提供的功能，自动生成如下内容

1）第 1 节：目录。其中：

● "目录"使用样式"标题 1"，并居中；

● "目录"下为目录项。

2）第 2 节：图索引。其中：

● "图索引"使用样式"标题 1"，并居中；

● "图索引"下为图索引项。

3）第 3 节：表索引。其中：

● "表索引"使用样式"标题 1"，并居中；

● "表索引"下为表索引项。

3. 使用适合的分节符，对正文进行分节。添加页脚，使用域插入页码，居中显示。要求

1）正文前的节，页码采用"i，ii，iii，..."格式，页码连续；

2）正文中的节，页码采用"1，2，3，..."格式，页码连续；

3）正文中每章为单独一节，页码总从奇数页开始；

4）更新目录、图索引和表索引。

4. 添加正文的页眉。使用域，按以下要求添加内容，居中显示

1）对于奇数页，页眉中的文字为："章序号"+"章名"（例如：第 1 章 XXX）；

2）对于偶数页，页眉中的文字为："节序号"+"节名"（例如：1.1 XXX）。

任务实施

建议：在操作文档之前，建议先取消全文文字的级别，具体操作如下：按 Ctrl+A 组合键选中全文，单击"开始"选项卡下"字体"组中的"清除所有格式"按钮（或者单击"样式"框中的"正文"样式），如图 3-1 所示。

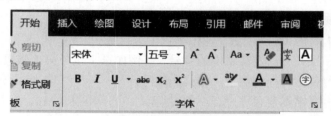

图 3-1　清除所有格式

1．对正文进行排版

1.1　样式和多级列表的使用

（1）将每一章应用样式"标题 1"，每一节应用样式"标题 2"。

① 将光标定位于"第一章　风景介绍"段落中（无须选中），单击"开始"选项卡下"样式"框中的"标题 1"，即可应用标题 1 样式，如图 3-2 所示。第二章，第三章，第四章也采用同样的操作。

图 3-2　标题 1 样式的应用

② 将光标定位于"1.1　五岳之首"段落中，单击"开始"选项卡下"样式"框中的"标题 2"，即可应用标题 2 样式。后续小节也采用同样的操作，也可以用格式刷来完成。

但是，我们发现，默认"样式"框中没有显示"标题 2"，如何应用呢？

首先我们需要设置显示标题 2 样式。如图 3-3 所示，我们可以单击"样式"组右下角的扩展按钮，弹出"样式"对话框。接着单击"样式"框下方的"选项"按钮，在弹出的"样式窗格选项"对话框中，设置"选择要显示的样式"为"所有样式"，确定后退出。这样，"样式"框中就能显示所有样式了。

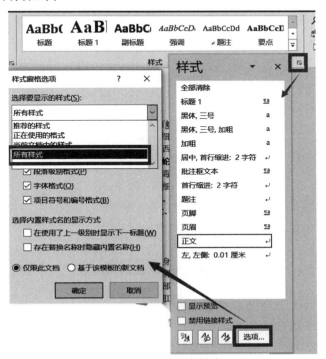

图 3-3　显示所有样式

（2）修改标题 1 和标题 2 样式的格式。

① 将光标定位在章标题中，在"样式"框的标题 1 样式上右击，选择"修改"命令，如图 3-4 所示，此时会弹出"修改样式"对话框，在该对话框中单击"居中"即可。如此，所有的使用标题 1 样式的段落都使用了居中的对齐方式。

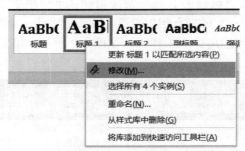

图 3-4　修改样式

② 将光标定位于标题 2 段落中，在"样式"框的标题 2 样式上右击，选择"修改"命令，此时会弹出"修改样式"对话框，在该对话框中单击"左对齐"，确定即可，如此，所有的使用标题 2 样式的段落都使用了左对齐的对齐方式。

（3）设置多级列表。

将光标定位到"第一章　风景介绍"处，单击"开始"选项卡→"段落"组→"多级列表"，在弹出的下拉列表中选择"定义新的多级列表"，如图 3-5 所示，打开"定义新多级列表"对话框。

图 3-5　多级列表

设置级别 1 的编号格式操作如下。

① 在"定义新多级列表"对话框中，单击"更多"按钮，将对话框其余部分显示出来。

② 在级别框中单击级别"1"。

③ 在"输入编号的格式"框中，在默认编号"1"前输入文字"第"，后面输入文字"章"。

④ 最后在"将级别链接到样式"框中选择"标题 1"，此时级别 1 就设置完成了，如图 3-6 所示。

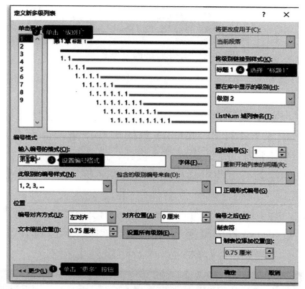

图 3-6　定义新的多级列表 1

设置级别 2 的编号格式操作如下。

① 在级别列表框中单击级别"2"。

② 核对"输入编号的格式"框中的格式是否准确，注意："1.1"，前 1 表示第 1 章，后 1 表示第 1 节。

③ 在"将级别链接到样式"框中选择"标题 2"，如图 3-7 所示。

④ 确定后退出即可。

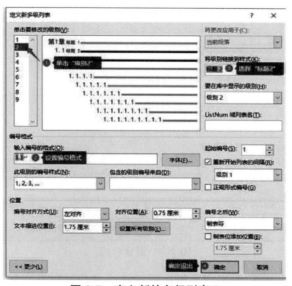

图 3-7　定义新的多级列表 2

（4）删除多余的"第1章""1.1"等文字，如图3-8所示，注意，单击为灰底的是编号，不是文字，不要删除错误！

图3-8　编号和普通文字的区别

1.2　新建样式

强调：新建样式前，一定要把光标置于正文中！也就是不要将光标放在章或节中！

① 单击"开始"选项卡下"样式"组右下角的扩展按钮，弹出"样式"对话框。

② 单击"样式"对话框下方的"新建样式"按钮，弹出"根据格式化创建新样式"对话框。

③ 在"根据格式化创建新样式"对话框中，修改"名称"为"样式12345"，如图3-9所示。

④ 单击下方的"格式"按钮，选择"字体"，根据要求在打开的"字体"对话框中设置"中文字体"为"楷体"，"西文字体"为"Times New Roman"，"字号"为"小四"。

再次单击"格式"按钮，选择"段落"，在打开的"段落"对话框中设置"首行缩进"为2字符，"段前"为0.5行，"段后"为0.5行，"行距"为1.5倍。

图3-9　新建样式

最后，单击"确定"按钮退出对话框，可以在"样式"框中看到新建的"样式0000"。

1.3 图题注的插入

具体操作如图 3-10 所示：

① 将光标定位到第一幅图下方文字"泰山群"之前。

② 单击"引用"→"插入题注"，弹出"题注"对话框。

③ 单击"题注"对话框中的"新建标签"按钮，弹出"新建标签"对话框。

④ 在"新建标签"对话框中输入"图"，确定后返回"题注"对话框。

⑤ 单击"题注"对话框中的"编号"按钮，弹出"题注编号"对话框。

⑥ 勾选"题注编号"对话框中的"包含章节号"复选框，确定后返回"题注"对话框。

⑦ 可以在"题注"框中看到最终的题注标签和编号效果，单击"确定"按钮插入。

此时，就完成了题注插入的操作，然后单击"开始"选项卡下的"居中"按钮实现题注水平居中显示，再单击图片，同样实现水平居中显示。

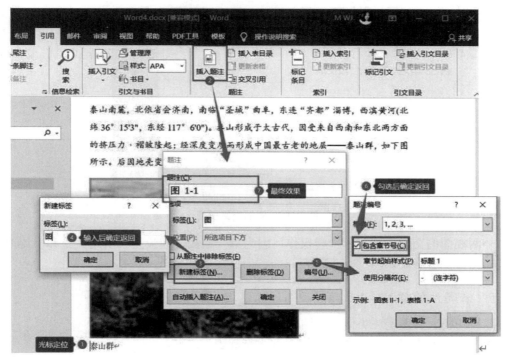

图 3-10　图题注的插入

文档中其他两幅图也同样进行插入题注后居中显示操作，具体操作时由于第一幅图已经设置好标签和编号，③④⑤⑥步骤可以省略。

1.4 图的交叉引用

所谓图的交叉引用也就是在文中要引用图时，可以使用图题注进行引用，这样图题注变化后，引用也可以更新变化。

具体操作如图 3-11 所示。

① 选中图 1-1 上面的文字"下图"。

② 单击"引用"选项卡下的"交叉引用"按钮，弹出"交叉引用"对话框。

③ 在"引用类型"中选择"图","引用内容"中选择"仅标签和编号"。

④ 在"引用哪一个题注"中选择"图1-1泰山群"。

⑤ 单击"插入"按钮,"下图"两字就变成了"图1-1",操作完成。

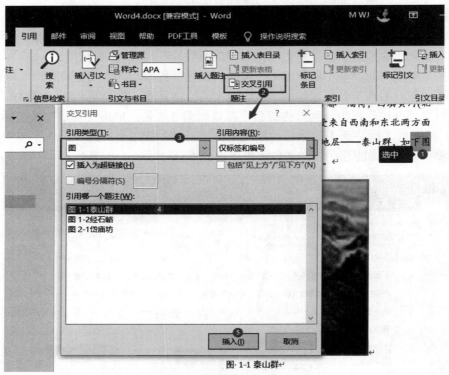

图 3-11 图的交叉引用

另外两幅图的交叉引用如上一样操作,因为第一幅图已经设置了引用类型和引用内容,所以步骤③可以省略。

1.5 表题注的插入

表题注的插入和图题注类似,如图3-12所示,具体如下:

① 将光标定位到第一张表上方文字"四大奇观表"之前。

② 单击"引用"→"插入题注",弹出"题注"对话框。

③ 单击"题注"对话框中的"新建标签"按钮,弹出"新建标签"对话框。

④ 在"新建标签"对话框中输入"表",确定后返回"题注"对话框。

⑤ 单击"题注"对话框中的"编号"按钮,弹出"题注编号"对话框。

⑥ 勾选"题注编号"对话框中的"包含章节号"复选框,确定后返回"题注"对话框。

⑦ 可以在"题注"框中看到最终的题注标签和编号效果,单击"确定"按钮插入。

此时,就完成题注插入操作,然后单击"开始"选项卡下的"居中"按钮实现题注水平居中显示,再选中表格,同样实现水平居中显示。

注意:选中表格,可以单击表格左上方的十字箭头,而不是通过鼠标拖拉选中表内文字,这里需要区分一下!

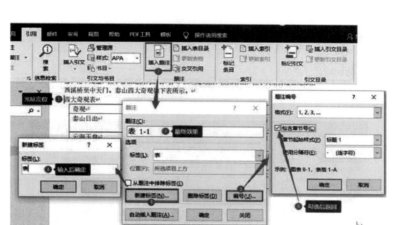

图 3-12　表题注的添加

　　文档中另一张表也同样插入题注后居中显示，具体操作时由于第一张表已经设置好标签和编号，③④⑤⑥步骤可以省略。

1.6　表的交叉引用

　　表的交叉引用和图的交叉引用操作步骤一样，如图 3-13 所示，具体如下：

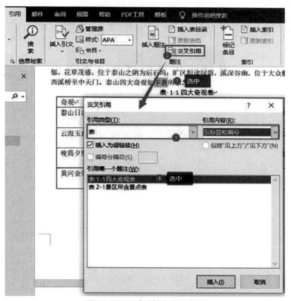

图 3-13　表的交叉引用

　　① 选中表 1-1 上面的文字"下表"。

　　② 单击"引用"选项卡下的"交叉引用"按钮，弹出"交叉引用"对话框。

　　③ 在"引用类型"中选择"表"，"引用内容"中选择"仅标签和编号"。

　　④ 在"引用哪一个题注"中选择"表 1-1 四大奇观表"。

　　⑤ 单击"插入"按钮，"下表"两字就变成了"表 1-1"，操作完成。

　　另外一张表的交叉引用采用同样操作，因为第一张表已经设置了引用类型和引用内容，所以步骤③可以省略。

1.7 插入脚注

（1）查找到"诗经"两字。

将光标置于文档开头，在"导航"窗格中输入文字"诗经"，即可查找到"诗经"在文中的位置，如图 3-14 所示。

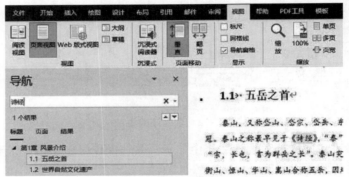

图 3-14　文字查找

说明：如图 3-14 所示，要显示"导航"窗格，可以单击"视图"选项卡下的"导航窗格"复选框。

（2）插入脚注。

选中"诗经"两字，单击"引用"选项卡下的"插入脚注"命令，如图 3-15 所示。

图 3-15　插入脚注

此时，会在页面底端出现"i"，我们在其后输入文字"中国最早的诗歌总集。"即可，如图 3-16 所示。

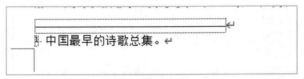

图 3-16　脚注

说明：如果题目要求的是插入尾注，则可以选择"引用"选项卡下的"插入尾注"命令，此时就会在文档末尾出现"i"，我们在其后输入文字"中国最早的诗歌总集。"即可。

1.8 新建样式的应用

将光标定位在某个正文段落中（不是章，也不是节），单击"开始"选项卡下"样式"组中的"样式 0000"样式，即可实现新样式的应用。

选中该段，双击"开始"选项卡下的"格式刷"，此时光标变成刷子形状，逐一单击其他正文段落（不要漏掉一段），即可使所有正文段落都应用了"样式 0000"。

1.9 编号的使用

有的题目中有要求"文中出现 1.、2.、…"处，进行自动编号，编号格式不变。例如，文末的五岳，我们可以选中要做编号的文字，然后单击"开始"选项卡下的"编号"命令，选择"1.2.3."即可，如图 3-17 所示。

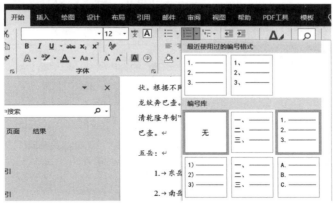

图 3-17　插入编号

2. 正文前插节

单击"第 1 章"的编号，再单击"布局"选项卡下"页面设置"组中的"分隔符"按钮，在弹出的下拉列表中选择"下一页"分节符，如图 3-18 所示。此时前插一个空白节。

继续单击"分隔符"→"下一页"分节符，此时第 1 章前有两个空白节。

最后单击"分隔符"→"奇数页"分节符，此时第 1 章前有 3 个空白节。

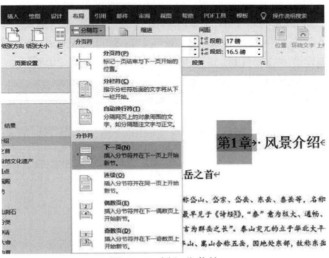

图 3-18　插入分节符

说明：为什么第三次插入的是奇数页分节符呢？这是因为在第 3 题中要求"正文中每章为单独一节，页码总从奇数页开始；"，第一章也需要从奇数页开始，因此第三次插入的是奇数页分节符。

2.1 第1节 目录

将光标置于第一页中，输入"目录"两字，选中"目录"两字前面自动出现的编号"第1章"，按键盘上的 Delete 键删除。

将光标定位于"目录"两字的右侧，单击"引用"选项卡下的"目录"命令，在弹出的下拉列表中选择"自定义目录"，此时会弹出"目录"对话框，默认无须设置，直接单击"确定"按钮就可以实现目录的插入，如图 3-19 所示。

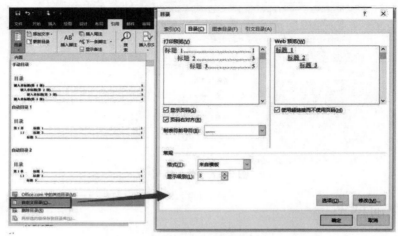

图 3-19　插入目录

2.2 第2节 图索引

将光标置于第二页中，输入"图索引"3字，选中"图索引"3字前面自动出现的编号"第1章"，按键盘上的 Delete 键删除。

将光标定位于"图索引"3 字的右侧，单击"引用"选项卡下的"插入表目录"命令，此时会弹出"图表目录"对话框，在"题注标签"右侧的列表框中选择"图"，其他默认无须设置，直接单击"确定"按钮可以实现图目录的插入，如图 3-20 所示。

图 3-20　插入图目录

2.3　第 3 节　表索引

将光标置于第三页中，输入"表索引"3 字，选中"表索引"3 字前面自动出现的编号"第1 章"，按键盘上的 Delete 键删除。

将光标定位于"表索引"3 字的右侧，单击"引用"选项卡下的"插入表目录"命令，此时会弹出"图表目录"对话框，在"题注标签"右侧的列表框中选择"表"，其他默认无须设置，直接单击"确定"按钮可以实现表目录的插入。

3. 使用域添加页脚

3.1　为每章分节

将光标置于编号"第 2 章"上，单击"布局"选项卡下"页面设置"组中的"分隔符"按钮，在弹出的下拉列表中选择"奇数页"分节符。

用同样的方法在"第 3 章""第 4 章"中插入"奇数页"分节符。

3.2　为正文前的节插页码

（1）在目录页的页脚处双击，进入页眉和页脚的编辑状态，此时光标处于目录页的页脚中。

（2）单击"页眉和页脚工具-设计"选项卡中的"文档部件"，在出现的下拉菜单中选择"域"。

（3）在弹出的"域"对话框中，选择域的"类别"为"编号"，"域名"为"Page"，页码"格式"选择"i，ii，iii，…"罗马字符，即可以在当前光标位置插入页码；如图 3-21 所示。

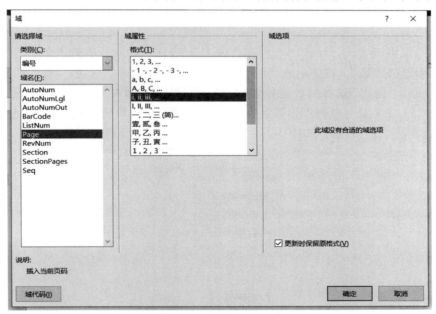

图 3-21　插入 Page 域

（4）单击"开始"选项卡下的"居中"按钮将页码居中。

（5）在页码上右击，选择"设置页码格式"，在弹出的"页码格式"对话框中，选择"编号格式"为"i，ii，iii，…"罗马字符格式，确定后退出，如图3-22所示。

图 3-22　设置页码格式

（6）在第二页、第三页的页码上用同样的方法重新设置页码格式为罗马字符格式。

3.3　为正文中的节插页码

（1）将光标定位于第4页的页脚处（也就是第1章的第1页）。

（2）单击"页眉和页脚工具-设计"选项卡下的"链接到前一节"，取消和上一节的联系，如图3-23所示。

图 3-23　取消链接到前一节

（3）删除原页码"v"，单击"页眉和页脚工具-设计"选项卡中的"文档部件"，在出现的下拉菜单中选择"域"。在弹出的"域"对话框中，选择域的"类别"为"编号"，"域名"为"Page"，页码"格式"选择阿拉伯数字"1，2，3…"，即可以在当前光标位置插入页码"5"。

（4）在"5"上右击，选择"设置页码格式"，在弹出的"页码格式"对话框中，选中"起始页码"，设置从"1"开始，如图3-24所示。

图 3-24　起始页码

如此，所有页面的页码插入完毕。

3.4 更新

（1）在目录上右击，选择"更新域"，如图 3-25 所示。

图 3-25　更新域

在弹出的"更新目录"对话框中选择"更新整个目录"，确定即可，如图 3-26 所示。

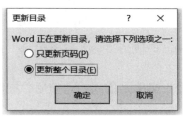

图 3-26　更新目录

（2）在图索引上右击，选择"更新域"，在弹出的"更新目录"对话框中选择"只更新页码"，确定即可。

（3）在表索引上右击，选择"更新域"，在弹出的"更新目录"对话框中选择"只更新页码"，确定即可。

4. 使用域添加页眉

双击第 1 章的第一页的页眉处，进入页眉和页脚的编辑状态。因为此处要分别设置奇数页页眉和偶数页页眉，因此首先我们需在"页眉和页脚工具—设计"选项卡下勾选"奇偶页不同"选项，如图 3-27 所示。

图 3-27　奇偶页不同

4.1 奇数页页眉

（1）将光标定位于第 1 章的第 1 页的页眉处（奇数页页眉），首先单击"页眉和页脚工具-设计"选项卡下的"链接到前一节"，取消和前节的联系。

（2）单击"页眉和页脚工具-设计"选项卡中的"文档部件"，在出现的下拉菜单中选择"域"。在出现的"域"对话框中，选择域的"类别"为"链接和引用"，"域名"为"StyleRef"，"样式名"为"标题 1"，并勾选"插入段落编号"复选框，单击"确定"按钮，就可以插入章序号"第1章",如图3-28所示。

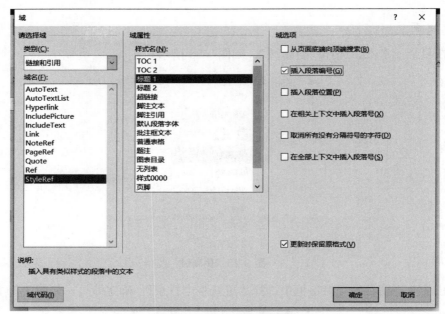

图 3-28　插入标题 1 的编号

（3）将上一步操作重复一遍，但取消"插入段落编号"复选框，只插入标题 1，就可以实现章名"风景介绍"的插入。

注：不勾选"插入段落编号"指的是插入的是使用"标题 1"样式的文本内容，而不是序号。

奇数页页眉的效果如图3-29所示。

图 3-29　奇数页页眉效果

4.2　偶数页页眉

（1）将光标定位于第 1 章第 2 页（偶数页）的页眉处，首先单击"页眉和页脚工具-设计"选项卡下的"链接到前一节"，取消和前节的联系。

（2）单击"页眉和页脚工具-设计"选项卡中的"文档部件"，在出现的下拉菜单中选择"域"。在出现的"域"对话框中，选择域的"类别"为"链接和引用"，"域名"为"StyleRef"，"样式名"为"标题 2"，并勾选"插入段落编号"复选框，单击"确定"按钮，就可以插入节序号"1.1"。

（3）重复上一步操作，但取消"插入段落编号"复选框，只插入标题 2，就可以实现节名"五岳之首"的插入。

4.3 恢复图索引页和第 1 章第 2 页的页脚

因为勾选了奇偶页不同，因此我们会发现所有偶数页的页脚都不见了，因此需要重新插入。

（1）将光标定位于图索引页的页脚，同样先取消"链接到前一节"，再单击"文档部件"→"域"，插入"i，ii，iii..."格式的 Page 域。

（2）将光标定位于第 1 章第 2 页的页脚，同样先取消"链接到前一节"，再删除原页码，单击"文档部件"→"域"，插入"1，2，3..."格式的 Page 域。

至此，整篇长文档操作完毕。

习题 1 奥斯卡

【任务描述】

奥斯卡
（语音版）

1. 对正文进行排版

1）使用多级符号对章名、小节名进行自动编号，替换原有的编号。要求：

● 章号的自动编号格式为：第 X 章（例：第 1 章），其中，X 为自动排序，阿拉伯数字序号，对应级别 1，居中显示。

● 小节名自动编号格式为：X.Y，X 为章数字序号，Y 为节数字序号（例：1.1），X，Y 均为阿拉伯数字序号，对应级别 2，左对齐显示。

2）新建样式，样式名为："样式 12345"。其中：

● 字体：

中文字体为"楷体"；

西文字体为"Times New Roman"；

字号为"小四"。

● 段落：

首行缩进 2 字符；

段前 0.5 行，段后 0.5 行，行距 1.5 倍；

其余格式，默认设置。

3）对正文中的图添加题注"图"，位于图下方，居中。要求：

● 编号为"章序号"—"图在章中的序号"（例如第 1 章中第 2 幅图，题注编号为 1-2）；

● 图的说明使用图下一行的文字，格式同编号；

● 图居中。

4）对正文中出现"如下图所示"中的"下图"两字，使用交叉引用，改为"图 X-Y"，其中"X-Y"为图题注的编号。

5）对正文中的表添加题注"表"，位于表上方，居中。

● 编号为"章序号"—"表在章中的序号"（例如第 1 章中第 1 张表，题注编号为 1-1）；

● 表的说明使用表上一行的文字，格式同编号；

● 表居中，表内文字不要求居中。

6）对正文中出现"如下表所示"中的"下表"两字，使用交叉引用，改为"表 X-Y"，其中"X-Y"为表题注的编号。

7）对正文中首次出现"摩根"的地方插入尾注（置于文档结尾），添加文字"美国最后的金融剧透，华尔街的拿破仑。"。

8）将 2）中的样式应用到正文中无编号的文字，不包括章名、小节名、表文字、表和图的题注、尾注。

2. 在正文前按序插入 3 节，使用 Word 提供的功能，自动生成如下内容

1）第 1 节：目录。其中：

● "目录"使用样式"标题 1"，并居中；

● "目录"下为目录项。

2）第 2 节：图索引。其中：

● "图索引"使用样式"标题 1"，并居中；

● "图索引"下为图索引项。

3）第 3 节：表索引。其中：

● "表索引"使用样式"标题 1"，并居中；

● "表索引"下为表索引项。

3. 使用适合的分节符，对正文进行分节。添加页脚，使用域插入页码，居中显示。要求

1）正文前的节，页码采用"i，ii，iii，..."格式，页码连续；

2）正文中的节，页码采用"1，2，3，..."格式，页码连续；

3）正文中每章为单独一节，页码总是从奇数页开始；

4）更新目录、图索引和表索引。

4. 添加正文的页眉。使用域，按以下要求添加内容，居中显示。其中

1）对于奇数页，页眉中的文字为："章序号"+"章名"（例如：第 1 章 XXX）；

2）对于偶数页，页眉中的文字为："节序号"+"节名"（例如：1.1　XXX）。

【任务实施】

具体操作参考项目泰山，它们的区别介绍如下。

1.7　插入尾注

（1）查找"摩根"两字。

将光标置于文档开头，在"导航"窗格中输入文字"摩根"，即可查找到"摩根"在文中的位置。

（2）插入尾注。

选中"摩根"两字，单击"引用"选项卡下的"插入尾注"命令，如图 3-30 所示。

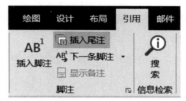

图 3-30　插入尾注

此时，会在文档末尾出现"i"，我们在其后输入文字"美国最后的金融剧透，华尔街的拿破仑。"即可。

习题 2　黄埔军校

【任务描述】

黄埔军校
（语音版）

1. 对正文进行排版

1）使用多级符号对章名、小节名进行自动编号，替换原有的编号。要求：

● 章号的自动编号格式为：第 X 章（例：第 1 章），其中：X 为自动排序，阿拉伯数字序号，对应级别 1，居中显示。

● 小节名自动编号格式为：X.Y，X 为章数字序号，Y 为节数字序号（例：1.1），X，Y 均为阿拉伯数字序号，对应级别 2，左对齐显示。

2）新建样式，样式名为："样式 12345"。其中：

● 字体：

中文字体为"楷体"；

西文字体为"Times New Roman"；

字号为"小四"。

● 段落：

首行缩进 2 字符；

段前 0.5 行，段后 0.5 行，行距 1.5 倍；

其余格式，默认设置。

3）对正文中的图添加题注"图"，位于图下方，居中。要求：

● 编号为"章序号"—"图在章中的序号"（例如第 1 章中第 2 幅图，题注编号为 1-2）；

● 图的说明使用图下一行的文字，格式同编号；

● 图居中。

4）对出现"1."、"2."...处，进行自动编号，编号格式不变。

5）对正文中出现"如下图所示"中的"下图"两字，使用交叉引用，改为"图 X-Y"，其中"X-Y"为图题注的编号。

6）对正文中的表添加题注"表"，位于表上方，居中。

● 编号为"章序号"—"表在章中的序号"（例如第 1 章中第 1 张表，题注编号为 1-1）；

● 表的说明使用表上一行的文字，格式同编号；

● 表居中，表内文字不要求居中。

7）对正文中出现"如下表所示"中的"下表"两字，使用交叉引用，改为"表 X-Y"，其中"X-Y"为表题注的编号。

8）对正文中首次出现"黄埔军校"的地方插入脚注，添加文字"黄埔军校是孙中山先生在中国共产党和苏联的积极支持和帮助下创办的。"。

9）将 2）中的样式应用到正文中无编号的文字，不包括章名、小节名、表文字、表和图的题注、尾注。

2. 在正文前按序插入 3 节，使用 Word 提供的功能，自动生成如下内容

1）第 1 节：目录。其中：

● "目录"使用样式"标题 1"，并居中；

● "目录"下为目录项。

2）第 2 节：图索引。其中：

● "图索引"使用样式"标题 1"，并居中；

● "图索引"下为图索引项。

3）第 3 节：表索引。其中：

● "表索引"使用样式"标题 1"，并居中；

● "表索引"下为表索引项。

3. 使用适合的分节符，对正文进行分节。添加页脚，使用域插入页码，居中显示。要求

1）正文前的节，页码采用"i，ii，iii，..."格式，页码连续；

2）正文中的节，页码采用"1，2，3，..."格式，页码连续；

3）正文中每章为单独一节，页码是从奇数页开始的；

4）更新目录、图索引和表索引。

4. 添加正文的页眉。使用域，按以下要求添加内容，居中显示。其中：

1）对于奇数页，页眉中的文字为："章序号"+"章名"（例如：第 1 章 XXX）；

2）对于偶数页，页眉中的文字为："节序号"+"节名"（例如：1.1 XXX）。

【任务实施】

参考项目泰山，它们的区别介绍如下。

1.4 编号的使用

选中要做编号的文字（"1. 盾牌""2. 亲爱精诚"等），然后单击"开始"选项卡下的"编号"命令，选择"1.2.3."即可，如图 3-31 所示。

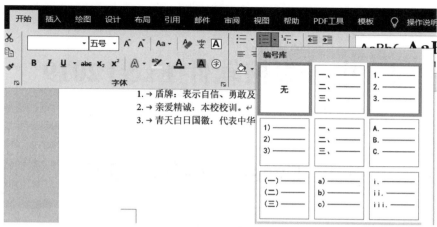

图 3-31　插入编号

1.8　插入脚注

　　查找到正文中的"黄埔军校"，单击"引用"→"插入脚注"，在页面底端出现的"i"后输入文字"黄埔军校是孙中山先生在中国共产党和苏联的积极支持和帮助下创办的。"。

4 电子表格软件 Excel 2019

4.1 Excel 2019基本知识

Excel 2019 是一款功能强大、易于操作、深受广大用户喜爱的表格制作软件，主要用于将庞大的数据转换为比较直观的表格或图表。在本章中主要介绍 Excel 2019 的基本操作、数据编辑、单元格格式设置、公式与函数、高级筛选、创建数据透视表和数据透视图等任务。

1. Excel 2019 的工作界面

Excel 2019 工作界面与 Word 2019 工作界面基本相似，由快速访问工具栏、标题栏、功能区、编辑栏和工作表编辑区等部分组成，如图 4-1 所示，下面介绍编辑栏、名称栏等术语及其作用。

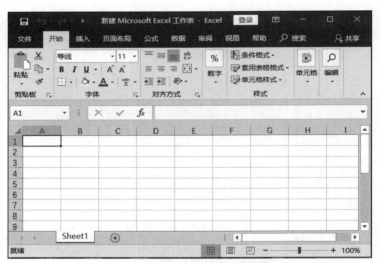

图 4-1　Excel 2019 的工作界面

（1）"编辑栏"用于输入、编辑数据或公式，单击函数按钮"*fx*"，编辑栏变为函数输入栏。输入函数前"编辑栏"如图 4-2 所示，输入函数后的"编辑栏"如图 4-3 所示。

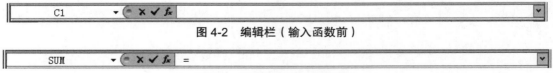

图 4-2　编辑栏（输入函数前）

图 4-3　编辑栏（输入函数后）

（2）名称栏，位于编辑栏的左侧，用来显示当前活动单元格或区域的位置，如图 4-2 所示的单元格编号为"C1"。

（3）行、列标题，用于定位单元格。列号为 A、B、C、…、Z、AA、AB、…、XFD，共 16384 列；行号为 1～1048576，共 1048576 行。

4.2　Excel 2019基本操作

1. 认识工作簿、工作表、单元格

（1）新建工作簿。在 Excel 2019 中，工作簿是存储数据的文件，其默认扩展名为".xlsx"。Excel 在启动后会自动创建一个名为"工作簿 1"的空白工作簿，在未关闭"工作簿 1"之前，再新建工作簿时，系统会自动命名为"工作簿 2""工作簿 3"……

（2）保存工作表。当完成一个工作簿的创建、编辑后，就需将工作簿文件保存起来，Excel 2019 提供了"保存"和"另存为"两种方法用于保存工作簿文件，其操作步骤如下。

① 选择"文件"→"保存"命令，此时如果要保存的文件是第一次存盘的，将弹出"另存为"对话框，在该对话框中可选择"保存位置"，输入文件名；如果该文件已经被保存过，则不弹出"另存为"对话框，同时也不执行后面的操作。

② 选择"文件"→"另存为"命令，将为已保存过的文件再保存一个副本。

（3）工作表的插入、删除与重命名。右击"工作表标签"，选择"插入"命令，即可在所选工作表之前插入一个新的工作表；选择"删除"命令，即可删除所选工作表；选择"重命名"命令，即可给所选"工作表"重新命名。

（4）工作表区域。工作表区域即用来记录数据的区域。

（5）单元格。每个单元格的位置由交叉的"行标签"和"列标签"表示，如"A1""B2"。单元格是表格的最小单位。

（6）活动单元格。活动单元格是当前正在操作的单元格，被文本框框住，如图 4-4 所示。

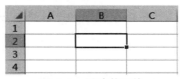

图 4-4　活动单元格

（7）工作表标签。工作表标签默认为"Sheet1"，用于显示工作表的名称，当前活动的工作表是白色的，其余为灰色的，利用标签可切换显示工作表。

（8）状态栏。状态栏位于窗口的底部，可显示操作信息。

2. 数据输入

单击要输入数据的单元格，即可输入所需数据。Excel 工作表的单元格中，可以输入"数值型""字符型""日期时间型"等不同类型的数据。下面分别对不同类型数据的输入方法进行介绍。

（1）输入数值型数据。数值型数据是类似于"100""3.14""-2.418"等形式的数据，它表示一个数量的概念。其中的正号"+"会被忽略，当用户需要输入普通的实数类型的数据时，可以直接在单元格中输入，其默认对齐方式是"右对齐"。输入的数据长度超过单元格宽度时（多于 11 位的数字，其中包括小数点和类似"E"与"+"这样的字符），Excel 会自动以科学计数法表示。

（2）输入字符型数据。字符型数据是指字母、数字和其他特殊字符的任意组合，如"ABC""汉字""@￥%""010-88888888"等形式的数据。

当用户输入的字符型数据超过单元格的宽度时，如果右侧的单元格中没有数据，则字符型数据会跨越单元格显示；如果右侧的单元格中有数据，则只会显示未超出部分数据。

如果用户需要在单元格中输入多行文字，那么可以在一行输入结束后，按 Alt + Enter 组合键实现换行，然后输入后续的文字，字符型数据的默认对齐方式是"左对齐"。

（3）输入日期时间型数据。对于日期时间型数据，按日期和时间的表示方法输入即可。输入日期数据时，用连字符"-"或斜杠"/"分隔日期的年、月、日；输入时间数据时，用"："分隔。例如，"2004-1-1""2004/1/1""8:30:20 AM"等均为正确的日期时间型数据。当日期时间型数据太长而超过列宽时，会显示"####"，表示当前列宽太窄，用户只要适当调整列宽就可以正常显示数据。

（4）数据自动填充。输入一个工作表时，经常会遇到有规律的数据。例如，需要在相邻的单元格中填入序号 1、3、5、7 等序列，这时就可以使用 Excel 的自动填充功能。自动填充是指将数据填写到相邻的单元格中，是一种快速填写数据的方法。

（5）使用鼠标左键填充。使用鼠标自动填充时，需要用到填充柄，"填充柄"位于选定单元格区域的右下角，如图 4-5 所示。

图 4-5　填充柄

填充的具体操作方法是：选择含有数据的起始单元格，移动鼠标指针到填充柄，当鼠标指针变成实心十字形"╋"时，按住鼠标左键拖动鼠标到目标单元格。

（6）使用鼠标右键填充。按住鼠标右键拖动填充的方式，是 Excel 提供的更为强大的填充功能，其操作步骤如下。

①选定待填充区域的起始单元格，然后输入序列的初始值并确认。

②移动鼠标指针到初始值的单元格右下角的填充柄（指针变为实心十字形"╋"）。

③按住鼠标右键拖动填充柄，经过待填充的区域，在弹出的快捷菜单中选择要填充的方式。

3. 合并单元格

选中要合并的单元格，右击，选择"设置单元格格式"命令，打开如图 4-6 所示的"设置单元格格式"对话框。单击"对齐"选项卡，选择"文本控制"组中的"合并单元格"复选框，再单击"确定"按钮。

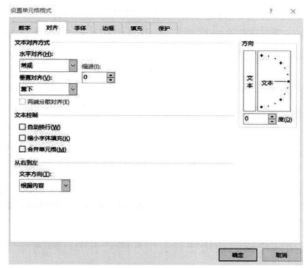

图 4-6 "设置单元格格式"对话框

4. 行高和列宽的调整

工作表中的行高和列宽是 Excel 默认设定的，如果需要调整，可以手动完成。

（1）调整行高。

方法 1：把鼠标指针移动到行与上下行边界处，当鼠标指针变成""形状时，拖动鼠标调整行高，这时 Excel 会自动显示行的高度值。

方法 2：选择需要调整的行或行所在的单元格，单击"开始"功能区，在"单元格"组中单击"格式"下拉菜单，选择"行高"命令，在弹出的"行高"对话框中输入行的高度值。

（2）调整列宽。

方法 1：把鼠标指针移动到列与左右列的边界处，当鼠标指针变成"➕"形状时，拖动鼠标调整列宽，这时 Excel 会自动显示列的宽度值。

方法 2：选择需要调整的列或列所在的单元格，单击"开始"功能区，在"单元格"组中单击"格式"下拉菜单，选择 "列宽"命令，在弹出的"列宽"对话框中输入列宽的宽度值。

5. 基本公式和基本函数

（1）公式的输入。Excel 通过引进公式，增强了对数据的运算分析能力。在 Excel 中，公式在形式上由等号"="开始，其语法可表示为"=表达式"。

当用户按 Enter 键确认公式输入完成后，单元格显示的是公式的计算结果。如果用户需要查看或者修改公式，则可以双击单元格，在单元格中查看或修改公式。

（2）使用函数。函数是 Excel 中预先定义好、经常使用的一种公式。Excel 2019 提供了丰富的函数，在"公式"选项卡下"函数库"功能区中列出了函数类别：财务函数、逻辑函数、文本函数、日期和时间函数、查找和引用函数、数学和三角函数、其他函数等。

函数由函数名和参数组成，基本格式为：函数名（[函数参数]）。函数参数可以有多个，也可以为空，多个参数之间用逗号隔开。

6. 单元格引用

单元格引用用于标识工作表中单元格或单元格区域，它在公式中指明了公式所使用数据的位置。在 Excel 中有相对引用、绝对引用及混合引用，它们分别适用于不同的场合。

（1）相对引用。Excel 默认的单元格引用为相对引用。相对引用是指某一单元格的地址是相对于当前单元格的相对位置，是由单元格的行号和列号组成的，如 A1、B2、E5 等。在相对引用中，当复制或移动公式时，Excel 会根据移动的位置自动调节公式中引用单元格的地址。例如，E5 单元格中的公式"=C5*D5/10"，在被复制到 E6 单元格时会自动变为"=C6*D6/10"，从而使得 E6 单元格中也能得到正确的计算结果。

（2）绝对引用。绝对引用是指某一单元格的地址是其在工作表中的绝对位置，其构成形式是在行号和列号前面各加一个"$"符号。例如，$A$2、$B$4、$H$5 都是对单元格的绝对引用。其特点在于，当把一个含有绝对引用的单元格中的公式移动或复制到一个新的位置时，公式中的单元格地址不会发生变化。例如，若在 E5 单元格中有公式"=$B$3+$C$3"，如果将其复制到 E6 单元格中，则 E6 单元格中的公式还是"=$B$3+$C$3"，可以用于分数运算时，使分母的值固定不变。

（3）混合引用。在公式中同时使用相对引用和绝对引用，称为混合引用。

7. 数据排序

Excel 中我们经常需要对工作表中的某列数据进行排序，以方便分析使用。Excel 对数据的排序依据是：如果字段是数值型或日期时间型数据，则按照数据大小进行排序；如果字段是字符型数据，则英文字符按照 ASCII 码排序，汉字按照汉字机内码或者笔画排序。

（1）单列数据的排序。将光标放在工作表区域中需要排序的列中的任一单元格，在"数据"功能区中单击"排序和筛选"组中的按钮，可按"升序"或"降序"对表中数据重新排列。

（2）多列数据排序。当需要对工作表中的多列数据进行排序，如按单列数据排序时，会出现值相同的情况，如果以此"单列数据"为主关键字，则"值相同"的情况只能随机排序，这种情况还可把"另一字段"作为次要关键字进行排序。

8. 数据筛选

数据筛选的含义是只显示符合条件的记录，隐藏不符合条件的记录。

（1）数据筛选的具体操作方法。选中数据清单中含有数据的任一单元格，在"数据"功能区中，单击"排序和筛选"组中的"筛选"按钮，这时工作表标题行上增加了下三角按钮。

（2）单击选定数据列的下三角按钮，设置筛选条件。这时，Excel 就会根据设置的筛选条件隐藏不满足条件的记录。如果对所列记录还有其他筛选要求，则可以重复上述步骤继续筛选，重复步骤（1）可以取消自动筛选。

9. 分类汇总

分类汇总的含义是首先对记录按照某一字段的内容进行分类，然后计算每类记录指定字段的汇总值，如总和、平均值等。在进行分类汇总前，应先对数据清单中的数据按某一规则进行排序，数据清单的第一行必须有字段名。

分类汇总的具体操作步骤如下。

（1）对数据清单中的记录按照需要分类汇总的字段进行排序，单击数据清单中含有数据的任一单元格。

（2）在"数据"功能区的"分级显示"组中单击"分类汇总"按钮，弹出如图 4-7 所示"分类汇总"对话框。

（3）在"分类字段"下拉列表中选择进行分类的字段名（所选字段必须与排序字段相同）。

（4）在"汇总方式"下拉列表中选择所需的用于计算分类汇总的方式，如"求和"等。

（5）在"选定汇总项"列表框中选择要进行汇总的数值字段（可以是 1 个或多个），选中"汇总结果显示在数据下方"复选框。

10. 高级筛选

图 4-7　"分类汇总"对话框

高级筛选通过多组、多类、多个、并（AND）、或（OR）等的逻辑条件可以实现很多不同的筛选（Excel 在筛选文本数据时不区分大小写）。

（1）一类多个条件，至少一个条件符合。

筛选条件：市场人员="吕凤玲" OR 市场人员="吕惠萍"，筛选出吕凤玲或者吕惠萍的数据。

（2）一类多组条件。

筛选条件：（销售额>6000 AND 销售额<6500）OR（销售额<5000），筛选出销售额大于6000 且小于 6500 或者销售额小于 5000 的数据。

（3）多类多个条件，所有条件都符合。

筛选条件：产品大类="五金" AND 销售额>10000，筛选出产品大类为五金并且销售额大于 10000 的数据。

（4）多类多个条件，至少一个条件符合。

筛选条件：产品大类="五金" OR 市场人员="吕凤玲"，筛选出产品大类为五金或者市场人员是吕凤玲的数据。

（5）多类多组条件。

筛选条件：（市场人员="吕凤玲" AND 产品大类=五金）OR（市场人员="李雪霞" AND 销售额=4550），筛选出"市场人员为吕凤玲，产品大类为五金的数据"或者"市场人员为李雪霞，销售额为 4550 的数据"。

高级筛选规则主要包括比较运算符和逻辑运算符两部分。

（1）比较运算符。当使用比较运算符比较两个值时，结果为逻辑值。比较运算符主要有以下几个：大于（>）、小于（<）、大于等于（>=）、小于等于（<=）、等于（=）、不等于（<>）。

（2）逻辑运算符。高级筛选中用表格的位置来代表"或"和"并"两种逻辑关系。具体为：作为条件的公式必须使用相对引用；数据放在同一行中的，表示并，即需要同时满足两个条件；数据放在不同行中的，表示或，即只要条件满足其一即可。

11. 数据透视表（或数据透视图）的几个重要概念

（1）行区域。数据透视表中最左边的标题称为行字段，对应"数据透视表字段列"表中"行"区域的内容，可以拖动字段名到"数据透视表字段列"的"行"中。

（2）列字段。数据透视表中最上边的标题称为列字段，对应"数据透视表字段列"表中"列"区域的内容，可以拖动字段名到"数据透视表字段列"的"列"中。

（3）筛选字段。数据透视表中列字段上边的标题称为筛选字段，对应"数据透视表字段列"表中"筛选"区域的内容。

（4）值字段。数据透视表中"筛选字段"的数字区域执行计算，称为值字段，默认显示"求和项"。

数据透视表是交互式报表，可快速合并和比较大量数据，可旋转其行和列以查看"源数据"的不同汇总，还可显示感兴趣区域的明细数据。如果要分析相关的汇总值，尤其是在合计较大的列表并对每个数字进行多种比较时，可以使用数据透视表。由于数据透视表是交互式的，因此可以随意使用数据的布局进行试验，以便查看更多明细数据或计算不同的汇总值，如计数或平均值。

5　Excel 2019 综合操作

项目 5.1　学生成绩统计

一、任务描述

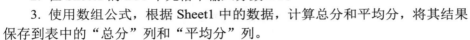

1. 在 Sheet1 中，使用条件格式将"语文"列中数据大于 80 的单元格的字体颜色设置为红色、加粗显示。

2. 在 Sheet1 的 B50 单元格中输入分数 2/3。

3. 使用数组公式，根据 Sheet1 中的数据，计算总分和平均分，将其结果保存到表中的"总分"列和"平均分"列。

4. 使用 RANK 函数，根据 Sheet1 中的"总分"列对每个同学排名情况进行统计，并将排名结果保存到表中的"排名"列（如果多个数值排名相同，则返回该组数值的最佳排名）。

5. 使用逻辑函数，判断 Sheet1 中每个同学的每门功课是否均高于全班单科平均分。
- 如果是，保存结果为 TRUE；否则，保存结果为 FALSE；
- 将结果保存在表中的"优等生"列。
- 优等生条件：每门功课均高于全班单科平均分。

6. 根据 Sheet1 中的结果，使用统计函数，统计"数学"考试成绩各个分数段的同学人数，将统计结果保存到 Sheet2 中的相应位置。

7. 将 Sheet1 复制到 Sheet3，对 Sheet3 进行高级筛选。
要求：
- 筛选条件为："语文">=75，"数学">=75，"英语">=75，"总分">=250；
- 将筛选结果保存在 Sheet3 中。

8. 根据 Sheet1 中的结果，在 Sheet4 中创建一张数据透视表。要求：
- 显示是否为优等生的学生人数汇总情况；
- 行区域设置为"优等生"；
- 数据区域设置为"优等生"；
- 计数项为"优等生"。

二、任务实施

1. 在 Sheet1 中，使用条件格式将"语文"列中数据大于 80 的单元格的字体颜色设置为红色、加粗显示。

条件格式使用条、颜色和图标等方式，直观地突出显示重要内容，可以展示相关数据的趋势等信息。选择需要应用相关规则的单元格区域，设置相关规则应用即可。

（1）选择 Sheet1 的 C2:C39，单击"开始"→"条件格式"→"突出显示单元格规则"→"大于"，打开"大于"对话框，输入数值 80，并在"设置为"下拉框中选择"自定义格式…"，打开"设置单元格格式"对话框，如图 5-1 所示。

（2）"颜色"下拉框选择"红色"，"字形"选择"加粗"，单击"确定"按钮，完成操作。

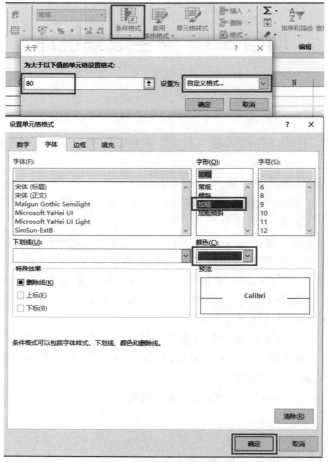

图 5-1　条件格式设置

2. 在 Sheet1 的 B50 单元格中输入分数 2/3。

在单元格中输入分数，常常采取两种方法：一种方法是选择目标单元格，右击，选择"设置单元格格式"，在打开的对话框中选择"数字"选项卡，"分类"选择"分数"，并选择"类型"，如"分母为一位数（1/4）"，确定后，再到单元格中输入"2/3"；另一种方法操作较为简便，直接在目标单元格中输入分数。在 Sheet1 的 B50 单元格中，输入"2/3"，回车确定，发现显示的内容并不是分数值，而是"2 月 3 日"！正确的输入方法是：整数部分+空格+分子/分母，表达式中的"+"不要输入，其他对应输入，当整数部分为 0 时，必须要输入 0。本题输入"0 2/3"，回车确认即可。此时，在 Excel 的公式编辑栏中，也显示了，如图 5-2 所示。

B50		× ✓ fx	0.666666666666667		
▲	A	B	C	D	E	F
35	20041034	张永和	72	65	85	
36	20041035	陈平	80	71	76	
37	20041036	谢彦	84	80	75	
38	20041037	明小莉	78	80	73	
39	20041038	张立娜	94	82	82	
40						
41						
42						
43						
44						
45						
46						
47						
48						
49						
50		2/3				
51						

图 5-2　输入分数

3. 使用数组公式，根据 Sheet1 中的数据，计算总分和平均分，将其结果保存到表中的"总分"列和"平均分"列。

计算总分：

（1）选择目标单元格"总分"列的 F2:F39（对于数据量大的区域，可以先单击起始单元格，再按 Shift 键，最后单击末尾单元格），按"="键，开始编辑数组公式。

（2）编辑公式：选择输入 C2:C39，按"+"键；再选择输入 D2:D39，按"+"键；再选择输入 E2:E39。

（3）最后，同时按下 Ctrl+Shift+Enter 三键，输入完成。如图 5-3 所示，在公式编辑栏中可见，使用数组公式编辑的公式内容对每个目标单元格都是相同的，并且公式的两端由"{}"包围：{=C2:C39+D2:D39+E2:E39}。

F2		× ✓ fx	{=C2:C39+D2:D39+E2:E39}					
▲	A	B	C	D	E	F	G	H	I
1	学号	姓名	语文	数学	英语	总分	平均	排名	优等生
2	20041001	毛莉	75	85	80	240			
3	20041002	杨青	68	75	64	207			
4	20041003	陈小鹰	58	69	75	202			
5	20041004	陆东兵	94	90	91	275			
6	20041005	闻亚东	84	87	88	259			
7	20041006	曹吉武	72	68	85	225			
8	20041007	彭晓玲	85	71	76	232			
9	20041008	傅珊珊	88	80	75	243			
10	20041009	钟争秀	78	80	76	234			
11	20041010	周昊璐	94	87	82	263			
12	20041011	柴安琪	60	67	71	198			
13	20041012	吕秀杰	81	83	87	251			
14	20041013	陈华	71	84	67	222			
15	20041014	姚小玮	68	54	70	192			
16	20041015	刘晓瑞	75	85	80	240			
17	20041016	肖凌云	68	80		207			

图 5-3　使用数组公式计算机

计算平均分：

选择 G2:G39 区域，在公式编辑栏中输入公式：{=F2:F39/3}，完成总分和平均分的数组公式计算。

4. 使用 RANK 函数，根据 Sheet1 中的"总分"列对每个同学排名情况进行统计，并将排名结果保存到表中的"排名"列（如果多个数值排名相同，则返回该组数值的最佳排名）。

RANK 函数属于统计函数中的排名次函数，它返回指定单元格数字在指定单元格范围内的数字排位，可以是降序或升序排名。在新版的 Excel 中，演化出了效率更高的排名函数 RANK.AVG 和 RANK.EQ。

RANK.AVG 函数返回的数字排位是其大小与列表中其他值的比值；如果多个值具有相同的排位，则将返回平均排位。它也称为平均值排名。

RANK.EQ 函数返回的数字排位大小与列表中其他值相关；如果多个值具有相同的排位，则返回该组值的最高排位。它也称为最佳排名，在后续的试题中将多次出现。

（1）选择目标单元格 H2，单击公式编辑栏中的"*fx*"按钮，打开"插入函数"对话框，选择"RANK"函数（也可以选择 RANK.EQ 函数），打开函数参数对话框，如图 5-4 所示。

（2）输入 Number 参数：单击单元格 F2；输入 Ref 参数：选择单元格范围 F2:F39，由于此处需要对全部学生排序，故采用绝对引用，对"F2:F30"按下 F4 键，即改为"$F$2:$F$30"；第 3 个参数，也就是 Order 参数，忽略时为降序，本题即为降序，故此参数保持空白不输入。

（3）单击"确定"按钮，完成 H2 单元格的排名计算；选择 H2 单元格边框右下角的填充柄（一个实心小方块），双击填充 H2:H39，完成整列排名计算。

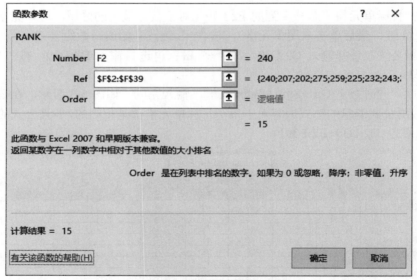

图 5-4 RANK 函数参数对话框

当熟练掌握上述设计过程后，可以更直接地使用函数：选择 H2 单元格，输入公式=RANK（F2,$F$2:$F$39），按回车键，再使用 H2 单元格填充柄，完成 H2:H39 的公式填充。

5. 使用逻辑函数，判断 Sheet1 中每个同学的每门功课是否均高于全班单科平均分。
- 如果是，保存结果为 TRUE；否则，保存结果为 FALSE；
- 将结果保存在表中的"优等生"列。
- 优等生条件：每门功课均高于全班单科平均分。

本小题的要求是把个人的每门课成绩与该课的全班平均分进行比较，故需要对"语文""数学""英语"成绩比较设计为 3 个逻辑表达式，使用"与"计算（AND），实现计算结果。

（1）选择目标单元格 I2，单击公式编辑栏中的"*fx*"按钮，打开"插入函数"对话框，选择"AND"函数，打开函数参数对话框，如图 5-5 所示。

（2）输入 Logical1 参数：C2>=AVERAGE（$C$2:$C$39），表示判断该同学的语文成绩是否大于或等于全班的语文平均分。此处的全班语文成绩范围需用绝对引用。

同样方法，输入 Logical2 参数：D2>=AVERAGE（$D$2:$D$39）；输入 Logical3 参数：E2>=AVERAGE（$E$2:$E$39）。

（3）单击"确定"按钮，完成 I2 单元格的"优等生"判断的计算；选择 I2 单元格边框右下角的填充柄（一个实心小方块），双击填充 I2:I39，完成整列计算。单元格显示 TRUE 表示符合"优等生"的条件，FALSE 表示不符合。

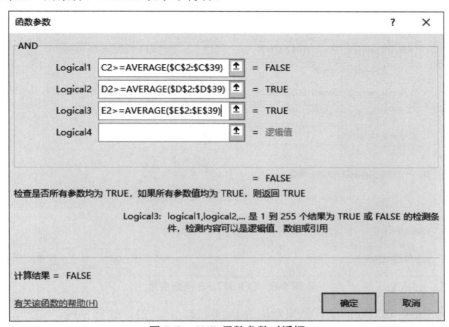

图 5-5 AND 函数参数对话框

当熟练掌握上述设计过程后，可以直接地使用函数：选择 I2 单元格，输入公式=AND(C2>=AVERAGE($C$2:$C$39),D2>=AVERAGE($D$2:$D$39),E2>=AVERAGE($E$2:$E$39))，按回车键，再使用 I2 单元格填充柄，完成 I2:I39 的公式填充。

6. 根据 Sheet1 中的结果，使用统计函数，统计"数学"考试成绩各个分数段的同学人数，将统计结果保存到 Sheet2 中的相应位置。

此处可以选择使用统计函数 COUNTIFS()或 COUNTIF()，COUNTIF 属于在单个条件下统计结果，COUNTIFS 则可以实现多条件统计。此处使用上述两个函数都可以实现，建议使用 COUNTIFS 函数。

（1）在 Sheet2 表中，选择目标单元格 B2，单击公式编辑栏中的"*fx*"按钮，打开"插入函数"对话框，选择"COUNTIFS"函数，打开函数参数对话框，如图 5-6 所示。

（2）输入 Criteria_range1 参数：Sheet1!$D$2:$D$39，表示统计范围是 Sheet1 表中的全班数学成绩，此处的单元格引用需用绝对引用；再输入条件参数 Criteria1:">=0"。

同样方法，输入 Criteria_range2 参数：Sheet1!$D$2:$D$39；输入 Criteria2 参数："<20"。

这样，就实现了数学成绩"0～20"之间的人数统计。

（3）单击"确定"按钮，完成 B2 单元格的数学成绩"0～20"之间的人数计算；选择 B2 单元格边框右下角的填充柄（一个实心小方块），双击填充 B2:B6。

（4）由于每行的统计范围不同，故还需要在公式编辑栏中，相应修改 B3:B6 的公式内容。

B3 公式内容：=COUNTIFS(Sheet1!$D$2:$D$39,">=0",Sheet1!$D$2:$D$39,"<20")

B4 公式内容：=COUNTIFS(Sheet1!$D$2:$D$39,">=40",Sheet1!$D$2:$D$39,"<60")

B5 公式内容：=COUNTIFS(Sheet1!$D$2:$D$39,">=60",Sheet1!$D$2:$D$39,"<80")

B6 公式内容：=COUNTIFS(Sheet1!$D$2:$D$39,">=80",Sheet1!$D$2:$D$39,"<=100")

图 5-6　COUNTIFS 函数应用

输入确定后，B2:B6 的统计结果对应为 0、0、2、15、21，计算完成。

7. 将 Sheet1 复制到 Sheet3，对 Sheet3 进行高级筛选。

要求：

● 筛选条件为："语文">=75，"数学">=75，"英语">=75，"总分">=250；

● 将筛选结果保存在 Sheet3 中。

高级筛选是指在一个指定的数据区域，按照预先设计好的条件区域进行筛选，显示其筛选结果的功能。因此，预先准备好规范的数据区域和条件区域是必须要做的。

图 5-7　条件区域设计

（1）选择 Sheet1 工作表的 A1:I39，复制粘贴至 Sheet3 表的 A1 开始的区域；在 Sheet3 表中设计条件区域，范围不限，此处为 K1 单元格开始，按题意设置，如图 5-7 所示。

条件设计中，不同的列名、同一行数据，表示了多个条件的并且关系，本题就属于这类情况。若要表达"或者"关系，比如筛选"语文"成绩大于 95 或者小于 30 的记录，则可以在条件区域中设计两列"语文"（如 K1、L1），但要把条件">95"和"<30"写在不同的行（如 K2、L3）。

（2）单击 Sheet3 学生成绩表的任一单元格，如 D5；选择 Excel 功能区"数据"→"排序和筛选"→"高级",打开"高级筛选"对话框,如图 5-8 所示。

列表区域:为当前学生成绩表的整个区域(包含每列的标题);

条件区域:选择上面设计的 K1:N2 范围;

显示方式可以按需要选择:"在原有区域显示筛选结果"是默认的方式,它会把筛选结果显示在原区域,不在筛选结果中的数据则进行隐藏;选中"将筛选结果复制到其他位置",表示筛选结果将被复制到该指定单元格为起始的区域,而原有区域内容不受影响。本题按默认"在原有区域显示筛选结果"的方式显示筛选结果。

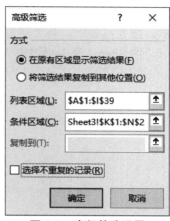

图 5-8 高级筛选设置

(3)最终结果:确定高级筛选后,按上述设置显示结果如图 5-9 所示。由于原数据区域的第 2 行等内容未被筛选出来(而被隐藏),故当前条件区域的第 2 行内容也被隐藏(读者也可以考虑将条件区域设置在原数据区域的下方),但结果不受影响。

	A	B	C	D	E	F	G	H	I	J	K	L	M	N
1	学号	姓名	语文	数学	英语	总分	平均	排名	优等生		语文	数学	英语	总分
5	20041004	陆东兵	94	90	91	275	91.67	1	TRUE					
6	20041005	闻亚东	84	87	88	259	86.33	5	TRUE					
11	20041010	周昊璐	94	87	82	263	87.67	4	TRUE					
13	20041012	吕秀杰	81	83	87	251	83.67	10	TRUE					
19	20041018	程俊	94	89	91	274	91.33	2	TRUE					
20	20041019	黄威	82	87	88	257	85.67	7	TRUE					
27	20041026	万基莹	81	83	89	253	84.33	9	TRUE					
33	20041032	赵援	94	90	88	272	90.67	3	TRUE					
34	20041033	罗颖	84	87	83	254	84.67	8	TRUE					
39	20041038	张立娜	94	82	82	258	86.00	6	TRUE					
40														
41														

图 5-9 筛选结果

8. 根据 Sheet1 中的结果,在 Sheet4 中创建一张数据透视表。要求:

● 显示是否为优等生的学生人数汇总情况;

● 行区域设置为"优等生";

● 数据区域设置为"优等生";

● 计数项为"优等生"。

(1)单击 Sheet1 数据区域的任一单元格,如 D5,选择功能区"插入"→"数据透视表"打开"创建数据透视表"对话框,它已自动选择当前区域 Sheet1!$A$1:$I$39,如图 5-10 所示,也可自行修改。

(2)在"创建数据透视表"对话框中,选中"现有工作表","位置"选择"Sheet4!$A$1",

单击"确定"按钮，在 Sheet4 表的右侧自动打开"数据透视表字段"任务窗格，如图 5-11 所示。按题目要求，将"优等生"字段分别拖曳到"行"区域、"值"区域（数据区域）。完成后，在 Sheet4 表中自动生成数据透视表。

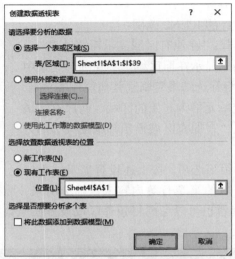

图 5-10　"创建数据透视表"对话框

图 5-11　数据透视表设置完成

项目 5.2　采购表

一、任务描述

1. 在 Sheet5 中，使用函数，将 A1 单元格中的数四舍五入到整百，存放在 B1 单元格中。

采购表
（语音版）

2. 在 Sheet1 中，使用条件格式将"采购数量"列中数量大于 100 的单元格中字体颜色设置为红色、字形设置为加粗显示。

3. 使用 VLOOKUP 函数，对 Sheet1 中"采购表"的"单价"列进行填充。
- 根据"价格表"中的商品单价，使用 VLOOKUP 函数，将其单价填充到"采购表"的"单价"列中。
- 函数中的参数如果需要用到绝对地址的，请使用绝对地址进行答题，其他方式无效。

4. 使用 IF 函数，对 Sheet1"采购表"中的"折扣"列进行填充。要求：
- 根据"折扣表"中的商品折扣率，使用相应的函数，将其折扣率填充到"采购表"中的"折扣"列中。

5. 使用数组公式，对 Sheet1 中"采购表"的"合计"列进行计算。
- 根据"采购数量""单价""折扣"，计算采购的合计金额，将结果保存在"合计"列中。
- 计算公式：单价×采购数量×（1—折扣率）。

6. 使用 SUMIF 函数，计算各种商品的采购总量和采购总金额，将结果保存在 Sheet1 中的"统计表"当中的相应位置。

7. 将 Sheet1 中的"采购表"复制到 Sheet2 中，并对 Sheet2 进行高级筛选。
要求：
- 筛选条件为："采购数量">150，"折扣率">0；
- 将筛选结果保存在 Sheet2 的 H5 单元格中。

8. 根据 Sheet1 中的"采购表"，新建一个数据透视图，保存在 Sheet3 中。
- 该图形显示每个采购时间点所采购的所有项目数量汇总情况；
- x 坐标设置为"采购时间"；
- 求和项为"采购数量"；
- 将对应的数据透视表也保存在 Sheet3 中。

二、任务实施

1. 在 Sheet5 中，使用函数，将 A1 单元格中的数四舍五入到整百，存放在 B1 单元格中。

在 Sheet5 工作表中，选择 B1 单元格，在公式编辑栏中输入公式=ROUND（A1,-2），按回车键确认，A1 单元格显示 36968，B1 单元格显示 37000，实现了四舍五入到整百的计算。

2. 在 Sheet1 中，使用条件格式将"采购数量"列中数量大于 100 的单元格中字体颜色设置为红色、字形设置为加粗显示。

（1）选择 Sheet1 的 B11:B43，选择"开始"→"条件格式"→"突出显示单元格规则"→

"大于",打开"大于"对话框,输入数值100,并在"设置为"下拉框中选择"自定义格式",打开"设置单元格格式"对话框。

(2)"颜色"下拉框选择"红色","字形"选择"加粗",单击"确定"按钮,完成操作。

3. 使用 VLOOKUP 函数,对 Sheet1 中"采购表"的"单价"列进行填充。

● 根据"价格表"中的商品单价,使用 VLOOKUP 函数,将其单价填充到"采购表"的"单价"列中。

● 函数中的参数如果需要用到绝对地址的,请使用绝对地址进行答题,其他方式无效。

VLOOKUP 是一个查找函数,它由 4 个参数组成:

第 1 个参数 Lookup_value 表示需要在数据表(待查询)首列进行搜索的值,如某件需要查询价格的商品;

第 2 个参数 Table_array 就是指待查询的数据表,如某个价格表;

第 3 个参数 Col_index_num 表示待查询数据表的首列被第 1 个参数匹配后,对应行中返回匹配值的列序号;

第 4 个参数 Range_lookup 是一个逻辑值,用 FALSE/TRUE 表示,精确匹配用 FALSE,大致匹配用 TRUE 或省略。

(1)在 Sheet1 表中单击 D11 单元格,再单击公式编辑栏中的"*fx*"按钮,选择插入函数 VLOOKUP 确定,打开函数参数对话框,如图 5-12 所示。

(2)第 1 个参数选择输入 A11;第 2 个参数选择输入 F3:G5,因需用绝对引用,故按 F4 键将其转换为 $F$3:$G$5;第 3 个参数输入 2,表示把价格表中第 2 列数据作为匹配结果;第 4 个参数输入 FALSE,表示精确匹配。

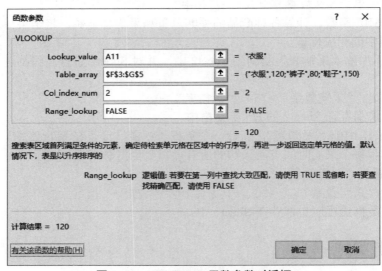

图 5-12　VLOOKUP 函数参数对话框

(3)函数参数设置完成后,单击"确定"按钮,D11 单元格显示"衣服"的价格为 120;使用 D11 单元格边框右下角的填充柄,把公式填充至 D11:D43,完成"单价"列填充计算。

4. 使用 IF 函数,对 Sheet1"采购表"中的"折扣"列进行填充。要求:

● 根据折扣表中的商品折扣率,使用相应的函数,将其折扣率填充到"采购表"中的"折扣"列中。

（1）选择 Sheet1 中的 E11 单元格，单击"*fx*"插入 IF 函数，使用 IF 函数参数对话框，进行折扣计算，如图 5-13 所示。

（2）根据 Sheet1 左上角的折扣表，使用嵌套的方式设计 IF 函数。IF 函数第 1 个参数输入表达式：B11<\$A\$4；第 2 个参数表示表达式结果为 TRUE 时的返回值：\$B\$3（折扣率）；第 3 个参数表示表达式结果为 FALSE 时的返回值，此时需要继续嵌入下一个 IF 函数：单击 Excel 公式编辑栏左侧的名称框下拉按钮，选择 IF 函数（或单击"其他函数"选择插入 IF 函数）。

（3）继续参照上述方法，直至完成整个折扣表的函数编写，确定输入函数后，在公式编辑栏内的结果为：=IF(B11<\$A\$4,\$B\$3,IF(B11<\$A\$5,\$B\$4,IF(B11<\$A\$6,\$B\$5,\$B\$6)))。

E11 单元格显示的折扣为 0，再使用 E11 单元格填充柄，完成"采购表"中"折扣"列的填充计算。如 E14 单元格显示为 0.06，因为该次采购数量 125，满足折扣率 6%的条件。

注：本题中，对折扣表单元格的引用都使用了绝对引用的方式，目的是确保在"折扣"列的公式填充时，进行折扣计算的引用数据不会随填充而发生错误的移动。

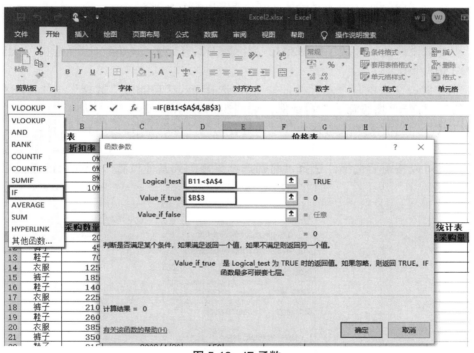

图 5-13 IF 函数

5. 使用数组公式，对 Sheet1 中"采购表"的"合计"列进行计算。

● 根据"采购数量""单价""折扣"，计算采购的合计金额，将结果保存在"合计"列中。

● 计算公式：单价×采购数量×（1-折扣率）

（1）选择目标单元格"合计"列的 F11:F43，按"="键，开始编辑数组公式。

（2）编辑公式：=D11:D43*B11:B43*(1-E11:E43)。

（3）最后，同时按下 Ctrl+Shift+Enter 三键，输入完成。

注：若出现 F 列（"合计"列）中的数据不能完整显示、显示一串"#"符号时，可以选择功能区"开始"→"单元格"→"格式"→"自动调整列宽"即可完整显示内容。

6. 使用 SUMIF 函数，计算各种商品的采购总量和采购总金额，将结果保存在 Sheet1 中的"统计表"当中的相应位置。

（1）总采购量计算：单击 J12 单元格，编辑 SUMIF 函数如下：=SUMIF($A$11:$A$43,I12,$B$11:$B$43)。回车确定后，J12 单元格显示 2800；使用 J12 单元格填充柄，填充至 J14 单元格，完成总采购量计算。

（2）总采购金额计算：单击 K12 单元格，编辑 SUMIF 函数如下：=SUMIF($A$11:$A$43, I12,$F$11:$F$43)。回车确定后，K12 单元格显示 305424；使用 K12 单元格填充柄，填充至 K14 单元格，完成总采购金额计算。

7. 将 Sheet1 中的"采购表"复制到 Sheet2 中，并对 Sheet2 进行高级筛选。

要求：

● 筛选条件为："采购数量">150，"折扣率">0；

● 将筛选结果保存在 Sheet2 的 H5 单元格中。

（1）选择 Sheet1 工作表的 A9:F43，复制粘贴至 Sheet2 表的 A1 开始的区域；若出现粘贴异常，可以使用选择性粘贴（粘贴值、粘贴格式），并使用"自动调整列宽"格式功能，确保完成正常粘贴显示。

（2）按要求设计条件区域：如 H2:I3，列标题 H2、I2 为"采购数量""折扣"，H3、I3 对应设置">150"">0"。

（3）单击 Sheet2 表的任一单元格，如 D5；选择 Excel 功能区"数据"→"排序和筛选"组→"高级"，打开"高级筛选"对话框，如图 5-14 所示。

列表区域：为当前采购表的整个区域（包含每列的标题），Excel 自动选择。

条件区域：选择上面设计的 H2:I3。

显示方式可以按需要选择：选择"将筛选结果复制到其他位置"，单击 H5 单元格。

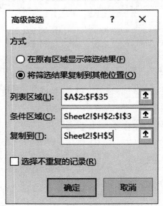

图 5-14　高级筛选设置

单击"高级筛选"对话框中的"确定"按钮，按要求完成筛选。

8. 根据 Sheet1 中的"采购表"，新建一个数据透视图，保存在 Sheet3 中。

● 该图形显示每个采购时间点所采购的所有项目数量汇总情况；

● x 坐标设置为"采购时间"；

● 求和项为"采购数量"；

● 将对应的数据透视表也保存在 Sheet3 中。

（1）单击 Sheet1 采购表数据区域的任一单元格，如 D15，选择功能区"插入"→"数据透视图"，打开"创建数据透视图"对话框，它已自动选择当前区域 Sheet1!$A$10:$F$43。

（2）在"创建数据透视图"对话框中，选中"现有工作表"，"位置"选择"Sheet3!$A$1"，单击"确定"按钮，在 Sheet3 表的右侧自动打开"数据透视图字段"任务窗格。按题目要求，拖曳"采购时间"字段到"轴（类别）"区域（x 坐标）；拖曳"采购数量"字段到"值"区域（求和项）。完成后，在 Sheet3 表中自动生成数据透视图（也自动包含数据透视表），如图 5-15 所示。

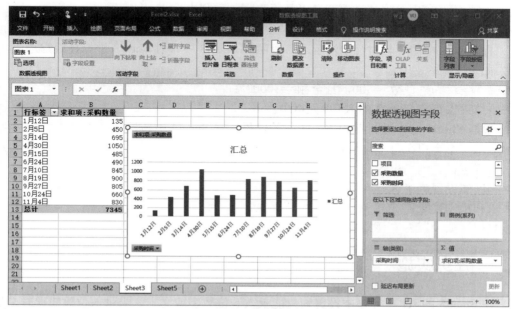

图 5-15 数据透视图设置完成

项目 5.3 教材订购情况表

一、任务描述

教材订购情况表（语音版）

1. 在 Sheet5 的 A1 单元格中设置为只能录入 5 位数字或文本。当录入位数错误时，提示错误原因，样式为"警告"，错误信息为"只能录入 5 位数字或文本"。

2. 在 Sheet5 的 B1 单元格中输入分数 1/3。

3. 使用数组公式，对 Sheet1 中"教材订购情况表"的订购金额进行计算。

● 将结果保存在该表的"金额"列当中。

● 计算方法为：金额=订数×单价。

4. 使用统计函数，对 Sheet1 中"教材订购情况表"的结果按以下条件进行统计，并将结果保存在 Sheet1 中的相应位置。要求：

● 统计出版社名称为"高等教育出版社"的书的种类数，并将结果保存在 Sheet1 中 L2

单元格中；

- 统计订购数量大于 110 且小于 850 的书的种类数，并将结果保存在 Sheet1 中 L3 单元格中。

5. 使用函数，计算每个用户所订购图书所需支付的金额，并将结果保存在 Sheet1 中"用户支付情况表"的"支付总额"列中。

6. 使用函数，判断 Sheet2 中的年份是否为闰年，如果是，结果保存"闰年"；如果不是，则结果保存"平年"，并将结果保存在"是否为闰年"列中。

- 闰年定义：年数能被 4 整除而不能被 100 整除，或者能被 400 整除的年份。

7. 将 Sheet1 中的"教材订购情况表"复制到 Sheet3 中，对 Sheet3 进行高级筛选.

要求：

- 筛选条件为"订数>=500，且金额<=30000"；
- 将结果保存在 Sheet3 的 K5 单元格中。

8. 根据 Sheet1 中"教材订购情况表"的结果，在 Sheet4 中新建一张数据透视表。要求：

- 显示每个客户在每个出版社所订的教材数目；
- 行区域设置为"出版社"；
- 列区域设置为"客户"；
- 求和项为订数；
- 数据区域设置为"订数"。

二、任务实施

1. 在 Sheet5 的 A1 单元格中设置为只能录入 5 位数字或文本。当录入位数错误时，提示错误原因，样式为"警告"，错误信息为"只能录入 5 位数字或文本"。

单击 Sheet5 的 A1 单元格，选择功能区"数据"→"数据工具"→"数据验证"，在打开的对话框中进行如下设置如下。

（1）设置：设置"允许"为"文本长度"，"数据"为"等于"，"长度"为"5"。

（2）出错警告：设置"样式"为"警告"，"错误信息"为"只能录入 5 位数字或文本"。单击"确定"按钮完成。

2. 在 Sheet5 的 B1 单元格中输入分数 1/3。

在 Sheet5 的 B1 单元格中，输入"0 1/3"，回车确定，输入完成。

3. 使用数组公式，对 Sheet1 中"教材订购情况表"的订购金额进行计算。

- 将结果保存在该表的"金额"列当中。
- 计算方法为：金额=订数*单价。

（1）选择目标单元格"金额"列的 I3:I52，按"="键，开始编辑数组公式。

（2）编辑公式：=G3:G52*H3:H52。

（3）最后，同时按下 Ctrl+Shift+Enter 三键，输入完成。

4. 使用统计函数，对 Sheet1 中"教材订购情况表"的结果按以下条件进行统计，并将结果保存在 Sheet1 中的相应位置。要求：

- 统计出版社名称为"高等教育出版社"的书的种类数，并将结果保存在 Sheet1 中 L2 单元格中；

● 统计订购数量大于 110 且小于 850 的书的种类数，并将结果保存在 Sheet1 中 L3 单元格中。

（1）在 Sheet1 表中，选择目标单元格 L2，单击公式编辑栏，编辑输入公式 "=COUNTIF(D3:D52,"高等教育出版社")"，按回车键确定，L2 单元格显示统计结果为 6。

（2）在 Sheet1 表中，选择目标单元格 L3，单击公式编辑栏，编辑输入公式 "=COUNTIFS(G3:G52,">110",G3:G52,"<850")"，按回车键确定，L3 单元格显示统计结果为 28。

5. 使用函数，计算每个用户所订购图书所需支付的金额，并将结果保存在 Sheet1 中 "用户支付情况表" 的 "支付总额" 列中。

（1）在 Sheet1 表中，选择目标单元格 L8，单击公式编辑栏，编辑输入公式 "=SUMIF($A$3:$A$52,K8,$I$3:$I$52)"，按回车键确定，L8 单元格显示统计结果为 721301。

（2）使用 L8 单元格填充柄，填充至 L11 单元格，完成 "支付总额" 计算。注意，核对其中的另外 3 个单元格，正确结果应为：L9 为 53337，L10 为 65122，L11 为 71253。

6. 使用函数，判断 Sheet2 中的年份是否为闰年，如果是，结果保存 "闰年"；如果不是，则结果保存 "平年"，并将结果保存在 "是否为闰年" 列中。

● 闰年定义：年数能被 4 整除而不能被 100 整除，或者能被 400 整除的年份。

（1）在 Sheet2 表中，选择目标单元格 B2，单击公式编辑栏，编辑输入公式 "=IF(MOD(A2,400)=0,"闰年",IF(MOD(A2,4)<>0,"平年",IF(MOD(A2,100)<>0,"闰年","平年")))"，按回车键确定，B2 单元格显示结果为 "平年"。

（2）使用 B2 单元格填充柄，填充至 B21 单元格，完成闰年判断。注意，核对其中的 3 个单元格，正确结果应为：B7 为 "闰年"，B12 为 "闰年"，B18 为 "平年"。

7. 将 Sheet1 中的 "教材订购情况表" 复制到 Sheet3 中，对 Sheet3 进行高级筛选。

要求：

● 筛选条件为 "订数>=500，且金额<=30000"；

● 将结果保存在 Sheet3 的 K5 单元格中。

（1）选择 Sheet1 工作表的 A1:I52，复制粘贴至 Sheet3 表中 A1 开始的区域；若出现粘贴异常，可以使用选择性粘贴（粘贴值、粘贴格式），并使用 "自动调整列宽" 功能，确保完成正常粘贴显示。

（2）按要求设计筛选条件区域：如 K2:L3，列标题 K2、L2 为 "订数""金额"，K3、L3 对应设置 ">=500""<=30000"。

（3）单击 Sheet3 表的任一单元格，如 D5；选择 Excel 功能区 "数据" → "排序和筛选" 组 → "高级"，打开 "高级筛选" 对话框，设置如下。

列表区域：$A$2:$I$52，Excel 会自动选择。

条件区域：选择上面设计的 H2:I3，对话框显示为 "Sheet3!$K$2:$L$3"。

显示方式：选择 "将筛选结果复制到其他位置"，单击 K5 单元格，对话框显示为 "Sheet3!$K$5"。最后，单击 "确定" 按钮，按要求完成筛选。按需要使用 "自动调整列宽" 功能，确保实现筛选结果的完整显示。

8. 根据 Sheet1 中 "教材订购情况表" 的结果，在 Sheet4 中新建一张数据透视表。要求：

● 显示每个客户在每个出版社所订的教材数目；

● 行区域设置为 "出版社"；

● 列区域设置为 "客户"；

- 求和项为订数；
- 数据区域设置为"订数"。

（1）单击 Sheet1 表数据区域的任一单元格，如 D15，选择功能区"插入"→"数据透视表"，打开"创建数据透视表"对话框，Excel 已自动选择当前区域 Sheet1!$A$2:$I$52。

（2）在对话框中，选中"现有工作表"，"位置"选择"Sheet4!$A$1"，单击"确定"按钮，在 Sheet4 表的右侧自动打开"数据透视表字段"任务窗格。按题目要求，拖曳"出版社"字段到"行"区域；拖曳"客户"字段到"列"区域；拖曳"订数"字段到"值"区域（求和项）。完成后，在 Sheet4 表中自动生成数据透视表，如图 5-16 所示。

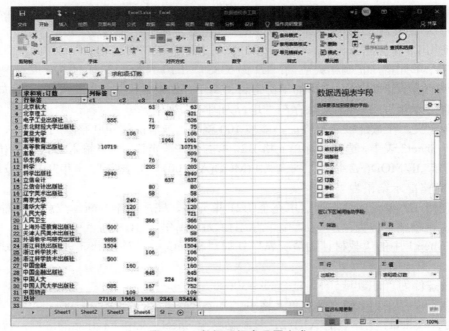

图 5-16　数据透视表设置完成

项目 5.4　电话号码升位

一、任务描述

1. 在 Sheet5 的 A1 单元格中设置为只能录入 5 位数字或文本。当录入位数错误时，提示错误原因，样式为"警告"，错误信息为"只能录入 5 位数字或文本"。

2. 在 Sheet5 的 B1 单元格中输入公式，判断当前年份是否为闰年，结果为 TRUE 或 FALSE。

电话号码升位
（语音版）

- 闰年定义：年数能被 4 整除而不能被 100 整除，或者能被 400 整除的年份。

3. 使用时间函数，对 Sheet1 中用户的年龄进行计算。要求：

- 假设当前时间是"2013-5-1"，结合用户的出生年月，计算用户的年龄，并将其计算结果保存在"年龄"列当中。计算方法为两个时间年份之差。

4. 使用 REPLACE 函数，对 Sheet1 中用户的电话号码进行升级。要求：

- 对"原电话号码"列中的电话号码进行升级。升级方法是在区号（0571）后面加上"8"，并将其计算结果保存在"升级电话号码"列的相应单元格中。
- 例如：电话号码"05716742808"升级后为"057186742808"

5. 在 Sheet1 中，使用 AND 函数，根据"性别"及"年龄"列中的数据，判断所有用户是否为大于等于 40 岁的男性，并将结果保存在"是否>=40 男性"列中。

- 注意：如果是，保存结果为 TRUE；否则，保存结果为 FALSE。

6. 根据 Sheet1 中的数据，对以下条件，使用统计函数进行统计。要求：

- 统计性别为"男"的用户人数，将结果填入 Sheet2 的 B2 单元格中；
- 统计年龄为">40"岁的用户人数，将结果填入 Sheet2 的 B3 单元格中。

7. 将 Sheet1 复制到 Sheet3，并对 Sheet3 进行高级筛选。要求：

- 筛选条件为："性别"—女，"所在区域"—西湖区；
- 将筛选结果保存在 Sheet3 的 J5 单元格中。

8. 根据 Sheet1 的结果，创建一个数据透视图，保存在 Sheet4 中。要求：

- 显示每个区域所拥有的用户数量；
- x 坐标设置为"所在区域"；
- 计数项为"所在区域"；
- 将对应的数据透视表也保存在 Sheet4 中。

二、任务实施

1. 在 Sheet5 的 A1 单元格中设置为只能录入 5 位数字或文本。当录入位数错误时，提示错误原因，样式为"警告"，错误信息为"只能录入 5 位数字或文本"。

单击 Sheet5 的 A1 单元格，选择功能区"数据"→"数据工具"→"数据验证"，在打开的对话框中进行如下设置。

（1）设置：设置"允许"为"文本长度"，"数据"为"等于"，"长度"为"5"。

（2）出错警告：设置"样式"为"警告"，"错误信息"为"只能录入 5 位数字或文本"。单击"确定"按钮完成。

2. 在 Sheet5 的 B1 单元格中输入公式，判断当前年份是否为闰年，结果为 TRUE 或 FALSE。

- 闰年定义：年数能被 4 整除而不能被 100 整除，或者能被 400 整除的年份。

（1）在 Sheet5 表中，选择目标单元格 B1，单击公式编辑栏，编辑输入公式"=OR(MOD(YEAR(NOW()),400)=0,AND(MOD(YEAR(NOW()),4)=0,MOD(YEAR(NOW()),100)<>0))"。

（2）按回车键确定，B1 单元格显示结果为 FALSE。注意，本题对闰年判断的结果为 TRUE/FALSE，由逻辑函数 OR() 计算得出，当前年份使用日期与时间函数 YEAR()、NOW() 等获取。

3. 使用时间函数，对 Sheet1 中用户的年龄进行计算。要求：

- 假设当前时间是"2013-5-1"，结合用户的出生年月，计算用户的年龄，并将其计算结果保存在"年龄"列当中。计算方法为两个时间年份之差。

（1）在Sheet1表中，选择目标单元格D2，单击公式编辑栏，编辑输入公式"=2013-YEAR（C2）"。

（2）按回车键确定，D2单元格显示结果为46。使用D2单元格的填充柄，填充至D39单元格，完成年龄计算。

4. 使用REPLACE函数，对Sheet1中用户的电话号码进行升级。要求：

● 对"原电话号码"列中的电话号码进行升级。升级方法是在区号（0571）后面加上"8"，并将其计算结果保存在"升级电话号码"列的相应单元格中。

● 例如：电话号码"05716742808"升级后为"057186742808"。

（1）在Sheet1表中，选择目标单元格G2，单击公式编辑栏，编辑输入公式"=REPLACE（F2,1,4,"05718"）"。

（2）按回车键确定，G2单元格显示结果为"057186742801"。利用REPLACE函数把原电话号码的前4位"0571"替换成了升级后号码的"05718"。使用G2单元格的填充柄，填充至G39单元格，完成电话号码升级。

5. 在Sheet1中，使用AND函数，根据"性别"及"年龄"列中的数据，判断所有用户是否为大于等于40岁的男性，并将结果保存在"是否>=40男性"列中。

● 注意：如果是，保存结果为TRUE；否则，保存结果为FALSE。

（1）在Sheet1表中，选择目标单元格H2，单击公式编辑栏，编辑输入公式"=AND(D2>=40,B2="男")"。

（2）按回车键确定，H2单元格显示结果为TRUE。注意，本题对"是否>=40男性"判断的结果为TRUE/FALSE，由逻辑函数AND()计算得出。使用H2单元格的填充柄，填充至H39单元格，完成判断。

6. 根据Sheet1中的数据，对以下条件，使用统计函数进行统计。要求：

● 统计性别为"男"的用户人数，将结果填入Sheet2的B2单元格中；

● 统计年龄为">40"岁的用户人数，将结果填入Sheet2的B3单元格中。

（1）在Sheet2表中，选择目标单元格B2，单击公式编辑栏，编辑输入公式"=COUNTIF(Sheet1!B2:B37,"男")"，按回车键确定，B2单元格显示结果为18。

（2）在Sheet2表中，选择目标单元格B3，单击公式编辑栏，编辑输入公式"=COUNTIF(Sheet1!D2:D37,">40")"，按回车键确定，B3单元格显示结果为19。

7. 将Sheet1复制到Sheet3，并对Sheet3进行高级筛选。

要求：

● 筛选条件为："性别"—女，"所在区域"—西湖区；

● 将筛选结果保存在Sheet3的J5单元格中。

（1）选择Sheet1工作表的A1:H37，复制粘贴至Sheet3表A1开始的区域；若出现粘贴异常，可以使用选择性粘贴（粘贴值、粘贴格式），并使用"自动调整列宽"功能，确保完成正常粘贴显示。

（2）按要求设计筛选条件区域：如J1:K2，列标题J1、K1为"性　别"（注意，标题文字内容必须与数据区域的标题一致，此处文字之间有一个空格）、"所在区域"，J2、K2对应设置"女""西湖区"。

（3）单击Sheet3表的任一单元格，如D5；选择Excel功能区"数据"→"排序和筛选"

组→"高级",打开"高级筛选"对话框,设置如下。

列表区域:$A$1:$H$37,Excel 会自动选择。

条件区域:选择上面设计的 J1:K2,在对话框中显示为"Sheet3!$J$1:$K$2"。

显示方式:选择"将筛选结果复制到其他位置",单击 J5 单元格,对话框显示为"Sheet3! $J$5"。最后,单击"确定"按钮,按要求完成筛选。按需要使用"自动调整列宽"功能,确保实现筛选结果的完整显示。

8. 根据 Sheet1 的结果,创建一个数据透视图,保存在 Sheet4 中。要求:

● 显示每个区域所拥有的用户数量;

● x 坐标设置为"所在区域";

● 计数项为"所在区域";

● 将对应的数据透视表也保存在 Sheet4 中。

(1)单击 Sheet1 表数据区域的任一单元格,如 D15,选择功能区"插入"→"数据透视图",打开"创建数据透视图"对话框,它已自动选择当前区域 Sheet1!$A$1:$H$37。

(2)在对话框中,选中"现有工作表","位置"选择"Sheet4!$A$1",单击"确定"按钮,在 Sheet4 表的右侧自动打开"数据透视图字段"任务窗格。按题目要求,拖曳"所在区域"字段到"轴(类别)"(x 坐标);拖曳"所在区域"字段到"值"区域(计数项)。完成后,在 Sheet4 表中自动生成数据透视图(也自动包含数据透视表),如图 5-17 所示。

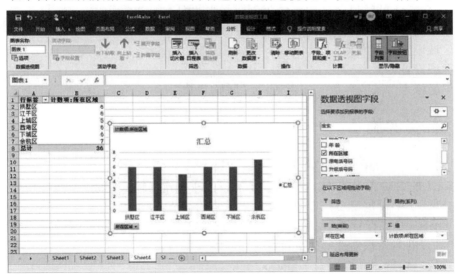

图 5-17 数据透视图设置完成

项目 5.5 灯泡采购情况表

灯泡采购情况表
(语音版)

一、任务描述

1. 在 Sheet1 的 B30 单元格中输入分数 1/3。

2. 在 Sheet1 中设定第 31 行中不能输入重复的数值。

3. 使用数组公式，计算 Sheet1 中的每种产品的价值，将结果保存到表中的"价值"列中。

- 计算价值的计算方法为："单价×每盒数量×采购盒数"。

4. 在 Sheet2 中，利用数据库函数及已设置的条件区域，计算以下情况的结果，并将结果保存相应的单元格中。

- 计算：商标为上海，瓦数小于 100 的白炽灯的平均单价；
- 计算：产品为白炽灯，其瓦数大于等于 80 且小于等于 100 的数量。

5. 某公司对各个部门员工吸烟情况进行统计，作为人力资源搭配的一个数据依据。对于调查对象，只能回答 Y（吸烟）或者 N（不吸烟）。根据调查情况，制作 Sheet3。请使用函数，统计符合以下条件的数值。

- 统计未登记的部门个数；
- 统计在登记的部门中，吸烟的部门个数。

6. 使用函数，对 Sheet3 中的 B21 单元格中的内容进行判断，判断其是否为文本，如果是，结果为"TRUE"；如果不是，结果为"FALSE"，并将结果保存在 Sheet3 中的 B22 单元格当中。

7. 将 Sheet1 复制到 Sheet4 中，对 Sheet4 进行高级筛选，要求：

- 筛选条件："产品为白炽灯，商标为上海"，并将结果保存；
- 将结果保存在 Sheet4 中。

8. 根据 Sheet1 的结果，在 Sheet5 中创建一张数据透视表，要求：

- 显示不同商标的不同产品的采购数量；
- 行区域设置为"产品"；
- 列区域设置为"商标"；
- 数据区域为"采购盒数"，求和项为"采购盒数"。

二、任务实施

1. 在 Sheet1 的 B30 单元格中输入分数 1/3。

在 Sheet1 的 B30 单元格中，输入"0 1/3"，回车确定，输入完成。

2. 在 Sheet1 中设定第 31 行中不能输入重复的数值。

单击 Sheet1 左侧行号 31，选中第 31 行，选择功能区"数据"→"数据工具"→"数据验证"，在打开的对话框中进行如下设置。

（1）设置：设置"允许"为"自定义"。

（2）设置公式：在"公式"框中输入"=COUNTIF(31:31,A31)<=1"。

单击"确定"按钮完成。

3. 使用数组公式，计算 Sheet1 中的每种产品的价值，将结果保存到表中的"价值"列中。

- 计算价值的计算方法为："单价×每盒数量×采购盒数"。

（1）在 Sheet1 表中，选择目标单元格"价值"列的 H2:H17，按"="键，开始编辑数组公式。

（2）编辑公式：=E2:E17*F2:F17*G2:G17。

（3）最后，同时按下 Ctrl+Shift+Enter 三键，输入完成。

4. 在 Sheet2 中，利用数据库函数及已设置的条件区域，计算以下情况的结果，并将结果保存相应的单元格中。

● 计算：商标为上海，瓦数小于 100 的白炽灯的平均单价；

● 计算：产品为白炽灯，其瓦数大于等于 80 且小于等于 100 的数量。

数据库函数用于计算满足给定条件的列表或数据库的列中数值的指定运算。以 DAVERAGE(Database,Field,Criteria)数据库函数为例，参数 Database 表示列表或数据库的单元格区域，参数 Criteria 为包含指定条件的单元格区域，参数 Field 表示指定函数所使用的列，该函数实现了对列表或数据库中满足指定条件的记录字段（列）中的数值求平均值。

（1）在 Sheet2 表中，选择目标单元格 G23，单击公式编辑栏，编辑输入公式"=DAVERAGE (A2:H18,E2,J3:L4)"，按回车键确定，G23 单元格显示结果为 0.1666667。

（2）在 Sheet2 表中，选择目标单元格 G24，单击公式编辑栏，编辑输入公式"=DSUM(A2: H18,G2,J8:L9)"，按回车键确定，G24 单元格显示结果为 15。

5. 某公司对各个部门员工吸烟情况进行统计，作为人力资源搭配的一个数据依据。对于调查对象，只能回答 Y（吸烟）或者 N（不吸烟）。根据调查情况，制作出 Sheet3。请使用函数，统计符合以下条件的数值。

● 统计未登记的部门个数；

● 统计在登记的部门中，吸烟的部门个数。

（1）在 Sheet3 表中，选择目标单元格 B14，单击公式编辑栏，编辑输入公式"=COUNTBLANK(B2:E11)"，按回车键确定，B14 单元格显示结果为 16，实现了"未登记的部门个数"的统计。

（2）在 Sheet3 表中，选择目标单元格 B15，单击公式编辑栏，编辑输入公式"=COUNTIF(B2: E11,"Y")"，按回车键确定，B15 单元格显示结果为 15，实现了"吸烟的部门个数"统计。

6. 使用函数，对 Sheet3 中的 B21 单元格中的内容进行判断，判断其是否为文本，如果是，结果为"TRUE"；如果不是，结果为"FALSE"，并将结果保存在 Sheet3 中的 B22 单元格当中。

在 Sheet3 表中，选择目标单元格 B22，单击公式编辑栏，编辑输入公式"=ISTEXT(B21)"，按回车键确定，B22 单元格显示结果为 TRUE，实现了对 B21 单元格内容"是否为文本"的判断。

7. 将 Sheet1 复制到 Sheet4 中，对 Sheet4 进行高级筛选，要求：

● 筛选条件："产品为白炽灯，商标为上海"，并将结果保存；

● 将结果保存在 Sheet4 中。

（1）选择 Sheet1 工作表的 A1:H17，复制粘贴至 Sheet4 表中 A1 开始的区域；若出现粘贴异常，可以使用选择性粘贴（粘贴值、粘贴格式），并使用"自动调整列宽"功能，确保完成正常粘贴显示。

（2）按要求设计筛选条件区域：如 J1:K2，列标题 J1、K1 为"产品""商标"，J2、K2 对应设置"白炽灯""上海"。

（3）单击 Sheet4 表的任一单元格，如 D5；选择 Excel 功能区"数据"→"排序和筛选"组→"高级"，打开"高级筛选"对话框，设置如下。

列表区域：$A$1:$H$17,Excel 会自动选择。

条件区域：选择上面设计的 J1:K2，在对话框中显示为"Sheet4!$J$1:$K$2"。

显示方式：选择"在原有区域显示筛选结果"，单击"确定"按钮，按要求完成筛选。按需要使用"自动调整列宽"功能，确保实现筛选结果的完整显示。

8. 根据 Sheet1 的结果，在 Sheet5 中创建一张数据透视表，要求：
- 显示不同商标的不同产品的采购数量；
- 行区域设置为"产品"；
- 列区域设置为"商标"；
- 数据区域为"采购盒数"，求和项为"采购盒数"。

（1）单击 Sheet1 表数据区域的任一单元格，如 D15，选择功能区"插入"→"数据透视表"，打开"创建数据透视表"对话框，Excel 已自动选择当前区域 Sheet1!\$A\$1:\$H\$17。

（2）在对话框中，选中"现有工作表"，"位置"选择"Sheet5!\$A\$1"，单击"确定"按钮，在 Sheet5 表的右侧自动打开"数据透视表字段"任务窗格。按题目要求，拖曳"产品"字段到"行"区域；拖曳"商标"字段到"列"区域；拖曳"采购盒数"字段到"值"区域（求和项）。完成后，在 Sheet5 表中自动生成数据透视表，如图 5-18 所示。

图 5-18 数据透视表设置完成

项目 5.6 房产销售表

一、任务描述

房产销售表（语音版）

1. 在 Sheet5 的 A1 单元格中设置为只能录入 5 位数字或文本。当录入位数错误时，提示错误原因，样式为"警告"，错误信息为"只能录入 5 位数字或文本"。

2. 在 Sheet1 中，使用条件格式将"预定日期"列中日期为 2008-4-1 及以后的单元格中字体颜色设置为红色、加粗显示。对 C 列，设置"自动调整列宽"。

3. 使用公式，计算 Sheet1 中"房产销售表"的房价总额，并保存在"房产总额"列中。
- 计算公式为：房价总额=面积×单价。

4. 使用数组公式，计算 Sheet1 中"房产销售表"的契税总额，并保存在"契税总额"列中。

● 计算公式为：契税总额＝契税×房价总额。

5. 使用函数，根据 Sheet1 中"房产销售表"的结果，在 Sheet2 中统计每个销售人员的销售总额，将结果保存在 Sheet2 中的"销售总额"列中。

6. 使用函数，根据 Sheet2 中"销售总额"列的结果，对每个销售人员的销售情况进行排序，并将结果保存在"排名"列当中（若有相同排名，则返回最佳排名）。

7. 将 Sheet1 中"房产销售表"复制到 Sheet3 中，并对 Sheet3 进行高级筛选。

（1）要求

● 筛选条件为："户型"为两室一厅，"房价总额"＞1000000；

● 将结果保存在 Sheet3 的 A31 单元格中。

（2）注意

● 无须考虑是否删除或移动筛选条件；

● 复制过程中，将标题项"房产销售表"连同数据一同复制；

● 数据表必须顶格放置。

8. 根据 Sheet1 中"房产销售表"的结果，创建一个数据透视图，保存在 Sheet4 中。要求：

● 显示每个销售人员所销售房屋应缴纳契税总额汇总情况；

● x 坐标设置为"销售人员"；

● 数据区域为"契税总额"；

● 求和项设置为"契税总额"；

● 将对应的数据透视表保存在 Sheet4 中。

二、任务实施

1. 在 Sheet5 的 A1 单元格中设置为只能录入 5 位数字或文本。当录入位数错误时，提示错误原因，样式为"警告"，错误信息为"只能录入 5 位数字或文本"。

单击 Sheet5 的 A1 单元格，选择功能区"数据"→"数据工具"→"数据验证"，在打开的对话框中进行 如下设置。

（1）设置：设置"允许"为"文本长度"，"数据"为"等于"，"长度"为"5"。

（2）出错警告：设置"样式"为"警告"，"错误信息"为"只能录入 5 位数字或文本"。单击"确定"按钮完成。

2. 在 Sheet1 中，使用条件格式将"预定日期"列中日期为 2008-4-1 及以后的单元格中字体颜色设置为红色、加粗显示。对 C 列，设置"自动调整列宽"。

（1）选择 Sheet1 的 C2:C26，选择功能"开始"→"条件格式"→"突出显示单元格规则"→"其他规则"，打开"新建格式规则"对话框，设置"规则"为"大于或等于"，输入数值"2008-4-1"；并打开"格式"按钮，在打开的对话框中进行单元格格式的字体设置。

（2）"颜色"选择"红色"，"字形"选择"加粗"，单击"确定"按钮，完成操作。

3. 使用公式，计算 Sheet1 中"房产销售表"的房价总额，并保存在"房产总额"列中。

● 计算公式为：房价总额＝面积×单价。

（1）在 Sheet1 表中，选择目标单元格 I3，单击公式编辑栏，编辑输入公式"=F3*G3"。

（2）按回车键确定，I3 单元格显示结果为 853443.52。使用 I3 单元格的填充柄，填充至

I26 单元格，完成"房价总额"计算。

4. 使用数组公式，计算 Sheet1 中"房产销售表"的契税总额，并保存在"契税总额"列中。

● 计算公式为：契税总额=契税×房价总额。

（1）在 Sheet1 表中，选择目标单元格"契税总额"列的 J3:J26，按"="键，开始编辑数组公式。

（2）编辑公式：=H3:H26*I3:I26。

（3）最后，同时按下 Ctrl+Shift+Enter 三键，输入完成。J3 单元格显示为 12801.65，J26 单元格显示为 73102.26。

5. 使用函数，根据 Sheet1 中"房产销售表"的结果，在 Sheet2 中统计每个销售人员的销售总额，将结果保存在 Sheet2 中的"销售总额"列中。

（1）在 Sheet2 表中，选择目标单元格 B2，单击公式编辑栏，编辑输入公式"=SUMIF(Sheet1! $K$3:$K$26,A2,Sheet1!$I$3:$I$26)"，按回车键确定，B2 单元格显示统计结果为 11090135.91。

（2）使用 B2 单元格的填充柄，填充至 B6 单元格，完成"支付总额"计算。B6 单元格显示统计结果为 6131130.56。

6. 使用函数，根据 Sheet2 中"销售总额"列的结果，对每个销售人员的销售情况进行排序，并将结果保存在"排名"列当中（若有相同排名，则返回最佳排名）。

（1）在 Sheet2 表中，选择目标单元格 C2，单击公式编辑栏，编辑输入公式"=RANK(B2, $B$2:$B$6)"，按回车键确定，C2 单元格显示排名结果为 1。

（2）使用 C2 单元格的填充柄，填充至 C6 单元格，完成"排名"计算。C6 单元格显示排名结果为 3。

7. 将 Sheet1 中"房产销售表"复制到 Sheet3 中，并对 Sheet3 进行高级筛选。

（1）要求

● 筛选条件为："户型"为两室一厅，"房价总额">1000000；

● 将结果保存在 Sheet3 的 A31 单元格中。

（2）注意

● 无须考虑是否删除或移动筛选条件；

● 复制过程中，将标题项"房产销售表"连同数据一同复制；

● 数据表必须顶格放置。

（1）选择 Sheet1 工作表的 A1:K26，复制粘贴至 Sheet3 表中 A1 开始的区域；若出现粘贴异常，可以使用选择性粘贴（粘贴值、粘贴格式），并使用"自动调整列宽"功能，确保完成正常粘贴显示。

（2）按要求设计筛选条件区域：如 M2:N3，列标题 M2、N2 为"户型""房价总额"，M3、N3 对应设置"两室一厅"">1000000"。

（3）单击 Sheet3 表的任一单元格，如 D5；选择 Excel 功能区"数据"→"排序和筛选"组→"高级"，打开"高级筛选"对话框，设置如下。

列表区域：$A$2:$K$26，Excel 会自动选择。

条件区域：选择上面设计的 M1:N2，在对话框中显示为"Sheet3!$M$2:$N$3"。

显示方式：选择"将筛选结果复制到其他位置"，单击 A31 单元格，对话框显示为"Sheet3! $A$31"。最后，单击"确定"按钮，按要求完成筛选。再按需要使用"自动调整列宽"功能，确保实现筛选结果的完整显示。

8. 根据 Sheet1 中"房产销售表"的结果,创建一个数据透视图,保存在 Sheet4 中。要求:

● 显示每个销售人员所销售房屋应缴纳契税总额汇总情况;

● x 坐标设置为"销售人员";

● 数据区域为"契税总额";

● 求和项设置为"契税总额";

● 将对应的数据透视表也保存在 Sheet4 中。

(1)单击 Sheet1 表数据区域的任一单元格,如 D15,选择功能区"插入"→"数据透视图",打开"创建数据透视图"对话框,它已自动选择当前区域 Sheet1!$A$2:$K$26。

(2)在对话框中,选中"现有工作表","位置"选择"Sheet4!$A$1",单击"确定"按钮,在 Sheet4 表的右侧自动打开"数据透视图字段"任务窗格。按题目要求,拖曳"销售人员"字段到"轴(类别)";拖曳"契税总额"字段到"值"区域(求和项)。完成后,在 Sheet4 表中自动生成数据透视图(也自动包含数据透视表),如图 5-19 所示。

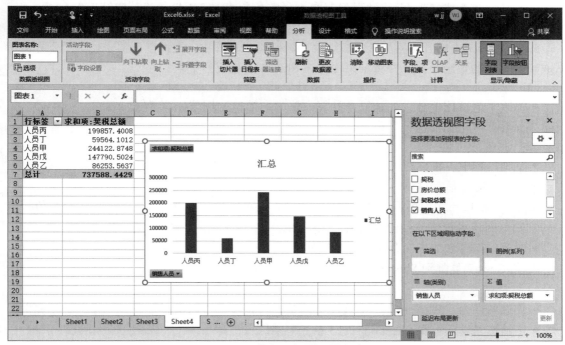

图 5-19 数据透视图设置完成

项目 5.7 公务员考试成绩统计

一、任务描述

1. 在 Sheet5 的 A1 单元格中输入分数 1/3。

2. 在 Sheet1 中,使用条件格式将"性别"列中为"女"的单元格

公务员考试成绩统计
(语音版)

中字体颜色设置为红色、字形加粗显示。

3. 使用 IF 函数，对 Sheet1 中的"学位"列进行自动填充。要求：

填充的内容根据"学历"列的内容来确定（假定学生均已获得相应学位）。

- 博士研究生—博士；
- 硕士研究生—硕士；
- 本科—学士；
- 其他—无。

4. 使用数组公式，在 Sheet1 中计算：

（1）计算"笔试比例分"，并将结果保存在"公务员考试成绩表"的"笔试比例分"中。

- 计算方法为：笔试比例分=（笔试成绩/3）×60%。

（2）计算"面试比例分"，并将结果保存在"公务员考试成绩表"的"面试比例分"中。

- 计算方法为：面试比例分=面试成绩×40%。

（3）计算"总成绩"，并将结果保存在"公务员考试成绩表"的"总成绩"中。

- 计算方法为：总成绩=笔试比例分+面试比例分。

5. 将 Sheet1 中的"公务员考试成绩表"复制到 Sheet2 中，根据以下要求修改"公务员考试成绩表"中的数组公式，并将结果保存在 Sheet2 的相应列中。

（1）要求

- 修改"笔试比例分"的计算，计算方法为：笔试比例分=（（笔试成绩/2）×60%），并将结果保存在"笔试比例分"列中。

（2）注意

- 复制过程中，将标题项"公务员考试成绩表"连同数据一同复制；
- 复制数据表后，粘贴时，数据表必须顶格放置。

6. 在 Sheet2 中，使用函数，根据"总成绩"列对所有考生进行排名（如果多个数值排名相同，则返回该组数值的最佳排名）。

- 要求：将排名结果保存在"排名"列中。

7. 将 Sheet2 复制到 Sheet3，并对 Sheet3 进行高级筛选。

（1）要求

- 筛选条件为："报考单位"—【一中院】、"性别"—【男】、"学历"—【硕士研究生】；
- 将筛选结果保存在 Sheet3 的 A25 单元格中。

（2）注意

- 无须考虑是否删除或移动筛选条件；
- 复制过程中，将标题项"公务员考试成绩表"连同数据一同复制；
- 复制数据表后，粘贴时，数据表必须顶格放置。

8. 根据 Sheet2，在 Sheet4 中新建一数据透视表。要求：

- 显示每个报考单位的人的不同学历的人数汇总情况；
- 行区域设置为"报考单位"；
- 列区域设置为"学历"；
- 数据区域设置为"学历"；
- 计数项为"学历"。

二、任务实施

1. 在 Sheet5 的 A1 单元格中输入分数 1/3。

在 Sheet5 的 A1 单元格中，输入"0 1/3"，回车确定，输入完成。

2. 在 Sheet1 中，使用条件格式将"性别"列中为"女"的单元格中字体颜色设置为红色、字形加粗显示。

（1）选择 Sheet1 的 B11:B43，选择功能"开始"→"条件格式"→"突出显示单元格规则"→"等于"，打开"等于"对话框，输入值"女"，并在"设置为"下拉框中选择"自定义格式"，打开"设置单元格格式"对话框。

（2）"颜色"选择"红色"，"字形"选择"加粗"，单击"确定"按钮，完成操作。

3. 使用 IF 函数，对 Sheet1 中的"学位"列进行自动填充。要求：

填充的内容根据"学历"列的内容来确定（假定学生均已获得相应学位）。

- 博士研究生—博士；
- 硕士研究生—硕士；
- 本科—学士；
- 其他—无。

（1）在 Sheet1 表中，选择目标单元格 H3，单击公式编辑栏，编辑输入公式"=IF(G3="博士研究生","博士",IF(G3="硕士研究生","硕士",IF(G3="本科","学士","无")))"，按回车键确定，H3 单元格显示统计结果为"博士"。

（2）使用 H3 单元格的填充柄，填充至 H18 单元格，完成"学位"计算。H18 单元格显示统计结果为"学士"。

4. 使用数组公式，在 Sheet1 中计算：

（1）计算"笔试比例分"，并将结果保存在"公务员考试成绩表"的"笔试比例分"中。

- 计算方法为：笔试比例分=（笔试成绩/3）×60%。

（2）计算"面试比例分"，并将结果保存在"公务员考试成绩表"的"面试比例分"中。

- 计算方法为：面试比例分=面试成绩×40%。

（3）计算"总成绩"，并将结果保存在"公务员考试成绩表"的"总成绩"中。

- 计算方法为：总成绩=笔试比例分+面试比例分。

（1）计算"笔试比例分"：在 Sheet1 表中，选择目标单元格"笔试比例分"列的 J3:J18，按"="键，开始编辑数组公式；编辑输入公式"=(I3:I18/3)*60%"，同时按下 Ctrl+Shift+Enter 三键，输入完成。J3 单元格显示为 30.80，J18 单元格显示为 26.30。

（2）计算"面试比例分"：在 Sheet1 表中，选择目标单元格"面试比例分"列的 L3:L18，按"="键，开始编辑数组公式；编辑输入公式"=K3:K18*40%"，同时按下 Ctrl+Shift+Enter 三键，输入完成。L3 单元格显示为 27.50，L18 单元格显示为 23.27。

（3）计算"总成绩"：在 Sheet1 表中，选择目标单元格"总成绩"列的 M3:M18，按"="键，开始编辑数组公式；编辑输入公式"=(I3:I18/3)*60%"，同时按下 Ctrl+Shift+Enter 三键，输入完成。M3 单元格显示为 58.30，M18 单元格显示为 49.57。

5. 将 Sheet1 中的"公务员考试成绩表"复制到 Sheet2 中，根据以下要求修改"公务员考试成绩表"中的数组公式，并将结果保存在 Sheet2 的相应列中。

（1）要求

● 修改"笔试比例分"的计算，计算方法为：笔试比例分=（（笔试成绩/2）×60%），并将结果保存在"笔试比例分"列中。

（2）注意

● 复制过程中，将标题项"公务员考试成绩表"连同数据一同复制；

● 复制数据表后，粘贴时，数据表必须顶格放置。

（1）选择 Sheet1 工作表的 A1:N18，复制粘贴至 Sheet2 表中 A1 开始的区域；若出现粘贴异常，可以使用选择性粘贴（粘贴值、粘贴格式），并使用"自动调整列宽"功能，确保完成正常粘贴显示。

（2）修改"笔试比例分"：在 Sheet2 表中，选择目标单元格"笔试比例分"列的 J3:J18，按"="键，开始编辑数组公式；编辑输入公式"=(I3:I18/2)*60%"，同时按下 Ctrl+Shift+Enter 三键，输入完成。J3 单元格显示为 46.20，J18 单元格显示为 39.45。

6. 在 Sheet2 中，使用函数，根据"总成绩"列对所有考生进行排名。（如果多个数值排名相同，则返回该组数值的最佳排名）

● 要求：将排名结果保存在"排名"列中。

（1）在 Sheet2 表中，选择目标单元格 N3，单击公式编辑栏，编辑输入公式"=RANK(M3, M$3:M$18)"，按回车键确定，N3 单元格显示排名结果为 11。

（2）使用 N3 单元格的填充柄，填充至 N18 单元格，完成"排名"计算。N18 单元格显示排名结果为 16。

7. 将 Sheet2 复制到 Sheet3，并对 Sheet3 进行高级筛选。

（1）要求

● 筛选条件为："报考单位"—【一中院】、"性别"—【男】、"学历"—【硕士研究生】；

● 将筛选结果保存在 Sheet3 的 A25 单元格中。

（2）注意

● 无须考虑是否删除或移动筛选条件；

● 复制过程中，将标题项"公务员考试成绩表"连同数据一同复制；

● 复制数据表后，粘贴时，数据表必须顶格放置。

（1）选择 Sheet2 工作表的 A1:N18，复制粘贴至 Sheet3 表中 A1 开始的区域；若出现粘贴异常，可以使用选择性粘贴（粘贴值、粘贴格式），并使用"自动调整列宽"功能，确保完成正常粘贴显示。

（2）按要求设计筛选条件区域：如 A20:C21，列标题 A20、B20、C20 为"报考单位""性别""学历"，A21、B21、C21 对应设置"一中院""男""硕士研究生"。

（3）单击 Sheet3 表数据区域的任一单元格，如 D5；选择 Excel 功能区"数据"→"排序和筛选"组→"高级"，打开"高级筛选"对话框，设置如下。

列表区域：$A$2:$N$18，Excel 会自动选择。

条件区域：选择上面设计的 A20:C21，在对话框中显示为"Sheet3!$A$20:$C$21"。

显示方式：选择"将筛选结果复制到其他位置"，单击 A25 单元格，对话框显示为"Sheet3!$A$25"。最后，单击"确定"按钮，按要求完成筛选。按需要使用"自动调整列宽"功能，确保实现筛选结果的完整显示。

8. 根据 Sheet2，在 Sheet4 中新建一数据透视表。要求：

- 显示每个报考单位的人的不同学历的人数汇总情况；
- 行区域设置为"报考单位"；
- 列区域设置为"学历"；
- 数据区域设置为"学历"；
- 计数项为"学历"。

（1）单击 Sheet2 表数据区域的任一单元格，如 D15，选择功能区"插入"→"数据透视表"，打开"创建数据透视表"对话框，Excel 已自动选择当前区域 Sheet2!$A$2:$N$18。

（2）在对话框中，选中"现有工作表"，"位置"选择"Sheet4!$A$1"，单击"确定"按钮，在 Sheet4 表的右侧自动打开"数据透视表字段"任务窗格。按题目要求，拖曳"报考单位"字段到"行"区域；拖曳"学历"字段到"列"区域；拖曳"学历"字段到"值"区域（计数项）。完成后，在 Sheet4 表中自动生成数据透视表，如图 5-20 所示。

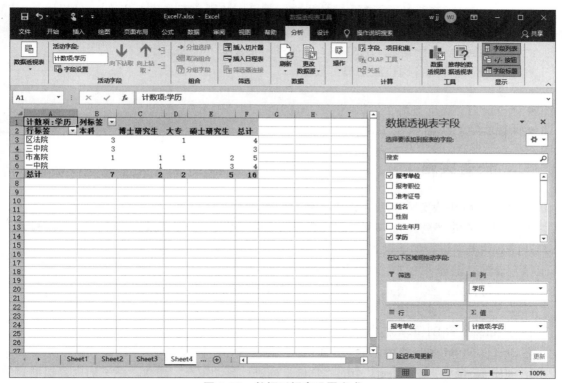

图 5-20　数据透视表设置完成

项目 5.8　员工信息表

一、任务描述

1. 在 Sheet3 中设定 A 列中不能输入重复的数值。

六分厂员工信息表
（语音版）

2. 在 Sheet3 的 B1 单元格中输入分数 1/3。

3. 使用 IF 函数，对 Sheet1 中的"学位"列进行自动填充。要求：填充的内容根据"学历"列的内容来确定（假定学生均已获得相应学位）：

- 博士研究生—博士；
- 硕士研究生—硕士；
- 本科—学士。

4. 使用时间函数和数组公式，对 Sheet1 中"进厂工作时年龄"列进行计算，计算公式为：进厂工作时年龄=进厂工作时日期年份—出生日期年份。

5. 判断出生年份是否闰年，将判断结果（"是"或"否"）填入"是否闰年"列中。

6. 利用数据库函数统计六分厂 30 岁以上（截至 2010-03-31，即 1980-04-01 前出生）具有博士学位的女性研究员人数，将结果填入 Sheet1 的 N12 单元格中。

7. 使用 RANK 函数对进厂工作日期排序，先进厂的排前面（从 1 开始），结果填入"厂龄排序"列。

8. 根据 Sheet1 中的结果，在 Sheet4 中创建一张数据透视表。要求：

- 显示每个部门的各岗位级别员工数量；
- 行设置为"部门"；
- 列设置为"岗位级别"；
- 计数项为"姓名"。

二、任务实施

1. 在 Sheet3 中设定 A 列中不能输入重复的数值。

单击 Sheet4 的 F 列，选中第 A 列，选择功能区"数据"→"数据工具"→"数据验证"，在打开的对话框中进行如下设置。

（1）设置：设置"允许"为"自定义"。

（2）设置公式：在"公式"框中输入"=COUNTIF(A:A,A1)<=1"。

单击"确定"按钮完成。

2. 在 Sheet3 的 B1 单元格中输入分数 1/3。

在 Sheet3 的 B1 单元格中，输入"0 1/3"，回车确定，输入完成。

3. 使用 IF 函数，对 Sheet1 中的"学位"列进行自动填充。要求：填充的内容根据"学历"列的内容来确定（假定学生均已获得相应学位）：

- 博士研究生—博士；
- 硕士研究生—硕士；
- 本科—学士。

在 Sheet1 表中，选择目标单元格 G3，单击公式编辑栏，编辑输入公式"=IF(F3="博士研究生","博士",IF(F3="硕士研究生","硕士","学士"))"，按回车键确定，G3 单元格显示计算结果为"硕士"。使用 G3 单元格的填充柄，填充至 G94 单元格，完成"学位"列填充。G94 单元格显示为"硕士"。

4. 使用时间函数和数组公式，对 Sheet1 中"进厂工作时年龄"列进行计算，计算公式：

进厂工作时年龄=进厂工作时日期年份—出生日期年份。

（1）在 Sheet1 表中，选择目标单元格"进厂工作时年龄"列的 I3:I94，按"="键，开始编辑数组公式；编辑输入公式"=YEAR(H3:H94)−YEAR (E3:E94)"。

（2）同时按下 Ctrl+Shift+Enter 三键，输入完成。I3 单元格显示为 22，I94 单元格显示为 26。

5. 判断出生年份是否闰年，将判断结果（"是"或"否"）填入"是否闰年"列中。

在 Sheet1 表中，选择目标单元格 J3，单击公式编辑栏，编辑输入公式"=IF(MOD(YEAR(E3),400)=0,"是",IF(MOD(YEAR(E3),4)<>0,"否",IF(MOD(YEAR(E3),100"<>0,"是","否")))"，按回车键确定，J3 单元格显示计算结果为"是"。使用 J3 单元格的填充柄，填充至 J94 单元格，完成"是否闰年"列填充。J94 单元格显示为"否"。

6. 利用数据库函数统计六分厂 30 岁以上（截至 2010-03-31，即 1980-04-01 前出生）具有博士学位的女性研究员人数，将结果填入 Sheet1 的 N12 单元格中。

（1）按题意，为数据库函数创建条件区域，假设为 N8:Q9 区域：N8、O8、P8、Q8 单元格内容分别为"出生日期""学位""性别""岗位级别"；N9、O9、P9、Q9 单元格内容分别为"<1980-4-1""博士""女""研究员"。

（2）选择目标单元格 N12，单击公式编辑栏，编辑输入公式"=DCOUNTA(A2:K94,A2,N8:Q9)"，按回车键确定，N12 单元格显示计算结果为 10。

7. 使用 RANK 函数对进厂工作日期排序，先进厂的排前面（从 1 开始），结果填入"厂龄排序"列。

在 Sheet1 表中，选择目标单元格 K3，单击公式编辑栏，编辑输入公式"=RANK(H3,$H$3:$H$94,1)"，按回车键确定，K3 单元格显示计算结果为 29。使用 K3 单元格的填充柄，填充至 K94 单元格，完成"厂龄排序"列填充。K94 单元格显示为 59。

8. 根据 Sheet1 中的结果，在 Sheet4 中创建一张数据透视表。要求：

- 显示每个部门的各岗位级别员工数量；
- 行设置为"部门"；
- 列设置为"岗位级别"；
- 计数项为"姓名"。

单击 Excel 底部的"新工作表"按钮，创建新工作表 Sheet4；拖曳工作表标签，使其排列顺序为 Sheet1、Sheet2、Sheet3、Sheet4。

（1）单击 Sheet1 表数据区域的任一单元格，如 D15，选择功能区"插入"→"数据透视表"，打开"创建数据透视表"对话框，Excel 已自动选择当前区域 Sheet1!$A$2:$K$94。

（2）在对话框中，选中"现有工作表"，"位置"选择"Sheet4!$A$1"，单击"确定"按钮，在 Sheet4 表的右侧自动打开"数据透视表字段"任务窗格。按题目要求，拖曳"部门"字段到"行"区域；拖曳"岗位级别"字段到"列"区域；拖曳"姓名"字段到"值"区域（计数项）。完成后，在 Sheet4 表中自动生成数据透视表，如图 5-21 所示。

图 5-21 数据透视表设置完成

项目 5.9 停车情况记录表

一、任务描述

1. 在 Sheet4 的 A1 单元格中设置为只能录入 5 位数字或文本。当录入位数错误时，提示错误原因，样式为"警告"，错误信息为"只能录入 5 位数字或文本"。

停车情况记录表（语音版）

2. 在 Sheet4 的 B1 单元格中输入公式，判断当前年份是否为闰年，结果为 TRUE 或 FALSE。

闰年定义：年数能被 4 整除而不能被 100 整除，或者能被 400 整除的年份。

3. 使用 HLOOKUP 函数，对 Sheet1"停车情况记录表"中的"单价"列进行填充。

（1）要求

根据 Sheet1 中的"停车价目表"价格，使用 HLOOKUP 函数对"停车情况记录表"中的"单价"列根据不同的车型进行填充。

（2）注意

函数中如果需要用绝对地址的请使用绝对地址进行计算，其他方式无效。

4. 在 Sheet1 中，使用数组公式计算汽车在停车库中的停放时间。要求：

- 计算方法为："停放时间=出库时间−入库时间"；
- 格式为："小时：分钟：秒"；
- 将结果保存在"停车情况记录表"中的"停放时间"列中；
- 例如：一小时十五分十二秒在停放时间中的表示为："1:15:12"。

5. 使用函数公式，对"停车情况记录表"的停车费用进行计算。

（1）要求

- 根据 Sheet1 表中停放时间的长短计算停车费用，将计算结果填入到"停车情况记录表"

的"应付金额"列中。

（2）注意

- 停车按小时收费，对于不满一个小时的按照一个小时计费；
- 对于超过整点小时数十五分钟（包含十五分钟）的多累积一个小时；
- 例如 1 小时 23 分，将以 2 小时计费。

6. 使用统计函数，对 Sheet1 中的"停车情况记录表"根据下列条件进行统计。要求：

- 统计停车费用大于等于 40 元的停车记录条数，并将结果保存在 J8 单元格中；
- 统计最高的停车费用，并将结果保存在 J9 单元格中。

7. 将 Sheet1 中的"停车情况记录表"复制到 Sheet2 中，对 Sheet2 进行高级筛选。

（1）要求

- 筛选条件为："车型"—小汽车，"应付金额" >=30；
- 将结果保存在 Sheet2 的 I5 单元格中。

（2）注意

- 无须考虑是否删除筛选条件；
- 复制过程中，将标题项"停车情况记录表"连同数据一同复制；
- 复制数据表后，粘贴时，数据表必须顶格放置。

8. 根据 Sheet1 中的"停车情况记录表"，创建一个数据透视图并保存在 Sheet3 中。要求：

- 显示各种车型所收费用的汇总；
- x 坐标设置为"车型"；
- 求和项为"应付金额"；
- 将对应的数据透视表也保存在 Sheet3 中。

二、任务实施

1. 在 Sheet4 的 A1 单元格中设置为只能录入 5 位数字或文本。当录入位数错误时，提示错误原因，样式为"警告"，错误信息为"只能录入 5 位数字或文本"。

单击 Sheet4 的 A1 单元格，选择功能区"数据"→"数据工具"→"数据验证"，在打开的对话框中进行如下设置。

（1）设置：设置"允许"为"文本长度"，"数据"为"等于"，"长度"为"5"。

（2）出错警告：设置"样式"为"警告"，"错误信息"为"只能录入 5 位数字或文本"。单击"确定"按钮完成。

2. 在 Sheet4 的 B1 单元格中输入公式，判断当前年份是否为闰年，结果为 TRUE 或 FALSE。

- 闰年定义：年数能被 4 整除而不能被 100 整除，或者能被 400 整除的年份。

在 Sheet4 表中，选择目标单元格 B1，单击公式编辑栏，编辑输入公式"=OR(MOD(YEAR (TODAY()),400)=0,AND(MOD(YEAR(NOW()),4)=0，MOD(YEAR(NOW()),100)<>0))"，按回车键确定，B1 单元格显示结果为 FALSE。

3. 使用 HLOOKUP 函数，对 Sheet1"停车情况记录表"中的"单价"列进行填充。

（1）要求

- 根据 Sheet1 中的"停车价目表"价格，使用 HLOOKUP 函数对"停车情况记录表"中的"单价"列根据不同的车型进行填充。

（2）注意

● 函数中如果需要用绝对地址的请使用绝对地址进行计算，其他方式无效。

（1）在 Sheet1 表中，选择目标单元格 C9，单击公式编辑栏，编辑输入公式"=HLOOKUP(B9,A\$2:C\$3,2,FALSE)"，按回车键确定，C9 单元格显示计算结果为 5。

（2）使用 C9 单元格的填充柄，填充至 C39 单元格，完成"单价"计算。C39 单元格显示计算结果为 8。

4. 在 Sheet1 中，使用数组公式计算汽车在停车库中的停放时间。要求：

● 计算方法为："停放时间=出库时间−入库时间"；

● 格式为："小时：分钟：秒"；

● 将结果保存在"停车情况记录表"中的"停放时间"列中；

● 例如：一小时十五分十二秒在停放时间中的表示为："1:15:12"。

在 Sheet1 表中，选择目标单元格"停放时间"列的 F9:F39，按"="键，开始编辑数组公式；编辑输入公式"=E9:E39−D9:D39"，同时按下 Ctrl+Shift+Enter 三键，输入完成。F9 单元格显示为 3:03:10，F39 单元格显示为 0:44:29。

5. 使用函数公式，对"停车情况记录表"的停车费用进行计算。

（1）要求

根据 Sheet1 停放时间的长短计算停车费用，将计算结果填入到"停车情况记录表"的"应付金额"列中。

（2）注意

● 停车按小时收费，对于不满一个小时的按照一个小时计费；

● 对于超过整点小时数十五分钟（包含十五分钟）的多累积一个小时；

● 例如 1 小时 23 分，将以 2 小时计费。

（1）在 Sheet1 表中，选择目标单元格 G9，单击公式编辑栏，编辑输入公式"=IF(HOUR(F9)=0,1,IF(MINUTE(F9)>15,HOUR(F9)+1,HOUR(F9)))*C9"，按回车键确定，G9 单元格显示计算结果为 15。

（2）使用 G9 单元格的填充柄，填充至 G39 单元格，完成"应付金额"计算。G39 单元格显示计算结果为 8。

6. 使用统计函数，对 Sheet1 中的"停车情况记录表"根据下列条件进行统计。要求：

● 统计停车费用大于等于 40 元的停车记录条数，并将结果保存在 J8 单元格中；

● 统计最高的停车费用，并将结果保存在 J9 单元格中。

（1）在 Sheet1 表中，选择目标单元格 J8，单击公式编辑栏，编辑输入公式"=COUNTIF(G9:G39,">=40")"，按回车键确定，J8 单元格显示统计结果为 4。

（2）在 Sheet1 表中，选择目标单元格 J9，单击公式编辑栏，编辑输入公式"=MAX(G9:G39)"，按回车键确定，J9 单元格显示统计结果为 50。

7. 将 Sheet1 中的"停车情况记录表"复制到 Sheet2 中，对 Sheet2 进行高级筛选。

（1）要求

● 筛选条件为："车型"—小汽车，"应付金额">=30；

● 将结果保存在 Sheet2 的 I5 单元格中。

（2）注意

● 无须考虑是否删除筛选条件；

● 复制过程中，将标题项"停车情况记录表"连同数据一同复制；

● 复制数据表后，粘贴时，数据表必须顶格放置。

（1）选择 Sheet1 工作表的 A7:G39，复制粘贴至 Sheet2!A1 开始的区域；若出现粘贴异常，可以使用选择性粘贴（粘贴值、粘贴格式），并使用"自动调整列宽"功能，确保完成正常粘贴显示。

（2）按要求设计筛选条件区域：如 J1:K2，列标题 J1、K1 为"车型""应付金额"，J2、K2 对应设置"小汽车"">=30"。

（3）单击 Sheet2 表的任一单元格，如 D5；选择 Excel 功能区"数据"→"排序和筛选"组→"高级"，打开"高级筛选"对话框，进行如下设置。

列表区域：$A$2:$G$33，Excel 会自动选择。

条件区域：选择上面设计的 J1:K2，在对话框中显示为"Sheet2!$J$1:$K$2"。

显示方式：选择"将筛选结果复制到其他位置"，单击 I5 单元格，对话框显示为"Sheet2!$I$5"。最后，单击"确定"按钮，按要求完成筛选。按需要使用"自动调整列宽"功能，确保实现筛选结果的完整显示。

8. 根据 Sheet1 中的"停车情况记录表"，创建一个数据透视图并保存在 Sheet3 中。要求：

● 显示各种车型所收费用的汇总；

● x 坐标设置为"车型"；

● 求和项为"应付金额"；

● 将对应的数据透视表也保存在 Sheet3 中。

（1）单击 Sheet1"停车情况记录表"数据区域的任一单元格，如 D15，选择功能区"插入"→"数据透视图"，打开"创建数据透视图"对话框，它已自动选择当前区域 Sheet1!$A$8:$G$39。

（2）在对话框中，选中"现有工作表"，"位置"选择"Sheet3!$A$1"，单击"确定"按钮，在 Sheet3 表的右侧自动打开"数据透视图字段"任务窗格。按题目要求，拖曳"车型"字段到"轴（类别）"；拖曳"应付金额"字段到"值"区域（求和项）。完成后，在 Sheet3 表中自动生成数据透视图（也自动包含数据透视表），如图 5-22 所示。

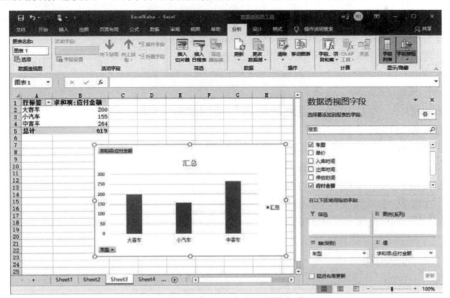

图 5-22　数据透视图设置完成

项目 5.10　温度情况表

一、任务描述

温度情况表
（语音版）

1. 在 Sheet5 的 A1 单元格中设置为只能录入 5 位数字或文本。当录入位数错误时，提示错误原因，样式为"警告"，错误信息为"只能录入 5 位数字或文本"。

2. 在 Sheet5 中，使用函数，根据 A2 单元格中的身份证号码判断性别，结果为"男"或"女"，存放在 B2 单元格中。
- 倒数第二位为奇数的为"男"，为偶数的为"女"。

3. 使用 IF 函数，对 Sheet1"温度情况表"中的"温度较高的城市"列进行填充，填充结果为城市名称。

4. 使用数组公式，对 Sheet1"温度情况表"中的相差温度值（杭州相对于上海的温差）进行计算，并把结果保存在"相差温度值"列中。
- 计算方法：相差温度值=杭州平均气温−上海平均气温。

5. 使用函数，根据 Sheet1"温度情况表"中的结果，对符合以下条件的进行统计。要求：
- 杭州这半个月以来的最高气温和最低气温，保存在相应单元格中；
- 上海这半个月以来的最高气温和最低气温，保存在相应单元格中。

6. 将 Sheet1 中的"温度情况表"复制到 Sheet2 中，在 Sheet2 中，重新编辑数组公式，将 Sheet2 中的"相差的温度值"中的数值取其绝对值（均为正数）。注意：
- 复制过程中，将标题项"温度情况表"连同数据一同复制；
- 数据表必须顶格放置。

7. 将 Sheet2 中的"温度情况表"复制到 Sheet3 中，并对 Sheet3 进行高级筛选。
（1）要求
- 筛选条件："杭州平均气温">=20，"上海平均气温"<20；
- 将筛选结果保存在 Sheet3 的 A22 单元格中。
（2）注意
- 无须考虑是否删除筛选条件；
- 复制过程中，将标题项"温度情况表"连同数据一同复制；
- 数据表必须顶格放置。

8. 根据 Sheet1 中"温度情况表"的结果，在 Sheet4 中创建一张数据透视表。要求：
- 显示温度较高天数的汇总情况；
- 行区域设置为"温度较高的城市"；
- 数据域设置为"温度较高的城市"；
- 计数项设置为温度较高的城市。

二、任务实施

1. 在 Sheet5 的 A1 单元格中设置为只能录入 5 位数字或文本。当录入位数错误时，提示错误原因，样式为"警告"，错误信息为"只能录入 5 位数字或文本"。

单击 Sheet4 的 A1 单元格，选择功能区"数据"→"数据工具"→"数据验证"，在打开的对话框中进行如下设置。

（1）设置：设置"允许"为"文本长度"，"数据"为"等于"，"长度"为"5"。

（2）出错警告：设置"样式"为"警告"，"错误信息"为"只能录入 5 位数字或文本"。单击"确定"按钮完成。

2. 在 Sheet5 中，使用函数，根据 A2 单元格中的身份证号码判断性别，结果为"男"或"女"，存放在 B2 单元格中。

● 倒数第二位为奇数的为"男"，为偶数的为"女"。

在 Sheet5 表中，选择目标单元格 B2，单击公式编辑栏，编辑输入公式"=IF(MOD(MID(A2, LEN(A2)-1,1),2)=0,"女","男")"，按回车键确定，B2 单元格显示结果为"男"。LEN 函数用于计算身份证号码长度；MID 函数用于对指定文本按指定的位置和长度，取出相应内容；MOD 函数计算余数，用于判断奇数或偶数。

3. 使用 IF 函数，对 Sheet1 "温度情况表"中的"温度较高的城市"列进行填充，填充结果为城市名称。

（1）在 Sheet1 表中，选择目标单元格 D3，单击公式编辑栏，编辑输入公式"=IF(B3>=C3, "杭州","上海")"，按回车键确定，D3 单元格显示计算结果为"杭州"。

（2）使用 D3 单元格的填充柄，填充至 D17 单元格，完成"温度较高的城市"计算。D17 单元格显示计算结果为"杭州"。

4. 使用数组公式，对 Sheet1 "温度情况表"中的相差温度值（杭州相对于上海的温差）进行计算，并把结果保存在"相差温度值"列中。

● 计算方法：相差温度值 = 杭州平均气温−上海平均气温。

在 Sheet1 表中，选择目标单元格"相差温度值"列的 E3:E17，按"="键，开始编辑数组公式；编辑输入公式"=B3:B17-C3:C17"，同时按下 Ctrl+Shift+Enter 三键，输入完成。E3 单元格显示为 2，E17 单元格显示为 4。

5. 使用函数，根据 Sheet1 "温度情况表"中的结果，对符合以下条件的进行统计。要求：

● 杭州这半个月以来的最高气温和最低气温，保存在相应单元格中；

● 上海这半个月以来的最高气温和最低气温，保存在相应单元格中。

（1）杭州最高气温：在 Sheet1 表中，选择目标单元格 C19，单击公式编辑栏，编辑输入公式"=MAX(B3:B17)"，按回车键确定，C19 单元格显示计算结果 25。

（2）杭州最低气温：在 Sheet1 表中，选择目标单元格 C20，单击公式编辑栏，编辑输入公式"=MIN(B3:B17)"，按回车键确定，C20 单元格显示计算结果 18。

（3）上海最高气温：在 Sheet1 表中，选择目标单元格 C21，单击公式编辑栏，编辑输入公式"=MAX(C3:C17)"，按回车键确定，C21 单元格显示计算结果 25。

（4）上海最低气温：在 Sheet1 表中，选择目标单元格 C22，单击公式编辑栏，编辑输入公式"=MIN(C3:C17)"，按回车键确定，C22 单元格显示计算结果 17。

6. 将 Sheet1 中的"温度情况表"复制到 Sheet2 中，在 Sheet2 中，重新编辑数组公式，将 Sheet2 中的"相差的温度值"中的数值取其绝对值（均为正数）。注意：

● 复制过程中，将标题项"温度情况表"连同数据一同复制；

● 数据表必须顶格放置。

（1）选择 Sheet1 工作表的 A1:E17，复制粘贴至 Sheet2 中 A1 开始的区域；若出现粘贴异常，可以使用选择性粘贴（粘贴值、粘贴格式），并使用"自动调整列宽"功能，确保完成正常粘贴显示。

（2）修改"相差的温度值"：在 Sheet2 表中，选择目标单元格 E3:E17，按"="键，开始编辑数组公式；编辑输入公式"=ABS(B3:B17-C3:C17)"，同时按下 Ctrl+Shift+Enter 三键，输入完成。E4 单元格显示为 1，E17 单元格显示为 4。

7. 将 Sheet2 中的"温度情况表"复制到 Sheet3 中，并对 Sheet3 进行高级筛选。

（1）要求

- 筛选条件："杭州平均气温">=20，"上海平均气温"<20；
- 将筛选结果保存在 Sheet3 的 A22 单元格中。

（2）注意

- 无须考虑是否删除筛选条件；
- 复制过程中，将标题项"温度情况表"连同数据一同复制；
- 数据表必须顶格放置。

（1）选择 Sheet2 工作表的 A1:E17，复制粘贴至 Sheet3 中 A1 开始的区域；若出现粘贴异常，可以使用选择性粘贴（粘贴值、粘贴格式），并使用"自动调整列宽"功能，确保完成正常粘贴显示。

（2）按要求设计筛选条件区域：如 A19:B20，列标题 A19、B19 为"杭州平均气温""上海平均气温"，A20、B20 对应设置">=20""<20"。

（3）单击 Sheet3 表数据区域的任一单元格，如 D5；选择 Excel 功能区"数据"→"排序和筛选"组→"高级"，打开"高级筛选"对话框，进行如下设置。

列表区域：$A$2:$E$17，Excel 会自动选择。

条件区域：选择上面设计的 A19:B20，在对话框中显示为"Sheet3!$A$19:$B$20"。

显示方式：选择"将筛选结果复制到其他位置"，单击 A22 单元格，对话框显示为"Sheet3!$A$22"。最后，单击"确定"按钮，按要求完成筛选。再按需要使用"自动调整列宽"格式功能，确保实现筛选结果的完整显示。

8. 根据 Sheet1 中"温度情况表"的结果，在 Sheet4 中创建一张数据透视表。要求：

- 显示温度较高天数的汇总情况；
- 行区域设置为"温度较高的城市"；
- 数据域设置为"温度较高的城市"；
- 计数项设置为温度较高的城市。

（1）单击 Sheet1 表数据区域的任一单元格，如 D15，选择功能区"插入"→"数据透视表"，打开"创建数据透视表"对话框，Excel 已自动选择当前区域 Sheet1!$A$2:$E$17。

（2）在对话框中，选中"现有工作表"，"位置"选择"Sheet4!$A$1"，单击"确定"按钮，在 Sheet4 表的右侧自动打开"数据透视表字段"任务窗格。按题目要求，拖曳"温度较高的城市"字段到"行"区域；拖曳"温度较高的城市"字段到"值"区域（计数项）。完成后，在 Sheet4 表中自动生成数据透视表，如图 5-23 所示。

图 5-23 数据透视表设置完成

项目 5.11 学生成绩表

一、任务描述

学生成绩表
（语音版）

1. 在 Sheet1 的 A40 单元格中输入分数 1/3。

2. 在 Sheet1 中使用函数计算全部数学成绩中奇数的个数，结果存放在 A41 单元格中。

3. 使用 REPLACE 函数，将 Sheet1 中"学生成绩表"的学生学号进行更改，并将更改的学号填入到"新学号"列中，学号更改的方法为：在原学号的前面加上"2009"。

- 例如："001"->"2009001"。

4. 使用数组公式，对 Sheet1 中"学生成绩表"的"总分"列进行计算。

- 计算方法：总分=语文+数学+英语+信息技术+体育。

5. 使用 IF 函数，根据以下条件，对 Sheet1 中"学生成绩表"的"考评"列进行计算。

- 条件：如果总分>=350，填充为"合格"；否则，填充为"不合格"。

6. 在 Sheet1 中，利用数据库函数及已设置的条件区域，根据以下情况计算，并将结果填入到相应的单元格当中。条件：

- 计算："语文"和"数学"成绩都大于或等于 85 的学生人数；
- 计算："体育"成绩大于或等于 90 的"女生"姓名；
- 计算："体育"成绩中男生的平均分；
- 计算："体育"成绩中男生的最高分。

7. 将 Sheet1 中的"学生成绩表"复制到 Sheet2 当中，并对 Sheet2 进行高级筛选。

（1）要求：

● 筛选条件为："性别"—男；"英语"—>90；"信息技术"—>95；

● 将筛选结果保存在 Sheet2 中。

（2）注意：

● 无须考虑是否删除或移动筛选条件；

● 复制过程中，将标题项"学生成绩表"连同数据一同复制；

● 复制数据表后，粘贴时，数据表必须顶格放置。

8. 根据 Sheet1 中"学生成绩表"，在 Sheet3 中新建一张数据透视表。要求：

● 显示不同性别、不同考评结果的学生人数情况；

● 行区域设置为"性别"；

● 列区域设置为"考评"；

● 数据区域设置为"考评"；

● 计数项为"考评"。

二、任务实施

1. 在 Sheet1 的 A40 单元格中输入分数 1/3。

在 Sheet1 的 A40 单元格中，输入"0 1/3"，回车确定，输入完成。

2. 在 Sheet1 中使用函数计算全部数学成绩中奇数的个数，结果存放在 A41 单元格中。

在 Sheet1 表中，选择目标单元格 A41，单击公式编辑栏，编辑输入公式"=SUMPRODUCT (MOD(F3:F24,2))"，按回车键确定，A41 单元格显示计算结果 6。

3. 使用 REPLACE 函数，将 Sheet1 中"学生成绩表"的学生学号进行更改，并将更改的学号填入到"新学号"列中，学号更改的方法为：在原学号的前面加上"2009"。

● 例如："001"—> "2009001"。

（1）在 Sheet1 表中，选择目标单元格 B3，单击公式编辑栏，编辑输入公式"=REPLACE(A3, 1,0,"2009")"。

（2）按回车键确定，B3 单元格显示结果为"2009001"。使用 B3 单元格的填充柄，填充至 G24 单元格，完成学号更改。

4. 使用数组公式，对 Sheet1 中"学生成绩表"的"总分"列进行计算。

● 计算方法：总分 =语文 + 数学 + 英语 + 信息技术 + 体育。

在 Sheet1 表中，选择目标单元格"总分"列的 J3:J24，按"="键，开始编辑数组公式；编辑输入公式"=E3:E24+F3:F24+G3:G24+H3:H24+I3:I24"，同时按下 Ctrl+Shift+Enter 三键，输入完成。J3 单元格显示为 443，J24 单元格显示为 450。

5. 使用 IF 函数，根据以下条件，对 Sheet1 中"学生成绩表"的"考评"列进行计算。

● 条件：如果总分>=350，填充为"合格"；否则，填充为"不合格"。

（1）在 Sheet1 表中，选择目标单元格 K3，单击公式编辑栏，编辑输入公式"=IF(J3>=350, "合格","不合格")"，按回车键确定，K3 单元格显示计算结果"合格"。

（2）使用 K3 单元格的填充柄，填充至 K24 单元格，完成"考评"计算。K24 单元格显示计算结果为"合格"。

6. 在 Sheet1 中，利用数据库函数及已设置的条件区域，根据以下情况计算，并将结果填入到相应的单元格当中。条件：

- 计算："语文"和"数学"成绩都大于或等于 85 的学生人数；
- 计算："体育"成绩大于或等于 90 的"女生"姓名；
- 计算："体育"成绩中男生的平均分；
- 计算："体育"成绩中男生的最高分。

（1）"语文"和"数学"成绩都大于或等于 85 的学生人数：在 Sheet1 表中，选择目标单元格 I28，单击公式编辑栏，编辑输入公式"=DCOUNTA(A2:K24,B2,M2:N3)"，按回车键确定，I28 单元格显示计算结果为 10。

（2）"体育"成绩大于或等于 90 的"女生"姓名：在 Sheet1 表中，选择目标单元格 I29，单击公式编辑栏，编辑输入公式"=DGET(A2:K24,C2,M7:N8)"，按回车键确定，I29 单元格显示计算结果为"王敏"。

（3）"体育"成绩中男生的平均分：在 Sheet1 表中，选择目标单元格 I30，单击公式编辑栏，编辑输入公式"=DAVERAGE(A2:K24,I2,M12:M13)"，按回车键确定，I30 单元格显示计算结果为 81.2。

（4）"体育"成绩中男生的最高分：在 Sheet1 表中，选择目标单元格 I31，单击公式编辑栏，编辑输入公式"=DMAX(A2:K24,I2,M12:M13)"，按回车键确定，I31 单元格显示计算结果为 92。

7. 将 Sheet1 中的"学生成绩表"复制到 Sheet2 当中，并对 Sheet2 进行高级筛选。

（1）要求：

- 筛选条件为："性别"—男；"英语"—>90；"信息技术"—>95；
- 将筛选结果保存在 Sheet2 中。

（2）注意：

- 无须考虑是否删除或移动筛选条件；
- 复制过程中，将标题项"学生成绩表"连同数据一同复制；
- 复制数据表后，粘贴时，数据表必须顶格放置。

（1）选择 Sheet1 工作表中的 A1:K24，复制粘贴至 Sheet2 表中 A1 开始的区域；若出现粘贴异常，可以使用选择性粘贴（粘贴值、粘贴格式），并使用"自动调整列宽"功能，确保完成正常粘贴显示。

（2）按要求设计筛选条件区域：如 D26:F27，列标题 D26、E26、F26 为"性别""英语""信息技术"，D27、E27、F27 对应设置"男"">90"">95"。

（3）单击 Sheet2 表的任一单元格，如 D5；选择 Excel 功能区"数据"→"排序和筛选"组→"高级"，打开"高级筛选"对话框，进行如下设置。

列表区域：$A$2:$K$24，Excel 会自动选择。

条件区域：选择上面设计的 D26:F27，对话框显示为"Sheet2!$D$26:$F$27"。

显示方式：选择"在原有区域显示筛选结果"，单击"确定"按钮，按要求完成筛选。按需要使用"自动调整列宽"功能，确保实现筛选结果的完整显示。

8. 根据 Sheet1 中"学生成绩表"，在 Sheet3 中新建一张数据透视表。要求：

- 显示不同性别、不同考评结果的学生人数情况；
- 行区域设置为"性别"；

- 列区域设置为"考评";
- 数据区域设置为"考评";
- 计数项为"考评"。

（1）单击 Sheet1 表数据区域的任一单元格，如 D15，选择功能区"插入"→"数据透视表"，打开"创建数据透视表"对话框，Excel 已自动选择当前区域 Sheet1!$A$2:$K$24。

（2）在对话框中，选中"现有工作表"，"位置"选择"Sheet3!$A$1"，单击"确定"按钮，在 Sheet3 表的右侧自动打开"数据透视表字段"任务窗格。按题目要求，拖曳"性别"字段到"行"区域；拖曳"考评"字段到"列"区域；拖曳"考评"字段到"值"区域（计数项）。完成后，在 Sheet3 表中自动生成数据透视表，如图 5-24 所示。

图 5-24　数据透视表设置完成

项目 5.12　三月份销售统计表

一、任务描述

1. 在 Sheet4 中使用函数计算 A1:A10 中奇数的个数，结果存放在 A12 单元格中。

2. 在 Sheet4 的 B1 单元格中输入分数 1/3。

3. 使用 VLOOKUP 函数，对 Sheet1 中的"三月份销售统计表"的"产

三月份销售统计表
（语音版）

品名称"列和"产品单价"列进行填充。要求：

● 根据"企业销售产品清单"，使用 VLOOKUP 函数，将产品名称和产品单价填充到"三月份销售统计表"的"产品名称"列和"产品单价"列中。

4. 使用数组公式，计算 Sheet1 中的"三月份销售统计表"中的销售金额，并将结果填入到该表的"销售金额"列中。

● 计算方法：销售金额=产品单价×销售数量。

5. 使用统计函数，根据"三月份销售统计表"中的数据，计算"分部销售业绩统计表"中的总销售额，并将结果填入该表的"总销售额"列。

6. 在 Sheet1 中，使用 RANK 函数，在"分部销售业绩统计"表中，根据"总销售额"对各部门进行排名，并将结果填入到"销售排名"列中。

7. 将 Sheet1 中的"三月份销售统计表"复制到 Sheet2 中，对 Sheet2 进行高级筛选。

（1）要求

● 筛选条件为："销售数量"—>3、"所属部门"—市场 1 部、"销售金额"—>1000；

● 将筛选结果保存在 Sheet2 的 J5 单元格中。

（2）注意

● 无须考虑是否删除或移动筛选条件；

● 复制过程中，将标题项"三月份销售统计表"连同数据一同复制；

● 复制数据表后，粘贴时，数据表必须顶格放置。

8. 根据 Sheet1 的"三月份销售统计表"中的数据，新建一个数据透视图并保存在 Sheet3。要求：

● 该图形显示每位经办人的总销售额情况；

● x 坐标设置为"经办人"；

● 数据区域设置为"销售金额"；

● 求和项为销售金额；

● 将对应的数据透视表保存在 Sheet3 中。

二、任务实施

1. 在 Sheet4 中使用函数计算 A1:A10 中奇数的个数，结果存放在 A12 单元格中。

在 Sheet4 表中，选择目标单元格 A12，单击公式编辑栏，编辑输入公式"=SUMPRODUCT(MOD(A1:A10,2))"，按回车键确定，A12 单元格显示计算结果 6。

2. 在 Sheet4 的 B1 单元格中输入分数 1/3。

在 Sheet4 的 B1 单元格中，输入"0 1/3"，回车确定，输入完成。

3. 使用 VLOOKUP 函数，对 Sheet1 中的"三月份销售统计表"的"产品名称"列和"产品单价"列进行填充。要求：

● 根据"企业销售产品清单"，使用 VLOOKUP 函数，将产品名称和产品单价填充到"三月份销售统计表"的"产品名称"列和"产品单价"列中。

（1）在 Sheet1 表中，选择目标单元格 G3，单击公式编辑栏，编辑输入公式"=VLOOKUP(F3, $A$2:$C$10,2,FALSE)"，按回车键确定，G3 单元格显示计算结果为"卡特扫描枪"。使用 G3 单元格的填充柄，填充至 G44 单元格，完成"产品名称"列填充。G44 单元格为"卡特定位扫描枪"。

（2）在 Sheet1 表中，选择目标单元格 H3，单击公式编辑栏，编辑输入公式"=VLOOKUP(F3, $A$2:$C$10,3,FALSE)"，按回车键确定，H3 单元格显示计算结果为 368。使用 H3 单元格的填充柄，填充至 H44 单元格，完成"产品单价"列填充。H44 单元格显示为 468。

4. 使用数组公式，计算 Sheet1 中的"三月份销售统计表"中的销售金额，并将结果填入到该表的"销售金额"列中。

- 计算方法：销售金额=产品单价×销售数量。

在 Sheet1 表中，选择目标单元格"销售金额"列的 L3:L44，按"="键，开始编辑数组公式；编辑输入公式"=H3:H44*I3:I44"，同时按下 Ctrl+Shift+Enter 三键，输入完成。L3 单元格显示为 1472，L44 单元格显示为 1872。

5. 使用统计函数，根据"三月份销售统计表"中的数据，计算"分部销售业绩统计表"中的总销售额，并将结果填入该表的"总销售额"列。

在 Sheet1 表中，选择目标单元格 O3，单击公式编辑栏，编辑输入公式"=SUMIF($K$3: $K$44,N3,$L$3:$L$44)"，按回车键确定，O3 单元格显示计算结果为 35336。使用 O3 单元格的填充柄，填充至 O5 单元格，完成"总销售额"列填充。O5 单元格显示为 13836。

6. 在 Sheet1 中，使用 RANK 函数，在"分部销售业绩统计"表中，根据"总销售额"对各部门进行排名，并将结果填入到"销售排名"列中。

在 Sheet1 表中，选择目标单元格 P3，单击公式编辑栏，编辑输入公式"=RANK(O3, O$3:O$5)"，按回车键确定，P3 单元格显示计算结果为 1。使用 P3 单元格的填充柄，填充至 P5 单元格，完成"销售排名"列填充。P5 单元格显示为 3。

7. 将 Sheet1 中的"三月份销售统计表"复制到 Sheet2 中，对 Sheet2 进行高级筛选。

（1）要求

- 筛选条件为："销售数量"—>3、"所属部门"—市场 1 部、"销售金额"—>1000；
- 将筛选结果保存在 Sheet2 的 J5 单元格中。

（2）注意

- 无须考虑是否删除或移动筛选条件；
- 复制过程中，将标题项"三月份销售统计表"连同数据一同复制；
- 复制数据表后，粘贴时，数据表必须顶格放置。

（1）选择 Sheet1 工作表的 E1:L44，复制粘贴至 Sheet2 表中 A1 开始的区域；若出现粘贴异常，可以使用选择性粘贴（粘贴值、粘贴格式），并使用"自动调整列宽"功能，确保完成正常粘贴显示。

（2）按要求设计筛选条件区域：如 J2:L3，列标题 J2、K2、L2 为"销售数量""所属部门""销售金额"，J3、K3、L3 对应设置">3""市场 1 部"">1000"。

（3）单击 Sheet2 表数据区域的任一单元格，如 D5；选择 Excel 功能区"数据"→"排序和筛选"组→"高级"，打开"高级筛选"对话框，进行如下设置。

列表区域：$A$2:$H$44，Excel 会自动选择。

条件区域：选择上面设计的 J2:L3，对话框显示为"Sheet2!$J$2:$L$3"。

显示方式：选择"将筛选结果复制到其他位置"，单击 J5 单元格，对话框显示为"Sheet2!$J$5"。最后，单击"确定"按钮，按要求完成筛选。再按需要使用"自动调整列宽"格式功能，确保实现筛选结果的完整显示。

8. 根据 Sheet1 的"三月份销售统计表"中的数据，新建一个数据透视图并保存在 Sheet3。要求：

- 该图形显示每位经办人的总销售额情况；
- x 坐标设置为"经办人"；
- 数据区域设置为"销售金额"；
- 求和项为销售金额；
- 将对应的数据透视表保存在 Sheet3 中。

（1）单击 Sheet1"三月份销售统计表"数据区域的任一单元格，如 H15，选择功能区"插入"→"数据透视图"，打开"创建数据透视图"对话框，它已自动选择当前区域 Sheet1!$E$2:$L$44。

（2）在对话框中，选中"现有工作表"，"位置"选择"Sheet3!$A$1"，单击"确定"按钮，在 Sheet3 表的右侧自动打开"数据透视图字段"任务窗格。按题目要求，拖曳"经办人"字段到"轴（类别）"；拖曳"销售金额"字段到"值"区域（求和项）。完成后，在 Sheet3 表中自动生成数据透视图（也自动包含数据透视表），如图 5-25 所示。

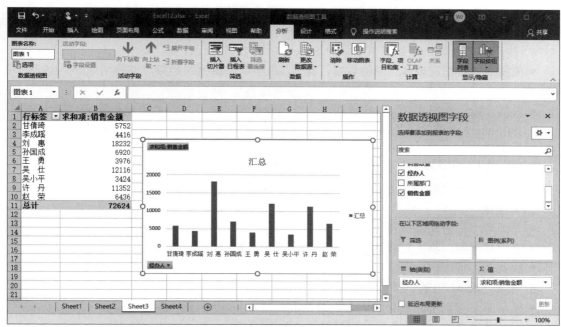

图 5-25　数据透视图设置完成

项目 5.13　等级考试成绩表

一、任务描述

1. 在 Sheet5 中设定 F 列中不能输入重复的数值。

等级考试成绩表
（语音版）

2. 在 Sheet5 中，使用条件格式将"性别"列中数据为"男"的单元格中字体颜色设置为红色、加粗显示。

3. 使用数组公式，根据 Sheet1 中"学生成绩表"的数据，计算考试总分，并将结果填入到"总分"列中。

● 计算方法：总分=单选题+判断题+Windows 操作题+Excel 操作题+PowerPoint 操作题+IE 操作题。

4. 使用文本函数中的一个函数，在 Sheet1 中，利用"学号"列的数据，根据以下要求获得考生所考级别，并将结果填入"级别"列中。要求：

● 学号中的第 8 位指示的考生所考级别，例如："085200821023080"中的"2"标识了该考生所考级别为二级；

● 在"级别"列中，填入的数据是函数的返回值。

5. 使用统计函数，根据以下要求对 Sheet1 中"学生成绩表"的数据进行统计。要求：

● 统计"考 1 级的考生人数"，并将计算结果填入到 N2 单元格中；

● 统计"考试通过人数（>=60）"，并将计算结果填入到 N3 单元格中；

● 统计"全体 1 级考生的考试平均分"，并将计算结果填入到 N4 单元格中；

● 注意：计算时，分母直接使用"N2"单元格的数据。

6. 使用财务函数，根据以下要求对 Sheet2 中的数据进行计算。要求：

● 根据"投资情况表 1"中的数据，计算 10 年以后得到的金额，并将结果填入到 B7 单元格中；

● 根据"投资情况表 2"中的数据，计算预计投资金额，并将结果填入到 E7 单元格中。

7. 将 Sheet1 中的"学生成绩表"复制到 Sheet3，并对 Sheet3 进行高级筛选。

（1）要求

● 筛选条件为："级别"—2、"总分"->=70；

● 将筛选结果保存在 Sheet3 的 L5 单元格中。

（2）注意

● 无须考虑是否删除或移动筛选条件；

● 复制过程中，将标题项"学生成绩表"连同数据一同复制；

● 数据表必须顶格放置。

8. 根据 Sheet1 中的"学生成绩表"，在 Sheet4 中新建一张数据透视表。要求：

● 显示每个级别不同总分的人数汇总情况；

● 行区域设置为"级别"；

● 列区域设置为"总分"；

● 数据区域设置为"总分"；

● 计数项为总分。

二、任务实施

1. 在 Sheet5 中设定 F 列中不能输入重复的数值。

单击 Sheet5 的 F 列，选中第 F 列，选择功能区"数据"→"数据工具"→"数据验证"，在打开的对话框中进行如下设置。

（1）设置：设置"允许"为"自定义"。

（2）设置公式：在"公式"框中输入"=COUNTIF(F:F,F1)<=1"，单击"确定"按钮完成。

2. 在 Sheet5 中，使用条件格式将"性别"列中数据为"男"的单元格中字体颜色设置为红色、加粗显示。

（1）选择 Sheet5 的 C2:C56，选择"开始"→"条件格式"→"突出显示单元格规则"→"等于"，打开"等于"对话框，输入值"男"，并在"设置为"下拉框中选择"自定义格式"，打开"设置单元格格式"对话框。

（2）"颜色"选择"红色"，"字形"选择"加粗"，单击"确定"按钮，完成操作。

3. 使用数组公式，根据 Sheet1 中"学生成绩表"的数据，计算考试总分，并将结果填入到"总分"列中。

● 计算方法：总分=单选题+判断题+Windows 操作题+Excel 操作题+PowerPoint 操作题+IE 操作题。

在 Sheet1 表中，选择目标单元格"总分"列的 J3:J57，按"="键，开始编辑数组公式；编辑输入公式"=D3:D57+E3:E57+F3:F57+G3:G57+H3:H57+I3:I57"，同时按下 Ctrl+Shift+Enter 三键，输入完成。J3 单元格显示为 72，J57 单元格显示为 83。

4. 使用文本函数中的一个函数，在 Sheet1 中，利用"学号"列的数据，根据以下要求获得考生所考级别，并将结果填入"级别"列中。要求：

● 学号中的第 8 位指示的考生所考级别，例如："085200821023080"中的"2"标识了该考生所考级别为二级；

● 在"级别"列中，填入的数据是函数的返回值。

（1）在 Sheet1 表中，选择目标单元格 C3，单击公式编辑栏，编辑输入公式"=MID(A3,8,1)"。

（2）按回车键确定，C3 单元格显示结果为"1"。使用 C3 单元格的填充柄，填充至 C57 单元格，完成"级别"的获取。C57 单元格显示结果为"2"。

5. 使用统计函数，根据以下要求对 Sheet1 中"学生成绩表"的数据进行统计。要求：

● 统计"考 1 级的考生人数"，并将计算结果填入到 N2 单元格中；

● 统计"考试通过人数（>=60）"，并将计算结果填入到 N3 单元格中；

● 统计"全体 1 级考生的考试平均分"，并将计算结果填入到 N4 单元格中；

● 注意：计算时，分母直接使用"N2"单元格的数据。

（1）考 1 级的考生人数：在 Sheet1 表中，选择目标单元格 N2，单击公式编辑栏，编辑输入公式"=COUNTIF(C3:C57,"1")"，按回车键确定，N2 单元格显示计算结果为 34。

（2）考试通过人数（>=60）：在 Sheet1 表中，选择目标单元格 N3，单击公式编辑栏，编辑输入公式"=COUNTIF(J3:J57,">=60")"，按回车键确定，N3 单元格显示计算结果为 44。

（3）全体 1 级考生的考试平均分：在 Sheet1 表中，选择目标单元格 N4，单击公式编辑栏，编辑输入公式"=SUMIF(C3:C57,"1",J3:J57)/N2"，按回车键确定，N4 单元格显示计算结果为 65.24。

6. 使用财务函数，根据以下要求对 Sheet2 中的数据进行计算。要求：

● 根据"投资情况表 1"中的数据，计算 10 年以后得到的金额，并将结果填入到 B7 单元格中；

● 根据"投资情况表 2"中的数据，计算预计投资金额，并将结果填入到 E7 单元格中。

（1）10 年以后得到的金额：在 Sheet2 表中，选择目标单元格 B7，单击公式编辑栏，编辑输入公式"=FV(B3,B5,B4,B2)"，按回车键确定，B7 单元格显示计算结果为"¥1,754,673.55"。

（2）预计投资金额：在 Sheet2 表中，选择目标单元格 E7，单击公式编辑栏，编辑输入公式"=PV(E3,E4,E2)"，按回车键确定，E7 单元格显示计算结果为"¥12,770,345.58"。

7. 将 Sheet1 中的"学生成绩表"复制到 Sheet3，并对 Sheet3 进行高级筛选。

（1）要求

● 筛选条件为："级别"—2、"总分"—>=70；

● 将筛选结果保存在 Sheet3 的 L5 单元格中。

（2）注意

● 无须考虑是否删除或移动筛选条件；

● 复制过程中，将标题项"学生成绩表"连同数据一同复制；

● 数据表必须顶格放置。

（1）选择 Sheet1 工作表的 A1:J57，复制粘贴至 Sheet3!A1 开始的区域；若出现粘贴异常，可以使用选择性粘贴（粘贴值、粘贴格式），并使用"自动调整列宽"功能，确保完成正常粘贴显示。

（2）按要求设计筛选条件区域：如 L2:M3，列标题 L2、M2 为"级别""总分"，L3、M3 对应设为"2"">=70"。

（3）单击 Sheet3 表数据区域的任一单元格，如 D5；选择 Excel 功能区"数据"→"排序和筛选"组→"高级"，打开"高级筛选"对话框，进行如下设置。

列表区域：$A$2:$J$57，Excel 会自动选择。

条件区域：选择上文设计的 L2:M3，对话框显示为"Sheet3!$L$2:$M$3"。

显示方式：选择"将筛选结果复制到其他位置"，单击 L5 单元格，对话框显示为"Sheet3!$L$5"。最后，单击"确定"按钮，按要求完成筛选。再按需要使用"自动调整列宽"功能，确保实现筛选结果的完整显示。

8. 根据 Sheet1 中的"学生成绩表"，在 Sheet4 中新建一张数据透视表。要求：

● 显示每个级别不同总分的人数汇总情况；

● 行区域设置为"级别"；

● 列区域设置为"总分"；

● 数据区域设置为"总分"；

● 计数项为总分。

（1）单击 Sheet1 表数据区域的任一单元格，如 D15，选择功能区"插入"→"数据透视表"，打开"创建数据透视表"对话框，Excel 已自动选择当前区域 Sheet1!$A$2:$J$57。

（2）在对话框中，选中"现有工作表"，"位置"选择"Sheet4!$A$1"，单击"确定"按钮，在 Sheet4 表的右侧自动打开"数据透视表字段"任务窗格。按题目要求，拖曳"级别"字段到"行"区域；拖曳"总分"字段到"列"区域；拖曳"总分"字段到"值"区域（设置为计数项）。完成后，在 Sheet4 表中自动生成数据透视表，如图 5-26 所示。

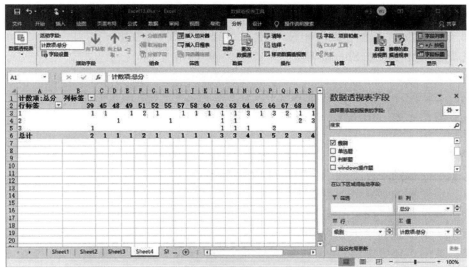

图 5-26　数据透视表设置完成

项目 5.14　通讯费年度计划表

一、任务描述

1. 在 Sheet4 的 B1 单元格中输入公式，判断当前年份是否为闰年，结果为 TRUE 或 FALSE。

● 闰年定义：年数能被 4 整除而不能被 100 整除，或者能被 400 整除的年份。

2. 在 Sheet1 中，使用条件格式将"岗位类别"列中单元格数据按下列要求显示。

通讯费用年度计划表
（语音版）

● 数据为"副经理"的单元格中字体颜色设置为红色、加粗显示；
● 数据为"服务部"的单元格中字体颜色设置为蓝色、加粗显示。

3. 使用 VLOOKUP 函数，根据 Sheet1 中的"岗位最高限额明细表"，填充 "通讯费年度计划表"中的"岗位标准"列。

4. 使用 INT 函数，计算 Sheet1 中"通讯费年度计划表"的"预计报销总时间"列。要求：

● 每月以 30 天计算；
● 将结果填充在"预计报销总时间"列中。

5. 使用数组公式，计算 Sheet1 中"通讯费年度计划表"的"年度费用"列。

● 计算方法为：年度费用=岗位标准×预计报销总时间。

6. 根据 Sheet1 中"通讯费年度计划表"的"年度费用"列，计算预算总金额。要求：

● 使用函数计算并将结果保存在 Sheet1 的 C2 单元格中；
● 根据 C2 单元格中的结果，转换为金额大写形式，保存在 Sheet1 的 F2 单元格中。

7. 把 Sheet1 中的"通讯费年度计划表"复制到 Sheet2 中，并对 Sheet2 进行自动筛选。

（1）要求：

● 筛选条件为："岗位类别"—技术研发、"报销地点"—武汉；

● 将筛选条件保存在 Sheet2 中。

（2）注意：

● 复制过程中，将标题项"通讯费年度计划表"连同数据一同复制；

● 复制数据表后，粘贴时，数据表必须顶格放置；

● 复制过程中，数据保持一致。

8. 根据 Sheet1 中的"通讯费年度计划表"，在 Sheet3 中新建一张数据透视表。要求：

● 显示不同报销地点不同岗位的年度费用情况；

● 行区域设置为"报销地点"；

● 列区域设置为"岗位类别"；

● 数据区域设置为"年度费用"；

● 求和项为"年度费用"。

二、任务实施

1. 在 Sheet4 的 B1 单元格中输入公式，判断当前年份是否为闰年，结果为 TRUE 或 FALSE。

● 闰年定义：年数能被 4 整除而不能被 100 整除，或者能被 400 整除的年份。

在 Sheet4 表中，选择目标单元格 B1，单击公式编辑栏，编辑输入公式"=OR(MOD(YEAR(TODAY()),400)=0,AND(MOD(YEAR(NOW()),4)=0,MOD(YEAR(NOW()),100)<>0))，按回车键确定，B1 单元格显示结果为 FALSE。

2. 在 Sheet1 中，使用条件格式将"岗位类别"列中单元格数据按下列要求显示。

● 数据为"副经理"的单元格中字体颜色设置为红色、加粗显示；

● 数据为"服务部"的单元格中字体颜色设置为蓝色、加粗显示。

（1）选择 Sheet1 的 C4:C26，选择功能区"开始"→"条件格式"→"管理规则"，打开"条件格式规则管理器"对话框。

（2）单击"新建规则"按钮，在打开的对话框中选择规则类型"只为包含以下内容的单元格设置格式"，设置"单元格值""等于""副经理"；单击"格式"按钮，在打开的对话框中"颜色"选择"红色"，"字形"选择"加粗"，单击"确定"按钮。

（3）再单击"新建规则"按钮，选择规则类型"只为包含以下内容的单元格设置格式"，设置"单元格值""等于""副经理"；单击"格式"按钮，在打开的对话框中"颜色"选择选择"蓝色"，"字形"选择"加粗"，单击"确定"按钮。

通过上述操作，在"条件格式规则管理器"对话框中创建了两条格式规则，单击"确定"按钮完成。

3. 使用 VLOOKUP 函数，根据 Sheet1 中的"岗位最高限额明细表"，填充 "通讯费年度计划表"中的"岗位标准"列。

在 Sheet1 表中，选择目标单元格 D4，单击公式编辑栏，编辑输入公式"=VLOOKUP(C4,$K$5:$L$12,2,FALSE)"，按回车键确定，D4 单元格显示计算结果为 1500。使用 D4 单元格的填充柄，填充至 D26 单元格，完成"岗位标准"列填充。D26 单元格显示为 200。

4. 使用 INT 函数，计算 Sheet1 中"通讯费年度计划表"的"预计报销总时间"列。要求：

● 每月以 30 天计算；

● 将结果填充在"预计报销总时间"列中。

在 Sheet1 表中，选择目标单元格 G4，单击公式编辑栏，编辑输入公式"=INT((F4-E4)/30)"，按回车键确定，G4 单元格显示计算结果为 13。使用 G4 单元格的填充柄，填充至 G26 单元格，完成"岗位标准"列填充。G26 单元格显示为 7。

5. 使用数组公式，计算 Sheet1 中"通讯费年度计划表"的"年度费用"列。

● 计算方法为：年度费用=岗位标准×预计报销总时间。

在 Sheet1 表中，选择目标单元格"总分"列的 H4:H26，按"="键，开始编辑数组公式；编辑输入公式"=D4:D26*G4:G26"，同时按下 Ctrl+Shift+Enter 三键，输入完成。H4 单元格显示为 19500，H26 单元格显示为 1400。

6. 根据 Sheet1 中"通讯费年度计划表"的"年度费用"列，计算预算总金额。要求：

● 使用函数计算并将结果保存在 Sheet1 中的 C2 单元格中；

● 根据 C2 单元格中的结果，转换为金额大写形式，保存在 Sheet1 中的 F2 单元格中。

（1）预算总金额：在 Sheet1 表中，选择目标单元格 C2，单击公式编辑栏，编辑输入公式"==SUM(H4:H26)"，按回车键确定，C2 单元格显示计算结果为 286300。

（2）预算总金额（大写）：在 Sheet1 表中，选择目标单元格 F2，右击，选择"设置单元格格式"，在打开的对话框中选择"数字"选项卡，"分类"选择"特殊"，"类型"设置为"中文大写数字"；确定后再单击公式编辑栏，编辑输入公式"=C2"，按回车键确定，F2 单元格显示计算结果"贰拾捌万陆仟叁佰"。

7. 把 Sheet1 中的"通讯费年度计划表"复制到 Sheet2 中，并对 Sheet2 进行自动筛选。

（1）要求：

● 筛选条件为："岗位类别"—技术研发、"报销地点"—武汉；

● 将筛选条件保存在 Sheet2 中。

（2）注意：

● 复制过程中，将标题项"通讯费年度计划表"连同数据一同复制；

● 复制数据表后，粘贴时，数据表必须顶格放置；

● 复制过程中，数据保持一致。

（1）选择 Sheet1 工作表的 A1:I26，复制粘贴至 Sheet2 表中 A1 开始的区域；若出现粘贴异常，可以使用选择性粘贴（粘贴值、粘贴格式），并使用"自动调整列宽"功能，确保完成正常粘贴显示。

（2）选择 Sheet2!A3:I26 区域，单击功能区"开始"→"排序和筛选"→"筛选"，打开自动筛选界面。

（3）按要求设置自动筛选条件：打开"岗位类别"下拉框，仅勾选"技术研发"；打开"报销地点"下拉框，仅勾选"武汉"。

按上述操作，完成自动筛选。

8. 根据 Sheet1 中的"通讯费年度计划表"，在 Sheet3 中新建一张数据透视表。要求：

● 显示不同报销地点不同岗位的年度费用情况；

● 行区域设置为"报销地点"；

● 列区域设置为"岗位类别"；

● 数据区域设置为"年度费用"；

●求和项为"年度费用"。

（1）单击 Sheet1 表数据区域的任一单元格，如 D15，选择功能区"插入"→"数据透视表"，打开"创建数据透视表"对话框，手动选择 A3:I26，对话框"区域"内容为 Sheet1!$A$3:$I$26。

（2）在对话框中，选中"现有工作表"，"位置"选择"Sheet3!$A$1"，单击"确定"按钮，在 Sheet3 表的右侧自动打开"数据透视表字段"任务窗格。按题目要求，拖曳"报销地点"字段到"行"区域；拖曳"岗位类别"字段到"列"区域；拖曳"年度费用"字段到"值"区域（求和项）。完成后，在 Sheet3 表中自动生成数据透视表，如图 5-27 所示。

图 5-27　数据透视表设置完成

项目 5.15　医院病人护理统计表

一、任务描述

1. 在 Sheet4 中，使用函数，根据 A1 单元格中的身份证号码判断性别，结果为"男"或"女"，存放在 A2 单元格中。

●倒数第二位为奇数的为"男"，为偶数的为"女"。

2. 在 Sheet4 中，使用函数，将 B1 单元格中的数四舍五入到整百，存放在 C1 单元格中。

3. 使用 VLOOKUP 函数，根据 Sheet1 中的"护理价格表"，对"医院病人护理统计表"中的"护理价格"列进行自动填充。

4. 使用数组公式，根据 Sheet1 中"医院病人护理统计表"中的"入住时间"列和"出院时间"列中的数据计算护理天数，并把结果保存在"护理天数"列中。

医院病人护理统计表
（语音版）

● 计算方法：护理天数=出院时间—入住时间。

5. 使用数组公式，根据 Sheet1 中"医院病人护理统计表"的"护理价格"和"护理天数"列，对病人的护理费用进行计算，并把结果保存在该表的"护理费用"列中。

● 计算方法：护理费用=护理价格×护理天数。

6. 使用数据库函数，按以下要求计算。

● 计算 Sheet1 "医院病人护理统计表"中，性别为女性，护理级别为中级护理，护理天数大于 30 天的人数，并保存在 N13 单元格中。

● 计算护理级别为高级护理的护理费用总和，并保存在 N22 单元格中。

7. 把 Sheet1 中的"医院病人护理统计表"复制到 Sheet2，进行自动筛选。

（1）要求

● 筛选条件为："性别"—女、"护理级别"—高级护理；

● 将筛选结果保存在 Sheet2 中。

（2）注意

● 复制过程中，将标题项"医院病人护理统计表"连同数据一同复制；

● 数据表必须顶格放置；

● 复制过程中，保持数据一致。

8. 根据 Sheet1 中的"医院病人护理统计表"，创建一个数据透视图并保存在 Sheet3 中。要求：

● 显示每个护理级别的护理费用情况；

● x 坐标设置为"护理级别"；

● 数据区域设置为"护理费用"；

● 求和为护理费用；

● 将对应的数据透视表也保存在 Sheet3 中。

二、任务实施

1. 在 Sheet4 中，使用函数，根据 A1 单元格中的身份证号码判断性别，结果为"男"或"女"，存放在 A2 单元格中。

● 倒数第二位为奇数的为"男"，为偶数的为"女"。

在 Sheet5 表中，选择目标单元格 A2，单击公式编辑栏，编辑输入公式"=IF(MOD(MID(A1, LEN(A1)-1,1),2)=0,"女","男")"，按回车键确定，A2 单元格显示结果为"男"。

2. 在 Sheet4 中，使用函数，将 B1 单元格中的数四舍五入到整百，存放在 C1 单元格中。

在 Sheet4 表中，选择 C1 单元格，在公式编辑栏输入公式 "=ROUND(B1/100,0)*100"，按回车键确认，B1 单元格显示为 35841，C1 单元格显示为 35800，实现了四舍五入到整百的计算。

3. 使用 VLOOKUP 函数，根据 Sheet1 中的"护理价格表"，对"医院病人护理统计表"中的"护理价格"列进行自动填充。

在 Sheet1 表中，选择目标单元格 F3，单击公式编辑栏，编辑输入公式"=VLOOKUP(E3, $K$3:$L$5,2,FALSE)"，按回车键确定，F3 单元格显示计算结果为 80。使用 F3 单元格的填充柄，填充至 F30 单元格，完成"护理价格"列填充。F30 单元格显示为 120。

4. 使用数组公式，根据 Sheet1 中"医院病人护理统计表"中的"入住时间"列和"出院时间"列中的数据计算护理天数,并把结果保存在"护理天数"列中。

● 计算方法:护理天数=出院时间—入住时间。

在 Sheet1 表中,选择目标单元格"护理天数"列的 H3:H30,按"="键,开始编辑数组公式;编辑输入公式"=INT(G3:G30-D3:D30)",同时按下 Ctrl+Shift+Enter 三键,输入完成。H3 单元格显示为 35,H30 单元格显示为 7。

5. 使用数组公式,根据 Sheet1 中"医院病人护理统计表"的"护理价格"和"护理天数"列,对病人的护理费用进行计算,并把结果保存在该表的"护理费用"列中。

● 计算方法:护理费用=护理价格×护理天数。

在 Sheet1 表中,选择目标单元格"护理费用"列的 I3:I30,按"="键,开始编辑数组公式;编辑输入公式"=F3:F30*H3:H30",同时按下 Ctrl+Shift+Enter 三键,输入完成。I3 单元格显示为 2800,I30 单元格显示为 840。

6. 使用数据库函数,按以下要求计算。

● 计算 Sheet1"医院病人护理统计表"中,性别为女性,护理级别为中级护理,护理天数大于 30 天的人数,并保存在 N13 单元格中;

● 计算护理级别为高级护理的护理费用总和,并保存在 N22 单元格中。

(1)中级护理天数>30 天的女性人数:在 Sheet1 表中,选择目标单元格 N13,单击公式编辑栏,编辑输入公式"=DCOUNTA(A2:I30,A2,K8:M9)",按回车键确定,N13 单元格显示计算结果为 3。

(2)护理级别为高级护理的费用总和:在 Sheet1 表种,选择目标单元格 N22,单击公式编辑栏,编辑输入公式"=DSUM(A2:I30,I2,K17:K18)",按回车键确定,N22 单元格显示计算结果为 20640。

7. 把 Sheet1 中的"医院病人护理统计表"复制到 Sheet2,进行自动筛选。

(1)要求

● 筛选条件为:"性别"—女、"护理级别"—高级护理;

● 将筛选结果保存在 Sheet2 中。

(2)注意

● 复制过程中,将标题项"医院病人护理统计表"连同数据一同复制;

● 数据表必须顶格放置;

● 复制过程中,保持数据一致。

(1)选择 Sheet1 工作表的 A1:I30,复制粘贴至 Sheet2!A1 开始的区域;若出现粘贴异常,可以使用选择性粘贴(粘贴值、粘贴格式),并使用"自动调整列宽"功能,确保完成正常粘贴显示。

(2)选择 Sheet2!A2:I30 区域,单击功能区"开始"→"排序和筛选"→"筛选",打开自动筛选界面。

(3)按要求设置自动筛选条件:打开"性别"下拉框仅勾选"女";打开"护理级别"下拉框仅勾选"高级护理"。

按上述操作,完成自动筛选。

8. 根据 Sheet1 中的"医院病人护理统计表",创建一个数据透视图并保存在 Sheet3 中。要求:

● 显示每个护理级别的护理费用情况;

- *x* 坐标设置为"护理级别";
- 数据区域设置为"护理费用";
- 求和为护理费用;
- 将对应的数据透视表也保存在 Sheet3 中。

(1)单击 Sheet1"三月份销售统计表"数据区域的任一单元格,如 H15,选择功能区"插入"→"数据透视图",打开"创建数据透视图"对话框,它已自动选择当前区域 Sheet1!$A$2:$I$30。

(2)在对话框中,选中"现有工作表","位置"选择"Sheet3!$A$1",单击"确定"按钮,在 Sheet3 表的右侧自动打开"数据透视图字段"任务窗格。按题目要求,拖曳"护理级别"字段到"轴(类别)"(*x* 坐标);拖曳"护理费用(元)"字段到"值"区域(求和项)。完成后,在 Sheet3 表中自动生成数据透视图(也自动包含数据透视表),如图 5-28 所示。

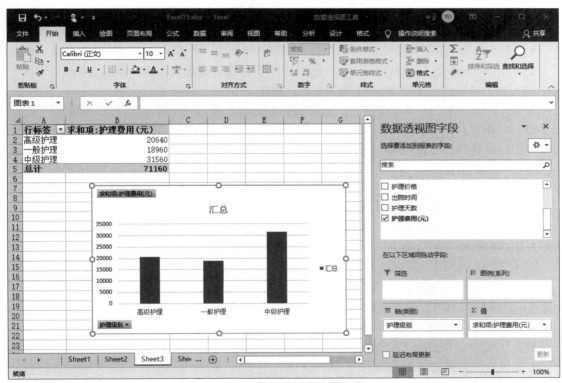

图 5-28 数据透视图设置完成

项目 5.16 图书订购信息表

一、任务描述

1. 在 Sheet4 中,使用函数,根据 E1 单元格中的身份证号码判断性别,

图书订购信息表
(语音版)

结果为"男"或"女",存放在 F1 单元格中。

- 倒数第二位为奇数的为"男",为偶数的为"女"。

2. 在 Sheet4 中,使用条件格式将"性别"列中数据为"女"的单元格中字体颜色设置为红色、加粗显示。

3. 使用 IF 和 MID 函数,根据 Sheet1 中的"图书订购信息表"中的"学号"列对"所属学院"列进行填充。要求:根据每位学生学号的第七位填充对应的"所属学院"。

- 学号第七位为 1—计算机学院;
- 学号第七位为 0—电子信息学院。

4. 使用 COUNTBLANK 函数,对 Sheet1 中的"图书订购信息表"中的"订书种类数"列进行填充。注意:

- 其中"1"表示该同学订购该图书,空格表示没有订购;
- 将结果保存在 Sheet1 中的"图书订购信息表"中的"订书种类数"列。

5. 使用公式,对 Sheet1 中的"图书订购信息表"中的"订书金额(元)"列进行填充。

- 计算方法为:应缴总额=C 语言×单价+高等数学×单价+大学语文×单价+大学英语×单价。

6. 使用统计函数,根据 Sheet1 中"图书订购信息表"的数据,统计订书金额大于 100 元的学生人数,将结果保存在 Sheet1 的 M9 单元格中。

7. 将 Sheet1 的"图书订购信息表"复制到 Sheet2,并对 Sheet2 进行自动筛选。

(1)要求

- 筛选条件为:"订书种类数"—>=3、"所属学院"—计算机学院;
- 将筛选结果保存在 Sheet2 中。

(2)注意

- 复制过程中,将标题项"图书订购信息表"连同数据一同复制;
- 复制过程中,保持数据一致;
- 数据表必须顶格放置。

8. 根据 Sheet1 的"图书订购信息表",创建一个数据透视图并保存在 Sheet3 中。要求:

- 显示每个学院图书订购的订书金额汇总情况;
- x 坐标设置为"所属学院";
- 数据区域设置为"订书金额(元)";
- 求和项为订书金额(元);
- 将对应的数据透视表也保存在 Sheet3 中。

二、任务实施

1. 在 Sheet4 中,使用函数,根据 E1 单元格中的身份证号码判断性别,结果为"男"或"女",存放在 F1 单元格中。

- 倒数第二位为奇数的为"男",为偶数的为"女"。

在 Sheet4 表中,选择目标单元格 F1,单击公式编辑栏,编辑输入公式"=IF(MOD(MID(E1, LEN(E1)-1,1),2)=0,"女","男")",按回车键确定,F1 单元格显示结果为"男"。

2. 在 Sheet4 中,使用条件格式将"性别"列中数据为"女"的单元格中字体颜色设置为红色、加粗显示。

（1）选择 Sheet4 的 C2:C56，选择功能"开始"→"条件格式"→"突出显示单元格规则"→"等于"，打开"等于"对话框，输入值"女"，并在"设置为"下拉框中选择"自定义格式"，打开"设置单元格格式"对话框。

（2）"颜色"选择"红色"，"字形"选择"加粗"，单击"确定"按钮，完成操作。

3. 使用 IF 和 MID 函数，根据 Sheet1 中的"图书订购信息表"中的"学号"列对"所属学院"列进行填充。要求：根据每位学生学号的第七位填充对应的"所属学院"。

● 学号第七位为 1—计算机学院；

● 学号第七位为 0—电子信息学院。

在 Sheet1 表中，选择目标单元格 C3，单击公式编辑栏，编辑输入公式"=IF(MID(A3,7,1)="1","计算机学院",IF(MID(A3,7,1)="0","电子信息学院",""))"，按回车键确定，C3 单元格显示计算结果为"计算机学院"。使用 C3 单元格的填充柄，填充至 C50 单元格，完成"所属学院"列填充。C50 单元格显示为"电子信息学院"。

4. 使用 COUNTBLANK 函数，对 Sheet1 中的"图书订购信息表"中的"订书种类数"列进行填充。注意：

● 其中"1"表示该同学订购该图书，空格表示没有订购；

● 将结果保存在 Sheet1 中的"图书订购信息表"中的"订书种类数"列。

在 Sheet1 表中，选择目标单元格 H3，单击公式编辑栏，编辑输入公式"=4-COUNTBLANK(D3:G3)"，按回车键确定，H3 单元格显示计算结果为 3。使用 H3 单元格的填充柄，填充至 H50 单元格，完成"订书种类数"列填充。H50 单元格显示为 3。

5. 使用公式，对 Sheet1 中的"图书订购信息表"中的"订书金额（元）"列进行填充。

● 计算方法为：应缴总额=C 语言×单价+高等数学×单价+大学语文×单价+大学英语×单价。

在 Sheet1 表中，选择目标单元格 H3，单击公式编辑栏，编辑输入公式"=D3*$L$3+E3*$L$4+F3*$L$5+G3*$L$6"，按回车键确定，I3 单元格显示计算结果为 81.7。使用 I3 单元格的填充柄，填充至 I50 单元格，完成"订书金额（元）"列填充。I50 单元格显示为 89.3。

6. 使用统计函数，根据 Sheet1 中"图书订购信息表"的数据，统计订书金额大于 100 元的学生人数，将结果保存在 Sheet1 的 M9 单元格中。

在 Sheet1 表中，选择目标单元格 M9，单击公式编辑栏，编辑输入公式"=COUNTIF(I3:I50,">100")"，按回车键确定，M9 单元格显示计算结果为 5。

7. 将 Sheet1 的"图书订购信息表"复制到 Sheet2，并对 Sheet2 进行自动筛选。

（1）要求

● 筛选条件为："订书种类数"—>=3、"所属学院"—计算机学院；

● 将筛选结果保存在 Sheet2 中。

（2）注意

● 复制过程中，将标题项"图书订购信息表"连同数据一同复制；

● 复制过程中，保持数据一致；

● 数据表必须顶格放置。

（1）选择 Sheet1 工作表中的 A1:I50，复制粘贴至 Sheet2!A1 开始的区域；若出现粘贴异常，可以使用选择性粘贴（粘贴值、粘贴格式），并使用"自动调整列宽"功能，确保完成正常粘贴显示。

（2）单击 Sheet2 表数据区域的任一单元格，如 D5；单击功能区"开始"→"排序和筛选"→

"筛选",打开自动筛选界面。

（3）按要求设置自动筛选条件：打开"订书种类数"下拉框，选择"数字筛选"→"大于或等于"，打开"自定义自动筛选方式"对话框，输入数值3，单击"确定"按钮。打开"所属学院"下拉框，仅勾选"计算机学院"。

按上述操作，完成自动筛选。

8. 根据 Sheet1 的"图书订购信息表"，创建一个数据透视图并保存在 Sheet3 中。要求：
● 显示每个学院图书订购的订书金额汇总情况；
● x 坐标设置为"所属学院"；
● 数据区域设置为"订书金额（元）"；
● 求和项为订书金额（元）；
● 将对应的数据透视表也保存在 Sheet3 中。

（1）单击 Sheet1 "图书订购信息表"数据区域的任一单元格，如 H15，选择功能区"插入"→"数据透视图"，打开"创建数据透视图"对话框，它已自动选择当前区域 Sheet1!$A$2:$I$50。

（2）在对话框中，选中"现有工作表"，"位置"选择"Sheet3!$A$1"，单击"确定"按钮，在 Sheet3 表的右侧自动打开"数据透视图字段"任务窗格。按题目要求，拖曳"所属学院"字段到"轴（类别）"（x 坐标）；拖曳"订书金额（元）"字段到"值"区域（求和项）。完成后，在 Sheet3 表中自动生成数据透视图（也自动包含数据透视表），如图 5-29 所示。

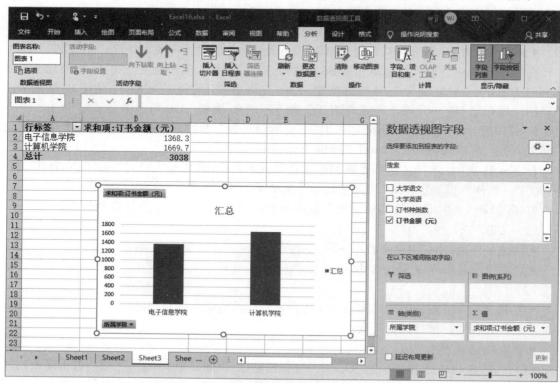

图 5-29　数据透视图设置完成

项目 5.17　学生体育成绩表

一、任务描述

学生体育成绩表（语音版）

1. 在 Sheet5 中，使用函数，将 B1 中的时间四舍五入到最接近的 15 分钟的倍数，结果存放在 C1 单元格中。

2. 在 Sheet1 中，使用条件格式将"铅球成绩（米）"列中单元格数据按下列要求显示。

- 数据大于 9 的单元格中字体颜色设置为红色、加粗；
- 数据介于 7 和 9 之间的单元格中字体颜色设置为蓝色、加粗；
- 数据小于 7 的单元格中字体颜色设置为绿色、加粗。

3. 在 Sheet1"学生成绩表"中，使用 REPLACE 函数和数组公式，将原学号转变成新学号并填入"新学号"列中。

- 转变方法：将原学号的第四位后面加上"5"；
- 例如："2007032001" –> "20075032001"。

4. 使用 IF 函数和逻辑函数，对 Sheet1"学生成绩表"中的"结果 1"和"结果 2"列进行填充。填充的内容根据以下条件确定。

（1）结果 1

- 如果是男生

成绩<14.00，填充为"合格"；

成绩>=14.00，填充为"不合格"。

- 如果是女生

成绩<16.00，填充为"合格"；

成绩>=16.00，填充为"不合格"。

（2）结果 2

- 如果是男生

成绩>7.50，填充为"合格"；

成绩<=7.50，填充为"不合格"。

- 如果是女生

成绩>5.50，填充为"合格"；

成绩<=5.50，填充为"不合格"。

5. 对 Sheet1"学生成绩表"中的数据，根据以下条件，使用统计函数进行统计。要求：

- 获取"100 米跑的最快的学生成绩"，将结果填入到 Sheet1 的 K4 单元格中；
- 统计"所有学生结果 1 为合格的总人数"，将结果填入 Sheet1 的 K5 单元格中。

6. 根据 Sheet2 中的贷款情况，使用财务函数对贷款偿还金额进行计算。要求：

- 计算"按年偿还贷款金额（年末）"，并将结果填入到 Sheet2 中的 E2 单元格中；
- 计算"第 9 个月贷款利息金额"，并将结果填入到 Sheet2 中的 E3 单元格中。

7. 将 Sheet1 中的"学生成绩表"复制到 Sheet3，对 Sheet3 进行高级筛选。

（1）要求

● 筛选条件为："性别"—"男"，"100 米成绩（秒）"—"<=12.00"，"铅球成绩（米）"—">9.00"；

● 将筛选结果保存在 Sheet3 的 J4 单元格中。

（2）注意

● 无须考虑是否删除或移动筛选条件；

● 复制过程中，将标题项"学生成绩表"连同数据一同复制；

● 数据表必须顶格放置。

8. 根据 Sheet1 中的"学生成绩表"，在 Sheet4 中创建一张数据透视表。要求：

● 显示每种性别学生的合格与不合格总人数；

● 行区域设置为"性别"；

● 列区域设置为"结果 1"；

● 数据区域设置为"结果 1"；

● 计数项为"结果 1"。

二、任务实施

1. 在 Sheet5 中，使用函数，将 B1 中的时间四舍五入到最接近的 15 分钟的倍数，结果存放在 C1 单元格中。

在 Sheet5 表中，选择目标单元格 C1，单击公式编辑栏，编辑输入公式"=ROUND(B1*24*4, 0)/24/4"，按回车键确定，C1 单元格显示结果为"14:45:00"。

注：每天 24 小时，每小时 4 刻钟，读者可以有多种方式构造公式。

2. 在 Sheet1 中，使用条件格式将"铅球成绩（米）"列中单元格数据按下列要求显示。

● 数据大于 9 的单元格中字体颜色设置为红色、加粗；

● 数据介于 7 和 9 之间的单元格中字体颜色设置为蓝色、加粗；

● 数据小于 7 的单元格中字体颜色设置为绿色、加粗。

（1）选择 Sheet1 的 G3:G30，选择功能区"开始"→"条件格式"→"管理规则"，打开"条件格式规则管理器"对话框。

（2）单击"新建规则"按钮，在打开的对话框中选择规则类型"只为包含以下内容的单元格设置格式"，再设置"单元格值""大于""9"；然后单击"格式"按钮，在打开的对话框中设置"颜色"为"红色"，"字形"为"加粗"，单击"确定"按钮。

（3）再单击"新建规则"按钮，在打开的对话框中选择规则类型"只为包含以下内容的单元格设置格式"，设置"单元格值""介于""7""9"；单击"格式"按钮，在打开的对话框中设置"颜色"为"蓝色"，"字形"为"加粗"，单击"确定"按钮。

（4）再单击"新建规则"按钮，在打开的对话框中选择规则类型"只为包含以下内容的单元格设置格式"，设置"单元格值""小于""7"；单击"格式"按钮，在打开的对话框中设置"颜色"为"绿色"，"字形"为"加粗"，单击"确定"按钮。

通过上述操作，在"条件格式规则管理器"对话框中创建了三条格式规则，单击"确定"按钮完成。

3. 在 Sheet1 "学生成绩表"中，使用 REPLACE 函数和数组公式，将原学号转变成新学号并填入"新学号"列中。

● 转变方法：将原学号的第四位后面加上"5"；

● 例如："2007032001"−>"20075032001"。

（1）在 Sheet1 表中，选择目标单元格"总分"列的 B3:B30，按"="键，开始编辑数组公式；编辑输入公式"=REPLACE(A3:A30,5,0,5)"。

（2）同时按下 Ctrl+Shift+Enter 三键，输入完成。B3 单元格显示为 20075032001，B30 单元格显示为 20075032028。

4. 使用 IF 函数和逻辑函数，对 Sheet1"学生成绩表"中的"结果 1"和"结果 2"列进行填充。填充的内容根据以下条件确定。

（1）结果 1

● 如果是男生

成绩<14.00，填充为"合格"；

成绩>=14.00，填充为"不合格"。

● 如果是女生

成绩<16.00，填充为"合格"；

成绩>=16.00，填充为"不合格"。

（2）结果 2

● 如果是男生

成绩>7.50，填充为"合格"；

成绩<=7.50，填充为"不合格"。

● 如果是女生

成绩>5.50，填充为"合格"；

成绩<=5.50，填充为"不合格"。

（1）结果 1：在 Sheet1 表中，选择目标单元格 F3，单击公式编辑栏，编辑输入公式"=IF(OR(AND(D3="男",E3<14),AND(D3="女",E3<16)),"合格","不合格")"。按回车键确定，F3 单元格显示计算结果为"合格"。使用 F3 单元格的填充柄，填充至 F30 单元格，完成"结果 1"的判断。F30 单元格显示结果为"合格"。

（2）结果 2：在 Sheet1 表中，选择目标单元格 H3，单击公式编辑栏，编辑输入公式"=IF(OR(AND(D3="男",G3>7.5),AND(D3="女",G3>5.5)),"合格","不合格")"，按回车键确定，H3 单元格显示计算结果为"合格"。使用 H3 单元格填充柄，填充至 H30 单元格，完成"结果 2"的判断。H30 单元格显示结果为"合格"。

5. 对 Sheet1"学生成绩表"中的数据，根据以下条件，使用统计函数进行统计。要求：

● 获取"100 米跑的最快的学生成绩"，将结果填入到 Sheet1 的 K4 单元格中；

● 统计"所有学生结果 1 为合格的总人数"，将结果填入 Sheet1 的 K5 单元格中。

（1）100 米跑的最快的学生成绩：在 Sheet1 表中，选择目标单元格 K4，单击公式编辑栏，编辑输入公式"=MIN(E3:E30)"，按回车键确定，K4 单元格显示计算结果为 10.44。

（2）所有学生结果 1 为合格的总人数：在 Sheet1 表中，选择目标单元格 K5，单击公式编辑栏，编辑输入公式"=COUNTIF(F3:F30,"合格")"，按回车键确定，K5 单元格显示计算结果为 19。

6. 根据 Sheet2 中的贷款情况，使用财务函数对贷款偿还金额进行计算。要求：

- 计算"按年偿还贷款金额（年末）"，并将结果填入到 Sheet2 中的 E2 单元格中；
- 计算"第 9 个月贷款利息金额"，并将结果填入到 Sheet2 中的 E3 单元格中。

（1）按年偿还贷款金额（年末）：在 Sheet2 表中，选择目标单元格 E2，单击公式编辑栏，编辑输入公式"=PMT(B4,B3,B2)"，按回车键确定，E2 单元格显示计算结果为"¥−96,212.09"。

（2）第 9 个月贷款利息金额：在 Sheet2 表中，选择目标单元格 E3，单击公式编辑栏，编辑输入公式"=IPMT(B4/12,9,B3*12,B2)"，按回车键确定，E3 单元格显示计算结果为"¥−4,023.76"。

7. 将 Sheet1 中的"学生成绩表"复制到 Sheet3，对 Sheet3 进行高级筛选。

（1）要求

- 筛选条件为："性别"—"男"，"100 米成绩（秒）"—"<=12.00"，"铅球成绩（米）"—">9.00"；
- 将筛选结果保存在 Sheet3 的 J4 单元格中。

（2）注意

- 无须考虑是否删除或移动筛选条件；
- 复制过程中，将标题项"学生成绩表"连同数据一同复制；
- 数据表必须顶格放置。

（1）选择 Sheet1 工作表的 A1:H30，复制粘贴至 Sheet3!A1 开始的区域；若出现粘贴异常，可以使用选择性粘贴（粘贴值、粘贴格式），并使用"自动调整列宽"功能，确保完成正常粘贴显示。

（2）按要求设计筛选条件区域：如 J2:L3，列标题 J2、K2、L2 为"性别""100 米成绩（秒）""铅球成绩（米）"，J3、K3、L3 对应设置"男""<=12.00"">9.00"。

（3）单击 Sheet3 表数据区域的任一单元格，如 D5；选择 Excel 功能区"数据"→"排序和筛选"组→"高级"，打开"高级筛选"对话框，进行如下设置。

列表区域：$A$2:$H$30，Excel 会自动选择。

条件区域：选择上面设计的 J2:L3，对话框中显示为"Sheet3!$J$2:$L$3"。

显示方式：选择"将筛选结果复制到其他位置"，单击 J4 单元格，对话框显示为"Sheet3!$J$4"。最后，单击"确定"按钮，按要求完成筛选。按需要使用"自动调整列宽"功能，确保实现筛选结果的完整显示。

8. 根据 Sheet1 中的"学生成绩表"，在 Sheet4 中创建一张数据透视表。要求：

- 显示每种性别学生的合格与不合格总人数；
- 行区域设置为"性别"；
- 列区域设置为"结果 1"；
- 数据区域设置为"结果 1"；
- 计数项为"结果 1"。

（1）单击 Sheet1 表数据区域的任一单元格，如 D15，选择功能区"插入"→"数据透视表"，打开"创建数据透视表"对话框，Excel 已自动选择当前区域 Sheet1!$A$2:$H$30。

（2）在对话框中，选中"现有工作表"，"位置"选择"Sheet4!$A$1"，单击"确定"按钮，在 Sheet4 表的右侧自动打开"数据透视表字段"任务窗格。按题目要求，拖曳"性别"字段到"行"区域；拖曳"结果 1"字段到"列"区域；拖曳"结果 1"字段到"值"区域（设置为计数项）。完成后，在 Sheet4 表中自动生成数据透视表，如图 5-30 所示。

图 5-30　数据透视表设置完成

项目 5.18　员工资料表

一、任务描述

员工资料表
（语音版）

1. 在 Sheet5 中，使用函数计算 A1:A10 中奇数的个数，结果存放在 A12 单元格中。

2. 在 Sheet5 中，使用函数，将 B1 单元格中的数四舍五入到整百，存放在 C1 单元格中。

3. 仅使用 MID 函数和 CONCATENATE 函数，对 Sheet1 中"员工资料表"的"出生日期"列进行填充。要求：

（1）填充的内容根据"身份证号码"列的内容来确定。

● 身份证号码中的第 7～第 10 位：表示出生年份；

● 身份证号码中的第 11～第 12 位：表示出生月份；

● 身份证号码中的第 13～第 14 位：表示出生日；

（2）填充结果的格式为：××××年××月××日。

4. 根据 Sheet1 中"职务补贴率表"的数据，使用 VLOOKUP 函数，对"员工资料表"中的"职务补贴率"列进行自动填充。

5. 使用数组公式，在 Sheet1 中对"员工资料表"的"工资总额"列进行计算，并将计算结果保存在"工资总额"列。

计算方法：工资总额=基本工资×（1+职务补贴）。

6. 在 Sheet2 中，根据"固定资产情况表"，使用财务函数，对以下条件进行计算。

● 计算"每天折旧值"，并将结果填入到 E2 单元格中；

● 计算"每月折旧值"，并将结果填入到 E3 单元格中；

● 计算"每年折旧值"，并将结果填入到 E4 单元格中。

7. 将 Sheet1 中的"员工资料表"复制到 Sheet3，并对 Sheet3 进行高级筛选。

要求

● 筛选条件为："性别"—女、"职务"—高级工程师；

● 将筛选结果保存在 Sheet3 的 J5 单元格中。

8. 根据 Sheet1 中的"员工资料表"，在 Sheet4 中新建一张数据透视表。要求：

● 显示每种性别的不同职务的人数汇总情况；

● 行区域设置为"性别"；

● 列区域设置为"职务"；

● 数据区域设置为"职务"；

● 计数项为"职务"。

二、任务实施

1. 在 Sheet5 中使用函数计算 A1:A10 中奇数的个数，结果存放在 A12 单元格中。

在 Sheet5 表中，选择目标单元格 A12，单击公式编辑栏，编辑输入公式"=SUMPRODUCT(MOD(A1:A10,2))"，按回车键确定，A12 单元格显示计算结果为 6。

2. 在 Sheet5 中，使用函数，将 B1 单元格中的数四舍五入到整百，存放在 C1 单元格中。

在 Sheet5 工作表中，选择 C1 单元格，在公式编辑栏中输入公式"=ROUND(B1/100,0)*100"，按回车键确认，B1 单元格显示为 32684，C1 单元格显示为 32700，实现了四舍五入到整百的计算。

3. 仅使用 MID 函数和 CONCATENATE 函数，对 Sheet1 中"员工资料表"的"出生日期"列进行填充。要求：

（1）填充的内容根据"身份证号码"列的内容来确定。

● 身份证号码中的第 7～第 10 位：表示出生年份；

● 身份证号码中的第 11～第 12 位：表示出生月份；

● 身份证号码中的第 13～第 14 位：表示出生日。

（2）填充结果的格式为：××××年××月××日。

在 Sheet1 表中，选择目标单元格 G3，单击公式编辑栏，编辑输入公式"=CONCATENATE(MID(E3,7,4),"年",MID(E3,11,2),"月",MID(E3,13,2),"日")"，按回车键确定，G3 单元格显示计算结果为"1967 年 06 月 15 日"。使用 G3 单元格的填充柄，填充至 G38 单元格，完成"检测结果"列填充。G38 单元格显示为"1954 年 04 月 20 日"。

4. 根据 Sheet1 中"职务补贴率表"的数据，使用 VLOOKUP 函数，对"员工资料表"中的"职务补贴率"列进行自动填充。

在 Sheet1 表中，选择目标单元格 J3，单击公式编辑栏，编辑输入公式"=VLOOKUP(H3,

$A$2:$B$6,2,FALSE)"，按回车键确定，J3 单元格显示计算结果为 0.8。使用 J3 单元格的填充柄，填充至 J38 单元格，完成"检测结果"列填充。J38 单元格显示为 0.8。

5. 使用数组公式，在 Sheet1 中对"员工资料表"的"工资总额"列进行计算，并将计算结果保存在"工资总额"列。

● 计算方法：工资总额=基本工资×（1+职务补贴）。

在 Sheet1 表中，选择目标单元格"工资总额"列的 K3:K38，按"="键，开始编辑数组公式；编辑输入公式"=I3:I38*（1+J3:J38）"，同时按下 Ctrl+Shift+Enter 三键，输入完成。K3 单元格显示为 5400，K38 单元格显示为 5400。

6. 在 Sheet2 中，根据"固定资产情况表"，使用财务函数，对以下条件进行计算。

● 计算"每天折旧值"，并将结果填入到 E2 单元格中；
● 计算"每月折旧值"，并将结果填入到 E3 单元格中；
● 计算"每年折旧值"，并将结果填入到 E4 单元格中。

（1）每天折旧值：在 Sheet2 表中，选择目标单元格 E2，单击公式编辑栏，编辑输入公式"=SLN(B2,B3,B4*365)"，按回车键确定，E2 单元格显示计算结果为"¥11.64"。

（2）每月折旧值：在 Sheet2 表中，选择目标单元格 E3，单击公式编辑栏，编辑输入公式"=SLN(B2,B3,B4*12)"，按回车键确定，E3 单元格显示计算结果为"¥354.17"。

（3）每月折旧值：在 Sheet2 表中，选择目标单元格 E4，单击公式编辑栏，编辑输入公式"=SLN(B2,B3,B4)"，按回车键确定，E4 单元格显示计算结果为"¥4,250.00"。

7. 将 Sheet1 中的"员工资料表"复制到 Sheet3，并对 Sheet3 进行高级筛选。

（1）要求
● 筛选条件为："性别"—女、"职务"—高级工程师；
● 将筛选结果保存在 Sheet3 的 J5 单元格中。

（2）注意
● 无须考虑是否删除或移动筛选条件；
● 复制过程中，将标题项"员工资料表"连同数据一同复制；
● 数据表必须顶格放置。

注意：在本题中，Sheet3 工作表起初只能看到第 29 行开始的空白行，无法按题目要求操作。因此，需要先显示被隐藏的记录，并删除。单击功能区"数据"→"排序和筛选"→"清除"，展示出被隐藏的记录，再选择前 28 行记录，右击，选择"删除"命令即可。

（1）选择 Sheet1 工作表的 A1:K38，复制粘贴至 Sheet3 表中 A1 开始的区域；若出现粘贴异常，可以使用选择性粘贴（粘贴值、粘贴格式），并使用"自动调整列宽"功能，确保完成正常粘贴显示。

（2）按要求设计筛选条件区域：如 J2:K3，列标题 J2、K2 为"性　别"（注意，此处需要与数据表的标题保持一致）、"职务"，J3、K3 对应设置"女""高级工程师"。

（3）单击 Sheet3 表数据区域的任一单元格，如 D5；选择 Excel 功能区"数据"→"排序和筛选"组→"高级"，打开"高级筛选"对话框，进行如下设置。

列表区域：$A$2:$H$38，Excel 会自动选择。

条件区域：选择上面设计的 J2:K3，对话框中显示为"Sheet3!$J$2:$K$3"。

显示方式：选择"将筛选结果复制到其他位置"，单击 J5 单元格，对话框显示为"Sheet3!$J$5"。最后，单击"确定"按钮，按要求完成筛选。再按需要使用"自动调整列宽"

功能，确保实现筛选结果的完整显示。

8. 根据 Sheet1 中的"员工资料表"，在 Sheet4 中新建一张数据透视表。要求：

- 显示每种性别的不同职务的人数汇总情况；
- 行区域设置为"性别"；
- 列区域设置为"职务"；
- 数据区域设置为"职务"；
- 计数项为"职务"。

（1）单击 Sheet1 表数据区域的任一单元格，如 D15，选择功能区"插入"→"数据透视表"，打开"创建数据透视表"对话框，Excel 已自动选择当前区域 Sheet1!$D$2:$K$38。

（2）在对话框中，选中"现有工作表"，"位置"选择"Sheet4!$A$1"，单击"确定"按钮，在 Sheet4 表的右侧自动打开"数据透视表字段"任务窗格。按题目要求，拖曳"性 别"字段到"行"区域；拖曳"职务"字段到"列"区域；拖曳"职务"字段到"值"区域（设置为计数项）。完成后，在 Sheet4 表中自动生成数据透视表，如图 5-31 所示。

图 5-31 数据透视表设置完成

项目 5.19 公司员工人事信息表

一、任务描述

1. 在 Sheet4 中使用函数计算 A1:A10 中奇数的个数，结果存放在 A12 单元格中。

公司员工人事信息表
（语音版）

2. 在 Sheet4 中设定 B 列中不能输入重复的数值。

3. 使用大小写转换函数，根据 Sheet1 中"公司员工人事信息表"的"编号"列，对"新编号"列进行填充。

- 要求：把编号中的小写字母改为大写字母，并将结果保存在"新编号"列中；
- 例如："a001"更改后为"A001"。

4. 使用文本函数和时间函数，根据 Sheet1 中"公司员工人事信息表"的"身份证号码"列，计算用户的年龄，并保存在"年龄"列中。注意：

- 身份证的第 7～第 10 位表示出生年份；
- 计算方法：年龄=当前年份—出生年份。其中，"当前年份"使用时间函数计算。

5. 在 Sheet1 中，利用数据库函数及已设置的条件区域，根据以下情况计算，并将结果填入到相应的单元格当中。

- 计算：获取具有硕士学历，职务为经理助理的员工姓名，并将结果保存在 Sheet1 的 E31 单元格中。

6. 使用函数，判断 Sheet1 中 L12 和 M12 单元格中的文本字符串是否完全相同。注意：

- 如果完全相同，结果保存为 TRUE，否则保存为 FALSE；
- 将结果保存在 Sheet1 中的 N12 单元格中。

7. 将 Sheet1 中的"公司员工人事信息表"复制到 Sheet2，对 Sheet2 进行自动筛选。要求：

- 筛选条件为："籍贯"—"广东"，"学历"—"硕士"，"职务"—"职员"；
- 将筛选结果保存在 Sheet2 中。

8. 根据 Sheet1 中的"公司员工人事信息表"，在 Sheet3 中创建一张数据透视表。要求：

- 显示每个职位的不同学历的人数情况；
- 行区域设置为"职务"；
- 列区域设置为"学历"；
- 数据区域设置为"学历"；
- 计数项为"学历"。

二、任务实施

1. 在 Sheet4 中使用函数计算 A1:A10 中奇数的个数，结果存放在 A12 单元格中。

在 Sheet4 表中，选择目标单元格 A12，单击公式编辑栏，编辑输入公式"=SUMPRODUCT(MOD(A1:A10,2)0"，按回车键确定，A12 单元格显示计算结果为 6。

2. 在 Sheet4 中设定 B 列中不能输入重复的数值。

选中 Sheet4 表中的第 B 列，选择功能区"数据"→"数据工具"→"数据验证"，在打开的对话框中进行如下设置。

（1）设置：设置"允许"为"自定义"。

（2）设置公式：在"公式"框中输入"=COUNTIF(B:B,B1)<=1"。

单击"确定"按钮完成。

3. 使用大小写转换函数，根据 Sheet1 中"公司员工人事信息表"的"编号"列，对"新编号"列进行填充。

- 要求：把编号中的小写字母改为大写字母，并将结果保存在"新编号"列中；
- 例如："a001"更改后为"A001"。

在 Sheet1 表中，选择目标单元格 B3，单击公式编辑栏，编辑输入公式"=UPPER(A3)"，按回车键确定，B3 单元格显示计算结果为"A001"。使用 B3 单元格的填充柄，填充至 B27 单元格，完成"新编号"列填充。B27 单元格显示为"A025"。

4. 使用文本函数和时间函数，根据 Sheet1 中"公司员工人事信息表"的"身份证号码"列，计算用户的年龄，并保存在"年龄"列中。注意：

- 身份证的第 7～第 10 位表示出生年份；
- 计算方法：年龄=当前年份-出生年份。其中，"当前年份"使用时间函数计算。

在 Sheet1 表中，选择目标单元格 F3，单击公式编辑栏，编辑输入公式"=YEAR(TODAY())-MID(G3,7,4)"，按回车键确定，F3 单元格显示计算结果为 36。使用 F3 单元格的填充柄，填充至 F3 单元格，完成"年龄"列填充。F27 单元格显示为 42。

注意：试题中使用"当前年份"作为年龄计算，故随着时间推移，上述的计算结果也会随之增加。

5. 在 Sheet1 中，利用数据库函数及已设置的条件区域，根据以下情况计算，并将结果填入到相应的单元格当中。

- 计算：获取具有硕士学历，职务为经理助理的员工姓名，并将结果保存在 Sheet1 的 E31 单元格中。

在 Sheet1 表中，选择目标单元格 E31，单击公式编辑栏，编辑输入公式"=DGET(A2:J27,C2,L3:M4)"，按回车键确定，F31 单元格显示计算结果为"陈杰"。

6. 使用函数，判断 Sheet1 中 L12 和 M12 单元格中的文本字符串是否完全相同。注意：

- 如果完全相同，结果保存为 TRUE，否则保存为 FALSE；
- 将结果保存在 Sheet1 中的 N12 单元格中。

在 Sheet1 表中，选择目标单元格 N12，单击公式编辑栏，编辑输入公式"=EXACT(L12,M12)"，按回车键确定，N12 单元格显示计算结果为 FALSE。

7. 将 Sheet1 中的"公司员工人事信息表"复制到 Sheet2，对 Sheet2 进行自动筛选。

（1）要求：

- 筛选条件为："籍贯"—"广东"，"学历"—"硕士"，"职务"—"职员"；
- 将筛选结果保存在 Sheet2 中。

（2）注意：

- 复制过程中，将标题项"公司员工人事信息表"连同数据一同复制；
- 数据表必须顶格放置。

（1）选择 Sheet1 工作表的 A1:J37，复制粘贴至 Sheet2 表中 A1 开始的区域；若出现粘贴异常，可以使用选择性粘贴（粘贴值、粘贴格式），并使用"自动调整列宽"功能，确保完成正常粘贴显示。

（2）单击 Sheet2 表数据区域的任一单元格，如 D5；单击功能区"开始"→"排序和筛选"→"筛选"，打开自动筛选界面。

（3）按要求设置自动筛选条件：打开"职务"下拉框，仅勾选"职员"；打开"籍贯"下拉框，仅勾选"广东"；打开"学历"下拉框，仅勾选"硕士"。

按上述操作，完成自动筛选。

8. 根据 Sheet1 中的"公司员工人事信息表"，在 Sheet3 中创建一张数据透视表。要求：

● 显示每个职位的不同学历的人数情况；

● 行区域设置为"职务"；

● 列区域设置为"学历"；

● 数据区域设置为"学历"；

● 计数项为"学历"。

（1）单击 Sheet1 表数据区域的任一单元格，如 D15，选择功能区"插入"→"数据透视表"，打开"创建数据透视表"对话框，Excel 已自动选择当前区域 Sheet1!$A$2:$J$27。

（2）在对话框中，选中"现有工作表"，"位置"选择"Sheet3!$A$1"，单击"确定"按钮，在 Sheet3 表的右侧自动打开"数据透视表字段"任务窗格。按题目要求，拖曳"职务"字段到"行"区域；拖曳"学历"字段到"列"区域；拖曳"学历"字段到"值"区域（设置为计数项）。完成后，在 Sheet3 表中自动生成数据透视表，如图 5-32 所示。

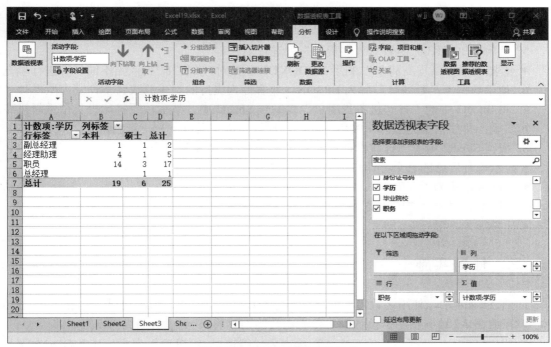

图 5-32 数据透视表设置完成

项目 5.20 打印机备货清单

一、任务描述

1. 在 Sheet4 中，使用函数，根据 A1 单元格中的身份证号码判断性别，结果为"男"或"女"，存放在 A2 单元格中。身份证号倒数第二位为奇数

打印机备货清单
（语音版）

的为"男"，为偶数的为"女"。

2. 在 Sheet4 的 B1 单元格中输入公式，判断当前年份是否为闰年，结果为 TRUE 或 FALSE。闰年定义：年数能被 4 整除而不能被 100 整除，或者能被 400 整除的年份。

3. 使用 IF 函数，对 Sheet1 中的"界面"列，根据"打印机类型"列的内容，进行自动填充。具体如下：

- 点阵—D；
- 喷墨—P；
- 黑白激光—H；
- 彩色激光—C；
- 以上四种类型之外的—T。

4. 使用 REPLACE 函数和数组公式对"新货号"列进行填充。要求：

- 将货号的前三位字符替换成"0233PRT"，以生成新货号；例：23369585 替换为 0233PRT69585；
- 使用数组公式一次完成"新货号"列的填充。

5. 使用 VLOOKUP 函数对"供货商"列进行填充。

- 要求：根据"供货商清单"，利用 VLOOKUP 函数对"供货商"列依照不同厂牌进行填充。

6. 使用数据库函数统计厂牌为 EPSON，兼容性为支持的型号总数（不计空白型号）。

7. 将 Sheet1 中的"打印机备货清单"复制到 Sheet2 中，然后依照打印机类型重新排序。

- 要求：排序依据为点阵—喷墨—喷墨相片打印机—黑白激光—彩色激光。

8. 根据 Sheet2 中的"打印机备货清单"，在 Sheet3 中新建一个数据透视表。要求：

- 显示每种厂牌的每个打印机类型的型号总数；
- 行区域设置为"厂牌"；
- 列区域设置为"打印机类型"；
- 计数项为"型号"。

二、任务实施

1. 在 Sheet4 中，使用函数，根据 A1 单元格中的身份证号码判断性别，结果为"男"或"女"，存放在 A2 单元格中。倒数第二位为奇数的为"男"，为偶数的为"女"。

在 Sheet4 表中，选择目标单元格 A2，单击公式编辑栏，编辑输入公式"=IF(MOD(MID(A1, LEN(A1)-1,1),2)=0,"女","男")"，按回车键确定，A2 单元格显示结果为"男"。

2. 在 Sheet4 的 B1 单元格中输入公式，判断当前年份是否为闰年，结果为 TRUE 或 FALSE。闰年定义：年数能被 4 整除而不能被 100 整除，或者能被 400 整除的年份。

在 Sheet4 表中，选择目标单元格 B1，单击公式编辑栏，编辑输入公式"=OR(MOD(YEAR (NOW()),400)=0,AND(MOD(YEAR(NOW()),4)=0,MOD(YEAR(NOW()),100)<>0))"，按回车键确定，B1 单元格显示结果为 FALSE。

3. 使用 IF 函数，对 Sheet1 中的"界面"列，根据"打印机类型"列的内容，进行自动填充。具体如下：

- 点阵—D；
- 喷墨—P；

- 黑白激光—H;
- 彩色激光—C;
- 以上四种类型之外的—T。

在 Sheet1 表中，选择目标单元格 E3，单击公式编辑栏，编辑输入公式"=IF(D3="点阵","D",IF(D3="喷墨","P",IF(D3="黑白激光","H",IF(D3="彩色激光","C","T"))))"，按回车键确定，E3 单元格显示计算结果为"D"。使用 E3 单元格的填充柄，填充至 E189 单元格，完成"界面"列填充。E189 单元格显示为"H"。

4. 使用 REPLACE 函数和数组公式对"新货号"列进行填充。要求：

- 将货号的前 3 位字符替换成"0233PRT"，以生成新货号；例：23369585 替换为 0233PRT69585；
- 使用数组公式一次完成"新货号"列的填充。

在 Sheet1 表中，选择目标单元格"新货号"列的 H3:H189，按"="键，开始编辑数组公式；编辑输入公式"=REPLACE(A3:A189,1,3,"0233PRT")"，同时按下 Ctrl+Shift+Enter 三键，输入完成。H3 单元格显示为"0233PRT69585"，H189 单元格显示为"0233PRT79550"。

5. 使用 VLOOKUP 函数对"供货商"列进行填充。

- 要求：根据"供货商清单"，利用 VLOOKUP 函数对"供货商"列依照不同厂牌进行填充。

在 Sheet1 表中，选择目标单元格 I3，单击公式编辑栏，编辑输入公式"=VLOOKUP(B3,$M$12:$N$29,2,FALSE)"，按回车键确定，I3 单元格显示计算结果为"兄弟电子"。使用 I3 单元格的填充柄，填充至 I189 单元格，完成"界面"列填充。I189 单元格显示为"爱生公司"。

6. 使用数据库函数统计厂牌为 EPSON，兼容性为支持的型号总数（不计空白型号）。

（1）按题意，为数据库函数创建条件区域，指定为 M35:N36 区域：M35、N35 单元格内容分别为"厂牌""兼容性"；M35、N35 单元格内容分别为"EPSON""支持"。

（2）选择目标单元格 N38，单击公式编辑栏，编辑输入公式"=DCOUNTA(A2:F189,C2,M35:N36)"，按回车键确定，N38 单元格显示计算结果为 39。

7. 将 Sheet1 中的"打印机备货清单"复制到 Sheet2 中，然后依照打印机类型重新排序。

- 要求：排序依据 点阵—喷墨—喷墨相片打印机—黑白激光—彩色激光。

（1）选择 Sheet1 工作表的 A1:F189，复制粘贴至 Sheet2 表中 A1 开始的区域；若出现粘贴异常，可以使用选择性粘贴（粘贴值、粘贴格式），并使用"自动调整列宽"功能，确保完成正常粘贴显示。

（2）单击 Sheet2 表"打印机类型"列的任一单元格，如 D5；单击功能区"开始"→"排序和筛选"→"自定义排序"，打开"排序"对话框。

（3）"主要关键字"选择"打印机类型"，"排序依据"设为"单元格值"，"次序"设为"自定义序列"，打开"自定义序列"对话框，如图 5-33 所示。在"输入序列"框中，输入"点阵，喷墨，喷墨相片打印机，黑白激光，彩色激光"，依次单击"添加""确定"按钮，完成自定义序列创建。

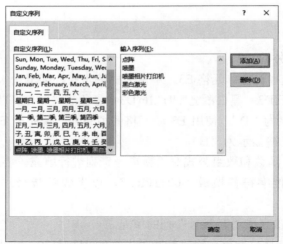

图 5-33   自定义序列

（4）最后，在"排序"对话框中，单击"确定"按钮，完成自定义排序。

8. 根据 Sheet2 中的"打印机备货清单"，在 Sheet3 中新建一个数据透视表。要求：

- 显示每种厂牌的每个打印机类型的型号总数；
- 行区域设置为"厂牌"；
- 列区域设置为"打印机类型"；
- 计数项为"型号"。

（1）单击 Sheet2 表数据区域的任一单元格，如 D15，选择功能区"插入"→"数据透视表"，打开"创建数据透视表"对话框，Excel 已自动选择当前区域 Sheet2!\$A\$2:\$F\$189。

（2）在对话框中，选中"现有工作表"，"位置"选择"Sheet3!\$A\$1"，单击"确定"按钮，在 Sheet3 表的右侧自动打开"数据透视表字段"任务窗格。按题目要求，拖曳"厂牌"字段到"行"区域；拖曳"打印机类型"字段到"列"区域；拖曳"型号"字段到"值"区域（计数项）。完成后，在 Sheet3 表中自动生成数据透视表，如图 5-34 所示。

图 5-34   数据透视表设置完成

项目 5.21　零件检测结果表

一、任务描述

**零件检测结果表
（语音版）**

1. 在 Sheet4 的 A1 单元格中输入分数 1/3。

2. 在 Sheet4 中，使用函数，将 B1 中的时间四舍五入到最接近的 15 分钟的倍数，结果存放在 C1 单元格中。

3. 使用数组公式，根据 Sheet1 中"零件检测结果表"的"外轮直径"和"内轮直径"列，计算内外轮差，并将结果表保存在"轮差"列中。

● 计算方法为：轮差=外轮直径−内轮直径。

4. 使用 IF 函数，对 Sheet1 中"零件检测结果表"的"检测结果"列进行填充。要求：

● 如果"轮差"<4mm，测量结果保存为"合格"，否则为"不合格"；

● 将计算结果保存在 Sheet1 中"零件检测结果表"的"检测结果"列。

5. 使用统计函数，根据以下要求进行计算，并将结果保存在相应位置。

（1）要求

● 统计：轮差为 0 的零件个数，并将结果保存在 Sheet1 的 K4 单元格中；

● 统计：零件的合格率，并将结果保存在 Sheet1 的 K5 单元格中。

（2）注意

● 计算合格率时，分子分母必须用函数计算；

● 合格率的计算结果保存为数值型小数点后两位。

6. 使用文本函数，判断 Sheet1 中"字符串 2"在"字符串 1"中的起始位置并把返回结果保存在 Sheet1 的 K9 单元格中。

7. 把 Sheet1 中的"零件检测结果表"复制到 Sheet2 中，并进行自动筛选。

要求

● 筛选条件为："制作人员"—赵俊峰、"检测结果"为合格；

● 将筛选结果保存在 Sheet2 中。

8. 根据 Sheet1 中的"零件检测结果表"，在 Sheet3 中新建一张据透视表。要求：

● 显示每个制作人员制作的不同检测结果的零件个数情况；

● 行区域设置为"制作人员"；

● 列区域设置为"检测结果"；

● 数据区域设置为"检测结果"；

● 计数项为检测结果。

二、任务实施

1. 在 Sheet4 的 A1 单元格中输入分数 1/3。

在 Sheet4 表的 A1 单元格中，输入"0 1/3"，回车确定，输入完成。

2. 在 Sheet4 中，使用函数，将 B1 中的时间四舍五入到最接近的 15 分钟的倍数，结果存放在 C1 单元格中。

在 Sheet4 表中，选择目标单元格 C1，单击公式编辑栏，编辑输入公式"=ROUND(B1*24*4, 0)/24/4"，按回车键确定，C1 单元格显示结果为"15:45:00"。

3. 使用数组公式，根据 Sheet1 中"零件检测结果表"的"外轮直径"和"内轮直径"列，计算内外轮差，并将结果表保存在"轮差"列中。

● 计算方法为：轮差=外轮直径−内轮直径。

在 Sheet1 表中，选择目标单元格"轮差"列的 D3:D50，按"="键，开始编辑数组公式；编辑输入公式"=B3:B50-C3:C50"，同时按下 Ctrl+Shift+Enter 三键，输入完成。D3 单元格显示为 0，D50 单元格显示为 3。

4. 使用 IF 函数，对 Sheet1 中"零件检测结果表"的"检测结果"列进行填充。要求：

● 如果"轮差"<4mm，测量结果保存为"合格"，否则为"不合格"；

● 将计算结果保存在 Sheet1 中"零件检测结果表"的"检测结果"列。

在 Sheet1 表中，选择目标单元格 E3，单击公式编辑栏，编辑输入公式"=IF(D3<4,"合格","不合格")"，按回车键确定，E3 单元格显示计算结果为"合格"。使用 E3 单元格的填充柄，填充至 E50 单元格，完成"检测结果"列填充。E50 单元格显示为"合格"。

5. 使用统计函数，根据以下要求进行计算，并将结果保存在相应位置。

（1）要求

● 统计：轮差为 0 的零件个数，并将结果保存在 Sheet1 的 K4 单元格中；

● 统计：零件的合格率，并将结果保存在 Sheet1 的 K5 单元格中。

（2）注意

● 计算合格率时，分子分母必须用函数计算；

● 合格率的计算结果保存为数值型小数点后两位。

（1）统计轮差为 0 的零件个数：在 Sheet1 表中，选择目标单元格 K4，单击公式编辑栏，编辑输入公式"=COUNTIF(D3:D50,"=0")"，按回车键确定，K4 单元格显示计算结果为 20。

（2）统计零件的合格率：在 Sheet1 表中，选择目标单元格 K5，单击公式编辑栏，编辑输入公式"=COUNTIF(E3:E50,"合格")/COUNTA(E3:E50)"，按回车键确定，K5 单元格显示计算结果为 0.77。

6. 使用文本函数，判断 Sheet1 中"字符串 2"在"字符串 1"中的起始位置并把返回结果保存在 Sheet1 中的 K9 单元格中。

在 Sheet1 表中，选择目标单元格 K9，单击公式编辑栏，编辑输入公式"=FIND(J9,I9)"，按回车键确定，K9 单元格显示结果为 26。

7. 把 Sheet1 中的"零件检测结果表"复制到 Sheet2 中，并进行自动筛选。

要求

● 筛选条件为："制作人员"—赵俊峰、"检测结果"为合格；

● 将筛选结果保存在 Sheet2 中。

（1）选择 Sheet1 工作表的 A1:F50，复制粘贴至 Sheet2 表中 A1 开始的区域；若出现粘贴异常，可以使用选择性粘贴（粘贴值、粘贴格式），并使用"自动调整列宽"功能，确保完成正常粘贴显示。

（2）单击 Sheet2 表数据区域的任一单元格，如 D5；单击功能区"开始"→"排序和筛选"→

"筛选",打开自动筛选界面。

（3）按要求设置自动筛选条件：打开"制作人员"下拉框，仅勾选"赵俊峰"；打开"检测结果"下拉框，仅勾选"合格"。

按上述操作，完成自动筛选。

8. 根据 Sheet1 中的"零件检测结果表"，在 Sheet3 中新建一张据透视表。要求：

- 显示每个制作人员制作的不同检测结果的零件个数情况；
- 行区域设置为"制作人员"；
- 列区域设置为"检测结果"；
- 数据区域设置为"检测结果"；
- 计数项为检测结果。

（1）单击 Sheet1 表数据区域的任一单元格，如 D15，选择功能区"插入"→"数据透视表"，打开"创建数据透视表"对话框，Excel 已自动选择当前区域 Sheet1!$A$2:$F$50。

（2）在对话框中，选中"现有工作表"，"位置"选择"Sheet3!$A$1"，单击"确定"按钮，在 Sheet3 表的右侧自动打开"数据透视表字段"任务窗格。按题目要求，拖曳"制作人员"字段到"行"区域；分别拖曳"检测结果"字段到"列"区域和"值"区域（计数项）。完成后，在 Sheet3 表中自动生成数据透视表，如图 5-35 所示。

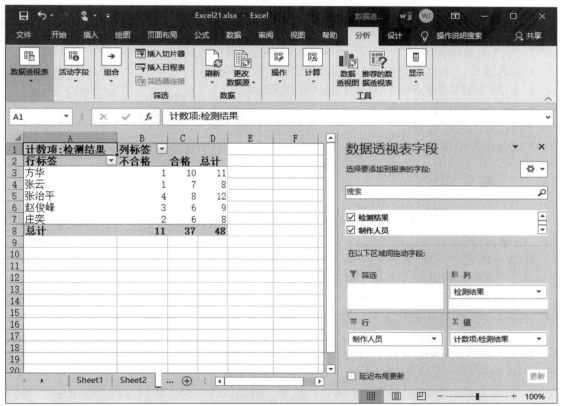

图 5-35　数据透视表设置完成

项目 5.22 图书销售清单

一、任务描述

图书销售清单
（语音版）

1. 在 Sheet3 中，使用函数，将 A1 中的时间四舍五入到最接近的 15 分钟的倍数，结果存放在 A2 单元格中。

2. 在 Sheet3 的 B1 单元格中输入公式，判断当前年份是否为年，结果为 TRUE 或 FALSE。闰年定义：年数能被 4 整除而不能被 100 整除，或者能被 400 整除的年份。

3. 使用文本函数和 VLOOKUP 函数，填写"货品代码"列，规则是将"登记号"的前 4 位替换为出版社简码。

- 使用 VLOOKUP 函数填写"销售代表"列。

4. 使用数组公式填写"销售额"列，销售额=单价×销售数，并将销售额四舍五入到整数。

5. 使用 SUMIF 函数计算每个出版社的销售总额，填入 Sheet1。

6. 使用 DAVERAGE 函数计算每个销售代表平均销售数，填入 Sheet2，并用 RANK 函数计算其排名。

7. 对"图书销售清单"进行高级筛选，将筛选结果复制到 Sheet2 中。

- 筛选条件：单价大于等于 20，销售数大于等于 800。

8. 根据"图书销售清单"创建数据透视图 Chart1。

- 显示各个销售代表的销售总额；
- 行设置为销售代表；
- 求和项为销售额。

二、任务实施

1. 在 Sheet3 中，使用函数，将 A1 中的时间四舍五入到最接近的 15 分钟的倍数，结果存放在 A2 单元格中。

在 Sheet3 表中，选择目标单元格 A2，单击公式编辑栏，编辑输入公式"=ROUND(A1*24*4,0)/24/4"，按回车键确定，A2 单元格显示结果为"16:15:00"。

2. 在 Sheet3 的 B1 单元格中输入公式，判断当前年份是否为年，结果为 TRUE 或 FALSE。闰年定义：年数能被 4 整除而不能被 100 整除，或者能被 400 整除的年份。

在 Sheet3 表中，选择目标单元格 B1，单击公式编辑栏，编辑输入公式"=OR(MOD(YEAR(NOW()),400)=0,AND(MOD(YEAR(NOW()),4)=0,MOD(YEAR(NOW()),100)<>0))"，按回车键确定，B1 单元格显示结果为 FALSE。

3. 使用文本函数和 VLOOKUP 函数，填写"货品代码"列，规则是将"登记号"的前 4 位替换为出版社简码

- 使用 VLOOKUP 函数填写"销售代表"列。

（1）在 Sheet1 表中，选择目标单元格 B3，单击公式编辑栏，编辑输入公式"=REPLACE(A3,

1,4,VLOOKUP(E3,$K$7:$N$24,3,FALSE))"，按回车键确定，B3 单元格显示计算结果为 "YU427308"。使用 B3 单元格的填充柄，填充至 B102 单元格，完成 "货品代码" 列填充。B102 单元格显示为 "JD041272"。

（2）在 Sheet1 表中，选择目标单元格 H3，单击公式编辑栏，编辑输入公式 "=VLOOKUP(E3, $K$7:$N$24,4,FALSE)"，按回车键确定，H3 单元格显示计算结果为 "胡雁茹"。使用 H3 单元格的填充柄，填充至 H102 单元格，完成 "销售代表" 列填充。H102 单元格显示为 "钱源"。

4. 使用数组公式填写 "销售额" 列，销售额=单价×销售数，并将销售额四舍五入到整数。

在 Sheet1 表中，选择目标单元格 "销售额" 列的 G3:G102，按 "=" 键，开始编辑数组公式；编辑输入公式 "=D3:D102*F3:F102"，同时按下 Ctrl+Shift+Enter 三键，输入完成。G3 单元格显示为 35136，G102 单元格显示为 21120。

5. 使用 SUMIF 函数计算每个出版社的销售总额，填入 Sheet1。

在 Sheet1 表中，选择目标单元格 L7，单击公式编辑栏，编辑输入公式 "=SUMIF($E$3: $E$102,K7,$G$3:$G$102)"，按回车键确定，L7 单元格显示计算结果为 65570.4。使用 L7 单元格的填充柄，填充至 L24 单元格，完成表 Sheet1 "销售总额" 列的填充。L24 单元格显示为 92710。

6. 使用 DAVERAGE 函数计算每个销售代表平均销售数，填入 Sheet2，并用 RANK 函数计算其排名。

（1）按题意，为数据库函数创建条件区域，假设为 L33:P33 区域：L33、M33、N33、O33、P33 单元格内容均为 "销售代表"；L34、M34、N34、O34、P34 单元格内容分别为 "钱源" "廖堉心" "胡雁茹" "袁永阳" "吴新婷"。

（2）在 Sheet1 表中，选择目标单元格 L30，单击公式编辑栏，编辑输入公式 "=DAVERAGE ($A$2:$H$102,$F$2,L33:L34)"，按回车键确定，L30 单元格显示计算结果为 648.4444444。使用 L30 单元格的填充柄，填充至 P30 单元格，完成 Sheet2 表 "平均销售数" 的填充。P30 单元格显示为 749.9375。

（3）在 Sheet1 表中，选择目标单元格 L31，单击公式编辑栏，编辑输入公式 "=RANK（L30, $L$30:$P$30）"，按回车键确定，L31 单元格显示计算结果为 5。使用 L31 单元格的填充柄，填充至 P31 单元格，完成表 Sheet2 表 "排名" 的填充。P31 单元格显示为 4。

7. 对 "图书销售清单" 进行高级筛选，将筛选结果复制到 Sheet2 中。

● 筛选条件：单价大于等于 20，销售数大于等于 800。

（1）按要求设计筛选条件区域：如 Sheet1 的 J42:K43，列标题 J42、K42 为 "单价" "销售数"，J43、K43 对应设置 ">=20" ">=800"。

（2）单击 Sheet1 的 "图书销售清单" 表数据区域的任一单元格，如 D5；选择 Excel 功能区 "数据" → "排序和筛选" 组→ "高级"，打开 "高级筛选" 对话框，进行如下设置。

列表区域：$A$2:$H$102，Excel 会自动选择。

条件区域：选择上面设计的 J42:K43，对话框显示为 "Sheet1!$J$42:$K$43"。

显示方式：选择 "将筛选结果复制到其他位置"，单击 A105 单元格（可由读者自行决定位置），对话框显示为 "Sheet1!$A$105"。之后，单击 "确定" 按钮，按要求完成筛选。

（3）最后，选择当前高级筛选的结果，复制粘贴到 Sheet2 的 A1 单元格开始的位置。按需要使用 "自动调整列宽" 功能，确保实现筛选结果的完整显示。

8. 根据 "图书销售清单" 创建数据透视图 Chart1。

● 显示各个销售代表的销售总额；

- 行设置为销售代表；
- 求和项为销售额。

（1）单击 Sheet1"图书销售清单"数据区域的任一单元格，如 H15，选择功能区"插入"→"数据透视图"，打开"创建数据透视图"对话框，它已自动选择当前区域 Sheet1!$A$2:$H$102。

（2）在对话框中，选中"现有工作表"，"位置"选择"Sheet4!$A$1"（当前 Sheet4 为空白数据表），单击"确定"按钮，在 Sheet4 表的右侧自动打开"数据透视图字段"任务窗格。按题目要求，拖曳"销售代表"字段到"轴（类别）"；拖曳"销售额"字段到"值"区域（求和项）。完成后，在 Sheet3 表中自动生成数据透视图（也自动包含数据透视表），如图 5-36 所示。

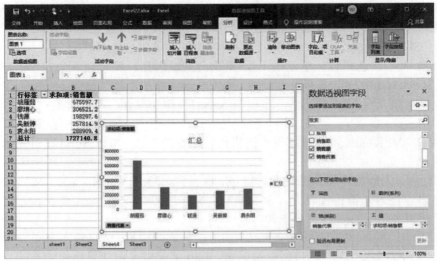

图 5-36　数据透视图设置完成

（3）最后，右击 Sheet4 中的数据透视图，在弹出的快捷菜单中选择"移动图表"，在打开的对话框中，选择"新工作表"：Chart1，单击"确定"按钮。这样，数据透视图最终在单独的 Chart1 中显示，如图 5-37 所示。

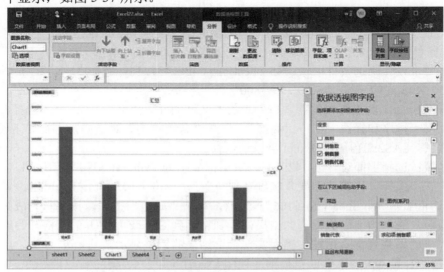

图 5-37　数据透视图在 Chart1 中独立显示

项目 5.23　房屋销售清单

一、任务描述

1. 在 Sheet5 中，使用条件格式，将 A1:A20 单元格区域中有重复值的单元格填充色设为红色。

2. 在 Sheet5 中，使用函数，将 B1 中的时间四舍五入到最接近的 15 分钟的倍数，结果存放在 C1 单元格中。

房屋销售清单
（语音版）

3. 使用 IF 函数自动填写"折扣率"列，标准：面积小于 140 的，九九折（折扣率为 99%）；小于 200 但大于等于 140 的，九七折；大于等于 200 的，九五折，并使用数组公式和 ROUND 函数填写"房价"列，四舍五入到百位。

4. 使用 COUNTIF 和 SUMIF 函数统计面积大于等于 140 的房屋户数和房价总额，结果填入单元格 M9 和 N9。

5. 将"小灵通号码"列号码升位并填入"新电话号码"栏，要求使用文本函数完成。
- 升位规则：先将小灵通号码的第 4 位和第 5 位之间插入一个 8，再在号码前加上 133。
- 例：小灵通号码 5793278　新电话号码 13357938278。

6. 判断客户的出生年份是否为闰年，将结果"是"或者"否"填入"闰年"栏。

7. 先将"房屋销售清单"复制到 Sheet2 中，然后汇总不同销售人员所售房屋总价。

8. 根据"房屋销售清单"的结果，创建一张数据透视表，要求：
- 显示每个销售经理以折扣率分类的销售房屋户数；
- 行区域设置为"销售经理"；
- 列区域设置为"折扣率"；
- 计数项设置为"物业地址"；
- 将对应的数据透视表保存在 Sheet4 中。

二、任务实施

1. 在 Sheet5 中，使用条件格式，将 A1:A20 单元格区域中有重复值的单元格填充色设为红色。

选择 Sheet5 的 A1:A20，选择功能区"开始"→"条件格式"→"突出显示单元格规则"→"重复值"，打开"重复值"对话框，并在"设置为"下拉框中选择"自定义格式"，打开"设置单元格格式"对话框。"颜色"选择"红色"，单击"确定"按钮，完成操作。

2. 在 Sheet5 中，使用函数，将 B1 中的时间四舍五入到最接近的 15 分钟的倍数，结果存放在 C1 单元格中。

在 Sheet5 表中，选择目标单元格 C1，单击公式编辑栏，编辑输入公式"=ROUND(B1*24*4, 0)/24/4"，按回车键确定，C1 单元格显示结果为"8:30:00"。

3. 使用 IF 函数自动填写"折扣率"列，标准：面积小于 140 的，九九折（折扣率为 99%）；

小于 200 但大于等于 140 的，九七折；大于等于 200 的，九五折，并使用数组公式和 round 函数填写"房价"列，四舍五入到百位。

（1）在 Sheet1 表中，选择目标单元格 I3，单击公式编辑栏，编辑输入公式"=IF(G3<140, 99%,IF(G3<200,97%,95%))"，按回车键确定，I3 单元格显示计算结果为 0.99。使用 I3 单元格的填充柄，填充至 I39 单元格，完成"折扣率"列填充。I39 单元格显示为 0.95。

（2）在 Sheet1 表中，选择目标单元格"房价"列的 J3:J39，按"="键，开始编辑数组公式；编辑输入公式"=ROUND(G3:G39*H3:H39*I3:I39,-2)"，同时按下 Ctrl+Shift+Enter 三键，输入完成。J3 单元格显示为 1890800，J39 单元格显示为 1542400。

4. 使用 COUNTIF 和 SUMIF 函数统计面积大于等于 140 的房屋户数和房价总额，结果填入单元格 M9 和 N9。

（1）户数：在 Sheet1 表中，选择目标单元格 M9，单击公式编辑栏，编辑输入公式"=COUNTIF(G3:G39,">=140")"，按回车键确定，M9 单元格显示结果为 27。

（2）房价总额：在 Sheet1 表中，选择目标单元格 N9，单击公式编辑栏，编辑输入公式"=SUMIF(G3:G39,">=140",J3:J39)"，按回车键确定，N9 单元格显示结果为 50432100。

5. 将"小灵通号码"列号码升位并填入"新电话号码"栏，要求使用文本函数完成。
● 升位规则：先将小灵通号码的第 4 位和第 5 位之间插入一个 8，再在号码前加上 133。
● 例：小灵通号码 5793278　新电话号码 13357938278。

在 Sheet1 表中，选择目标单元格 C3，单击公式编辑栏，编辑输入公式"=CONCAT("133", REPLACE(B3,5,0,8))"，按回车键确定，C3 单元格显示计算结果为"13357938278"。使用 C3 单元格的填充柄，填充至 C39 单元格，完成"新电话号码"列填充。C39 单元格显示为"13357328346"。

6. 判断客户的出生年份是否为闰年，将结果"是"或者"否"填入"闰年"栏。

在 Sheet1 表中，选择目标单元格 E3，单击公式编辑栏，编辑输入公式"=IF(MOD(YEAR(D3),400)=0,"是",IF(MOD(YEAR(D3),4)<>0,"否",IF(MOD(YEAR(D3),100)<>0,"是","否")))"，按回车键确定，E3 单元格显示计算结果为"否"。使用 E3 单元格的填充柄，填充至 E39 单元格，完成"闰年"列填充。E39 单元格显示为"否"。

7. 先将"房屋销售清单"复制到 Sheet2 中，然后汇总不同销售人员所售房屋总价。

（1）选择 Sheet1 表的"房屋销售清单"（A1:K39），使用选择性粘贴（粘贴值、粘贴格式），复制到 Sheet2 的 A1 单元格开始的位置。按需要使用"自动调整列宽"功能，确保实现筛选结果的完整显示。

注：若直接粘贴，会因数据中包含数组公式导致后续的排序无法正常进行。

（2）单击 Sheet2 表数据区"销售经理"列的任一单元格，如 K5；单击功能区"开始"→"编辑"→"排序和筛选"→"升序"，Sheet2 表内容完成升序排序（按销售人员）。

此时可见，K3 单元格显示内容为"陈建佳"（排序前为"张睿"），A3 为"张新花"。

（3）选择 Sheet2 的 A2:K39 区域，选择功能区"数据"→"分级显示"→"分类汇总"，打开"分类汇总"对话框，如图 5-38 所示，设置"分类字段"为"销售经理"，"汇总方式"为"求和"，"选定汇总项"中仅勾选"房价"，单击"确定"按钮。

图 5-38　"分类汇总"对话框

（4）调整显示级别，不同销售人员所售房屋总价的分类汇总结果，如图 5-39 所示。

1 2 3		A	B	C	D	E	F	G	H	I	J	K
	1					房屋销售清单						
	2	客户名单	小灵通号码	新电话号码	生日	闰年	物业地址	面积	单价	折扣率	房价	销售经理
+	10										11071600	陈建佳 汇总
+	17										10737500	崔梅亭 汇总
+	20										2685300	崔士亮 汇总
+	25										10072000	崔伟强 汇总
+	29										4642800	葛岩 汇总
+	36										9461000	马卫卫 汇总
+	40										4958300	张凤美 汇总
+	47										9460000	张睿 汇总
-	48										63088500	总计
	49											

图 5-39　分类汇总结果

8. 根据"房屋销售清单"的结果，创建一张数据透视表，要求：

● 显示每个销售经理以折扣率分类的销售房屋户数；
● 行区域设置为"销售经理"；
● 列区域设置为"折扣率"；
● 计数项设置为"物业地址"；
● 将对应的数据透视表保存在 Sheet4 中。

（1）单击 Sheet1 表"房屋销售清单"数据区域的任一单元格，如 D15，选择功能区"插入"→"数据透视表"，打开"创建数据透视表"对话框，Excel 已自动选择当前区域 Sheet1!$A$2:$K$39。

（2）在对话框中，选中"现有工作表"，"位置"选择"Sheet4!$A$1"，单击"确定"按钮，在 Sheet4 表的右侧自动打开"数据透视表字段"任务窗格。按题目要求，拖曳"销售经理"字段到"行"区域；拖曳"折扣率"字段到"列"区域；拖曳"物业地址"字段到"值"区域（计数项）。若默认为求和项时，需要单击该项打开下拉列表，选择"值字段设置"。在打开的对话框中选择"计算类型"为"计数"，单击"确定"按钮完成。完成后，在 Sheet4 表中自动生成数据透视表，如图 5-40 所示。

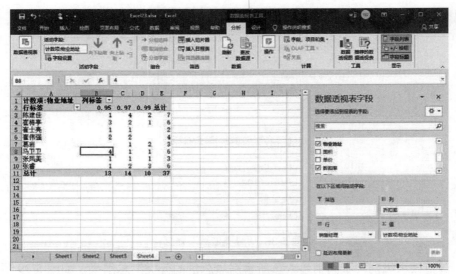

图 5-40　数据透视表设置完成

6 演示文稿制作 PowerPoint 2019

6.1 PowerPoint基本知识

本部分介绍 PowerPoint 2019 的基本操作，主要包括 PowerPoint 页面设置、设计与配色方案的使用、主题、母版、版式、动画、幻灯片切换、幻灯片放映设置、演示文稿输出和保存的方式等。

PowerPoint 2019 是一款演示文稿软件，扩展名为.pptx。演示文稿中的每一页称为幻灯片，也俗称为 PPT。PPT 正成为人们工作生活的重要组成部分，广泛地应用于工作汇报、企业宣传、产品推介、婚礼庆典、教育培训等领域。PowerPoint 2019 窗口组成如图 6-1 所示。

图 6-1　PowerPoint 窗口组成

PowerPoint 2019 窗口有"文件""开始""插入""设计""切换""动画""幻灯片放映""审阅""视图""开发工具""帮助""情节提要"12 个固定选项卡及功能区，单击选项卡会切换到与之对应的选项卡功能区。每个功能区根据功能不同，又分为若干个功能组，每个功能组有若干个命令按钮或下拉列表按钮，有的功能组右下角有"对话框启动器"/"窗格启动器"按钮，有时称为展开按钮。

1. 演示文稿视图

为了帮助用户根据工作时的不同需要，实现演示文稿的创建、编辑、浏览和放映，PowerPoint 2019 提供 5 种视图：普通、大纲视图、幻灯片浏览、备注页、阅读视图，每种视图都有自身的工作特点和功能。在"视图"选项卡的"演示文稿视图"功能区中，列出了这

图 6-2　5 种视图

5 种视图，如图 6-2 所示。

演示文稿窗口右下角有幻灯片视图的图标按钮，可以单击在各视图间进行转换。

普通视图，是演示文稿的默认视图，也是主要的编辑视图，提供了编辑演示文稿的各项操作，常用于撰写或设计演示文稿。该视图包含三个工作区：左侧是幻灯片窗格，幻灯片以缩略图的方式显示，方便选择和切换幻灯片；右侧是主要的编辑区域；底部为备注窗格，可以备注当前幻灯片的关键内容。在演讲者模式下备注文字只会在计算机屏幕显示，而不会在投影屏幕上显示。

大纲视图，方便用户组织、编排演示文稿的组织结构。该视图主要用来编辑演示文稿的大纲文本，也可编辑幻灯片的备注信息。

幻灯片浏览视图，是以缩略图的方式显示幻灯片的视图，常用于对演示文稿中幻灯片进行整体操作，如对各张幻灯片进行移动、复制、删除等各项操作。在该视图下，不能对幻灯片里面的具体内容进行修改操作。

备注页视图，由注释文本和内容、缩小的幻灯片组成，起到提示和辅助作用。

阅读视图，占据整个计算机屏幕，进入演示文稿的真正放映状态，可供观众以阅读方式浏览整个演示文稿的播放。

2. 母版视图

幻灯片母版是存储有关应用的设计模板信息的幻灯片，包括字形、占位符大小或位置、背景设计和配色方案。通过修改母版页面中的字体、字号、页面背景格式、版式设计，可以统一幻灯片内容格式。

PowerPoint 2019 母版视图包含 3 种：幻灯片母版、讲义母版、备注母版。其中最常用的是幻灯片母版。若要使所有幻灯片包含相同的字体或图像（如徽标），可以在幻灯片母版中进行修改，而这些更改会应用到所有幻灯片中。选择"视图"选项卡，单击"母版视图"功能区中的"幻灯片母版"按钮，进入幻灯片母版视图，如图 6-3 所示。母版幻灯片是窗口左侧缩略图窗格中最上方的幻灯片，与母版版式相关的幻灯片显示在此母版幻灯片的下方。

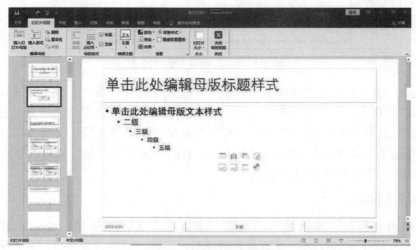

图 6-3　幻灯片母版视图

3. 版式

幻灯片版式是幻灯片内容在幻灯片上的排列方式，包含幻灯片上显示的所有内容的格式、位置和占位符。占位符是幻灯片版式上的虚线容器，其中包含标题、正文文本、表格、图表、SmartArt 图形、图片、剪贴画、视频和声音等内容。不同的版式中占位符的位置与排列的方式也不同。PowerPoint 包含内置幻灯片版式，新建的演示文稿默认第一张幻灯片版式为"标题幻灯片"。用户可以修改这些版式以满足特定需求，如图 6-4 所示。

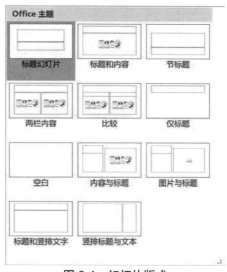

图 6-4　幻灯片版式

6.2　常用操作

1. 新建演示文稿

演示文稿由一张或多张相互关联的幻灯片组成。创建演示文稿涉及的内容包括添加新幻灯片和内容、选取版式、通过更改主题修改幻灯片设计、设置动态效果、幻灯片放映。选择"文件"→"新建"命令，这里提供了一系列创建演示文稿的方法，包括：

● 空白演示文稿，从具备最少的设计且未应用主题的幻灯片开始。

● 主题，在已经具备设计概念、字体和颜色方案的 PowerPoint 模板基础上创建演示文稿（模板还可使用自己创建的）。

● 联机模板和主题，在 Microsoft Office 联机模板库中选择。

（1）新建空白演示文稿。

方法一：在需要创建 PowerPoint 文档的位置，右击，选择"新建"→"Microsoft PowerPoint 演示文稿"命令，即可创建一个新的 PowerPoint 文件，双击打开这个文件，即打开了一个新的空白演示文稿，如图 6-5 所示。

图 6-5　新建空白演示文稿

　　方法二：如果已经启动 PowerPoint 2019 应用程序，在 PowerPoint 2019 文档中选择"文件"选项卡，在弹出的列表中选择"新建"选项，在"新建"区域单击"空白演示文稿"选项即可。或者单击快速访问工具栏中的"新建"按钮 ，还可以按快捷键 Ctrl+N，创建一个新的空白演示文稿。

　　（2）通过主题模板新建演示文稿。

　　PowerPoint 2019 自带各种主题模板，用户可根据自己的需要选择创建新的演示文稿。在 PowerPoint 2019 文档中选择"文件"选项卡，在弹出的列表中选择"新建"选项，在打开的"新建"区域中，可根据需要选择模板，也可通过搜索选择合适的模板。比如，选择"引用"主题模板，会出现图 6-6 所示的界面，单击"创建"按钮，新建的演示文稿如图 6-7 所示，该演示文稿已经预先定义好了标题版式、字体和颜色方案等，用户只需要输入内容即可。

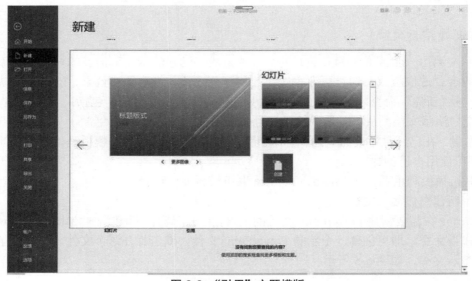

图 6-6　"引用"主题模版

图 6-7　预定义好的演示文稿

2. 保存演示文稿

在制作演示文稿的过程中，需要随时保存，这样可以避免因为意外情况而丢失正在制作的文稿。按 Ctrl+S 快捷键对文档进行保存，或者单击快速访问工具栏中的"保存"按钮进行保存。也可将演示文稿另存在其他位置或以其他文件名保存，此时可以选择"文件"选项卡，在弹出的列表中选择"另存为"选项，或者按 F12 键，打开"另存为"对话框，进行保存。

3. 自动保存文档设置

为防止意外关闭而没有来得及手动保存文档，PowerPoint 提供了自动保存文档功能。选择"文件"选项卡，在弹出的列表中选择"选项"，在打开的"PowerPoint 选项"对话框中选择"保存"，打开"自定义文档保存方式"，如图 6-8 所示。在"保存演示文稿"中，可以进行文档的保存格式设置、自动保存时间间隔的设置，以及自动保存的文档的位置设置等，如果不知道自动保存的文件在哪里，也可以在这里进行查看。

图 6-8　自动保存文档设置

4. 页面设置

在编辑演示文稿之前，可以先对演示文稿页面进行设置，如设置幻灯片的尺寸，目前演示文稿宽高比例一般用 16：9。单击"设计"选项卡下"自定义"功能区中的"幻灯片大小"按钮，打开"幻灯片大小"对话框，在该对话框中进行设置即可，如图 6-9 所示。

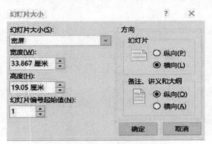

图 6-9　页面设置

5. 幻灯片外观设计

PowerPoint 2019 采用了主题设计，可以使同一演示文稿的所有幻灯片具有一致的外观。我们可以对演示文稿的外观进行设计，也可以在已有主题的基础上进行修改。

（1）修改幻灯片背景。在幻灯片上右击，选择"设置背景格式"命令，打开"设置背景格式"窗格，如图 6-10 所示，可以通过"填充"命令修改幻灯片背景，也可以将背景设置为纯色、渐变色、图片或纹理、图案等。

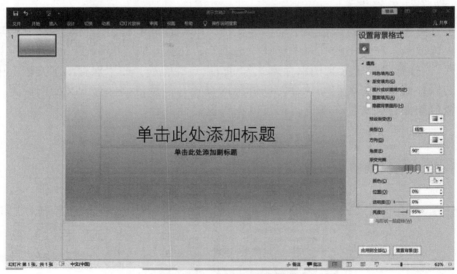

图 6-10　修改幻灯片背景

（2）修改主题。新建的空白演示文稿没有任何的设计概念，用户可以先选择一种合适的主题，然后定义整个演示文稿的字体、配色方案等。单击"设计"选项卡，在"主题"功能区中展示了 PowerPoint 自带的主题效果，单击其中的一个，在右边的"变体"功能区会出现该主题的不同配色方案，用户可以进一步选择，如图 6-11 所示，该主题会应用到整个演示文稿的所有幻灯片。如果只需要将该主题应用其中的某一张幻灯片，则在该主题上右击，选择"应用于选定幻灯片"命令即可。

图 6-11　修改主题

（3）自定义主题颜色与字体。在"设计"→"变体"功能区中，单击"变体"右侧的下拉三角形，将光标移到"颜色"上，在打开的下拉列表中选择"自定义颜色"，打开"新建主题颜色"对话框，如图 6-12 所示。

文字/背景-深色 1：为输入文字的颜色；

文字/背景-浅色 1：为 PPT 的背景颜色，形状中的文字默认颜色；

文字/背景-深色 2：预置的颜色；

文字/背景-浅色 2：预置的颜色；

图 6-12　自定义主题颜色与字体

着色 1～着色 6：都是预置的颜色，为插入图表、SmartArt 等的颜色，其中着色 1 为插入形状的默认颜色和整体的 PPT 主色；

超链接：指超链接文本的默认颜色；

已访问的超链接：指访问过的超链接文本的颜色。

设置颜色的时候右边的示例窗格会显示预览效果。着色1~着色6与图表（柱形图）颜色对应关系如图6-13所示。

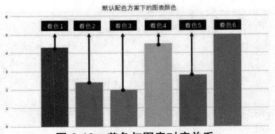

图 6-13　着色与图表对应关系

主题色对应普通视图里面的"颜色"菜单下拉栏里的颜色，预置后方便直接选取，不用每次都重新找颜色。形状填充默认为"着色1"，形状中的文字颜色默认为"文字/背景-浅色1"，文本颜色默认为"文字/背景-深色1"，如图6-14所示。

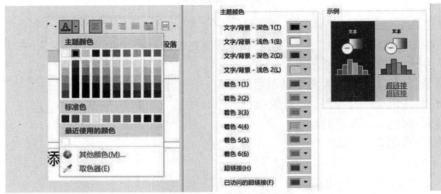

图 6-14　文本颜色对应

在"设计"→"变体"中，单击"变体"右侧的下拉三角形，再将光标移到"字体"上，在打开的下拉列表中选择"自定义字体"命令，打开"新建主题字体"对话框，分别设置"西文""中文"字体，可为标题和正文设置不一样的字体。该字体为PowerPoint中的默认字体。通过设置主题字体，可批量修改文稿中的字体。如果为指定文本框单独设置了字体属性，主题字体的设置对其不起作用。演示文稿中推荐字体"微软雅黑"，设置时要注意字体的版权问题。编辑主题字体设置如图6-15所示。

图 6-15　编辑主题字体设置

（4）修改版式。在需要修改版式的幻灯片上右击，选择"版式"命令，在弹出的菜单列表中选择合适的版式，如图 6-16 所示。

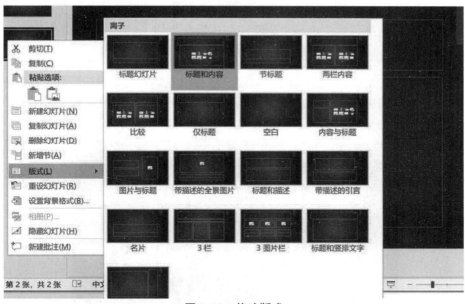

图 6-16　修改版式

6. 幻灯片操作

（1）插入新幻灯片。新建的演示文稿默认只有一张幻灯片，用户可以根据需要插入新的幻灯片。单击"开始"选项卡"幻灯片"功能区中的"新建幻灯片"按钮，如图 6-17 所示，即可在当前幻灯片的后面插入一张新的幻灯片。

图 6-17　插入幻灯片

（2）移动幻灯片。在普通视图的幻灯片窗格中，按住鼠标左键拖动幻灯片缩略图，即可移动幻灯片的位置。或者切换到幻灯片浏览视图，在该视图下显示所有幻灯片的缩略图，按住鼠标左键拖动幻灯片，可以非常直观地调整幻灯片的位置，如图 6-18 所示。

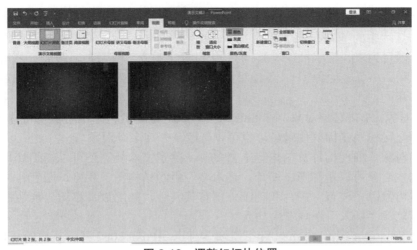

图 6-18　调整幻灯片位置

（3）复制幻灯片。在幻灯片窗格需要复制的幻灯片上右击，选择"复制幻灯片"命令，或者在拖动幻灯片缩略图的同时，按住 Ctrl 键，也可以复制幻灯片。

（4）删除幻灯片。在幻灯片窗格中选中需要删除的幻灯片，按键盘的上 Delete 键即可，或者右击，在弹出的快捷菜单中选择"删除幻灯片"命令即可。

7．输入与编辑文本内容

（1）输入文本。在幻灯片的占位符（虚线方框）中有输入文字提示。将光标放到上面的占位符中再单击，即可在其中插入闪烁的光标，提示文字会消失。在光标处直接输入文字即可，如图 6-19 所示。

图 6-19　输入文本

空白版式幻灯片上没有占位符，或者不小心删除了占位符，此时可以先插入文本框，再输入文本。单击"插入"选项卡下"文本"功能区中的"文本框"按钮，按住鼠标左键在幻灯片上拖出一个虚线方框，在光标处直接输入文字即可。

（2）编辑文本。选中文本框，单击"开始"选项卡下"字体"功能区中的按钮，可以修改文本的字体、字号、颜色等，也可以给文本加边框或填充颜色。在文本框的边框上单击，选中文本框后，窗口上方会新增"绘图工具—格式"选项卡，在"形状样式"功能区中可以设置文本框的填充颜色及边框的线形和颜色。

8．插入对象

对象是幻灯片中的基本成分，是设置动态效果的基本元素。幻灯片中的对象被分为文本对象（标题、项目列表、文字批注等）、可视化对象（图片、剪贴画、图表、艺术字等）和多媒体对象（视频、声音、动画等）。各种对象的操作一般都是在幻灯片普通视图下进行的，操作方法也基本相同。

（1）选取对象。单击选中对象，按 Shift 键或 Ctrl 键不放再单击对象均可选择多个对象。或者按住鼠标左键拖动鼠标框住对象，也可以选取一个或多个对象。

（2）插入对象。要使幻灯片的内容丰富多彩，除了文本外，还可以在幻灯片中添加其他媒体对象，这些对象可以是图形、图片、艺术字、组织结构图、表格、图表、声音、影片、动画等。这些对象除了声音、影片和动画外都有其共性，如缩放、移动、加边框、填充色、版式等，均可以从"插入"选项卡中插入。

（3）插入 SmartArt 图形：SmartArt 图形是从 PowerPoint 2007 开始新增的一种图形功能，其能够直观地表现各种层级关系、附属关系、并列关系或循环关系等常用的关系结构。SmartArt

图形在样式设置、形状修改及文字美化等方面与图形和艺术字的设置方法完全相同。这里以组织结构图为例，来介绍 SmartArt 图形中文字添加、结构更改和布局设置等常见的操作技巧。

单击"插入"选项卡下"插图"功能区中的"SmartArt 图形"按钮，在打开的如图 6-20 所示的对话框中，选择"层次结构"中的"组织结构图"，单击"确定"按钮。

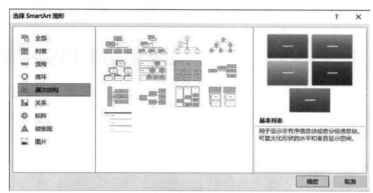

图 6-20　"选择 SmartArt 图形"对话框

插入 SmartArt 图形后，窗口上方新增"SmartArt 工具"工具栏，如图 6-21 所示。

图 6-21　SmartArt 工具栏

通过"设计"选项卡，可以更改图形颜色、版式，也可以通过"创建图形"功能区调整图形结构，激活文本窗格，输入图形中的文字。单击"添加形状"按钮，可以根据实际需要增加组织结构图中的形状。单击"升级""降级"按钮可以调整形状位置，多余的形状可以直接选中后按 Delete 键删除，效果如图 6-22 所示。

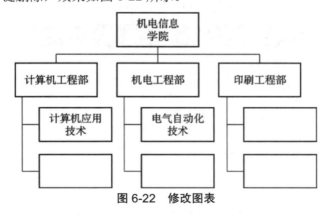

图 6-22　修改图表

（4）插入图表：PowerPoint 中的图表与 Excel 中的类似。单击"插入"选项卡下"插图"功能区中的"图表"按钮，打开"插入图表"对话框。选择图表类型，单击"确定"按钮，在幻灯片上显示图表及图表数据源表格。只需要在表格中修改图表数据即可，如图 6-23 所示。插入图表后，在窗口上方会新增"图表工具"工具栏，通过该工具栏对图表进行修改操作，同 Excel 中操作类似。

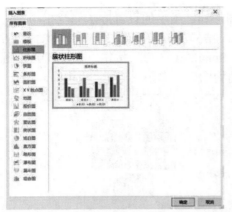
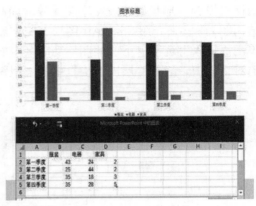

图 6-23 插入图表

（5）插入声音/影片：在演示文稿中插入声音、影片等多媒体，让演示文稿更具有吸引力。在"插入"选项卡下"媒体"功能区中提供了"视频""音频"按钮，分别用于插入影片和声音文件。"PC 上的视频"和"PC 上的音频"命令，即插入来自于本地计算机上的视频和音频文件。"联机视频"命令，用于插入网络上的视频资源。可以自行录制声音并插入到演示文稿中，只要单击"音频"按钮，在弹出的下拉列表中选择"录制音频"命令进行录制即可。

9. 动画与超链接

演示文稿幻灯片不仅需要内容条理充实，动态的幻灯片更能吸引观众的眼球。动画是演示文稿的精华。PowerPoint 2019 提供了动画和超链接技术，使幻灯片的制作更为简单灵活。

（1）动画设计。为幻灯片上的文本和对象设置动画效果，可以突出重点、控制信息播放的流程顺序、提高演示的效果。PowerPoint 有两种动画：一种是幻灯片内各对象或文字的动画效果，即为动画；另一种是各幻灯片之间切换时的动画效果，称为幻灯片切换。

"动画"选项卡中提供了动画制作的各项功能。PowerPoint 有 4 种主要的动画分类：进入动画、强调动画、退出动画、动作路径动画，如图 6-24 所示。

图 6-24 动画分类

以设置图表动画为例，选中幻灯片中的图表，选择"动画"选项卡下"动画"功能区中的"进入"动画类型中的"擦除"动画，然后单击"效果选项"按钮，在弹出的下拉列表中选择"按类别"命令。打开"动画窗格"，可以预览动画效果，并对动画做进一步修改，如图 6-25 所示。

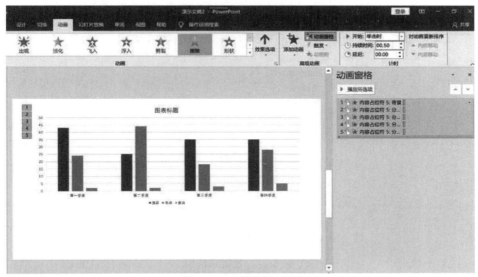

图 6-25　设置图表动画

如果一张幻灯片中的多个对象都设置了动画，需要确定这些对象的播放方式（是"自动播放"还是"手动播放"）。展开"计时"功能区中的"开始"命令，其下拉列表中有 3 个选项："单击时""与上一动画同时""上一动画之后"。选择"单击时"表示手动播放动画。"与上一动画同时"和"上一动画之后"均为自动播放动画，只是播放顺序不同，前者为前后两个同时播放，后者为前一动画播放完毕后自动播放下一动画。

如果要取消某一动画，只需要在"动画窗格"中选中动画名，按 Delete 键删除即可。

（2）超链接。超链接类似于网页超链接，可以实现演示文稿幻灯片之间的跳转，也可以链接跳转到其他文档或网页。创建超链接有两种方式："超链接"命令和动作按钮。

● "超链接"命令。选中要创建超链接的文本或对象，右击，选择"超链接"命令，打开"插入超链接"对话框。选择"本文档中的位置"，然后在右侧窗口中选择链接的幻灯片，如图 6-26 所示。

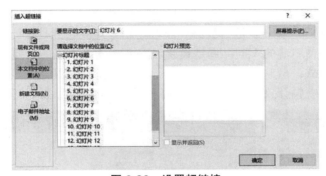

图 6-26　设置超链接

● 动作按钮。单击"插入"选项卡中的"形状"按钮，在弹出的下拉列表的最下方找到"动作按钮"，选中所需的动作按钮，在幻灯片指定位置按住鼠标左键画出按钮，松开鼠标，打开"操作设置"对话框。在"超链接到"栏下选择相关选项后单击"确定"按钮即可，如图 6-27 所示。

图 6-27　超链接按钮

10. 幻灯片切换

为了增强 PowerPoint 幻灯片的放映效果，用户可以为每张幻灯片设置切换方式，幻灯片之间的切换效果是指两张连续的幻灯片在播放之间如何转换，例如，"推入""擦除"等。

选中需要设置切换效果的幻灯片，单击"切换"选项卡，在"切换到此幻灯片"功能区中选择一种切换方式，根据需要设置好"效果选项""持续时间""声音""换片方式"等。默认情况下，设置的切换方式只应用于当前选中的幻灯片，单击"应用到全部"按钮，可将设置的切换方式应用到整个演示文稿，如图 6-28 所示。

图 6-28　幻灯片反映

11. 幻灯片放映设置

演示文稿制作好后，下一步是播放给观众看，幻灯片放映的是设计效果的展示。在幻灯片放映前，可以根据使用者的不同，通过设置放映方式满足各自的需要。

（1）设置放映方式。放映方式有从头开始、从当前幻灯片开始、联机演示（允许他人在网上观看幻灯片，如视频会议等）、自定义幻灯片放映 4 种，如图 6-29 所示。

图 6-29　放映方式

单击窗口右下角的"幻灯片放映视图"按钮，可从当前幻灯片开始放映。按键盘上的 ESC 键可以退出放映。

单击"设置幻灯片放映"按钮，打开"设置放映方式"对话框，如图 6-30 所示。

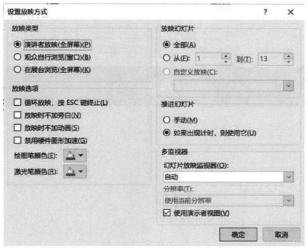

图 6-30　设置幻灯片放映

在"放映类型"框中有三个单选按钮，决定了放映的三种方式：

● 演讲者放映（全屏幕），以全屏幕形式显示，是默认的也是最常用的放映类型。演讲者可以通过 PgUp 和 PgDn 键显示上一页或下一页幻灯片，也可右击幻灯片，然后在弹出的快捷菜单中选择幻灯片放映或用绘图笔进行勾画。

● 观众自行浏览（窗口），以窗口形式显示，可用滚动条或"浏览"菜单显示所需的幻灯片。

● 在展台浏览（全屏幕），以全屏幕形式在展台上做演示用。在放映过程中，除了保留鼠标指针用于选择屏幕对象外，其余功能全部失效。退出放映需要使用键盘上的 ESC 键。

（2）执行幻灯片演示。按功能键 F5 从第一张幻灯片开始放映，按 Shift+F5 组合键从当前幻灯片开始放映。在放映过程中，还可单击屏幕左下角的图标按钮，如图 6-31 所示，或用光标移动键实现幻灯片的选择放映。

图 6-31　放映时屏幕左下角图标

（3）隐藏幻灯片。演示文稿制作好后，根据不同场合，放映不同的幻灯片，可以将不需要放映的幻灯片隐藏起来。具体操作为：选择需要隐藏的幻灯片，单击"幻灯片放映"选项卡中的"隐藏幻灯片"按钮即可。被隐藏的幻灯片在其编号四周出现一个边框，边框中还有一条斜对角线，表示该幻灯片被隐藏，放映的时候不会被播放，直接跳过播放下一张幻灯片。

（4）创建自动运行的演示文稿。在放映演示文稿的过程中，如果没有时间控制播放流程，可对幻灯片设置放映时间或旁白，从而创建自动运行的演示文稿。创建自动运行的演示文稿需要先进行排练计时。

在"幻灯片放映"选项卡中，单击"排练计时"按钮，可进入放映排练状态，可录制每张幻灯片播放所需时间，在幻灯片浏览视图中可查看每张幻灯片的放映时长，如图 6-31 所示；单击"录制幻灯片演示"按钮，可录制每页演示的播放过程，包括讲解者的声音、头像等，如图 6-32 所示。

图 6-31　幻灯片演示

图 6-32　创建自运行的演示文稿

6.3　内容巩固

打开素材文件"PPT 基本操作（素材文件）.pptx"，按要求完成以下操作：

（1）将幻灯片大小设置为宽屏（16∶9），并适当调整各页面中的已有内容。

（2）修改母版，将 bg.jpg 设置为背景图片，将 Logo.png 插入到母版右上角的合适位置，设置宽高均为 2 厘米。

（3）将第 2 页中的文字"内容尽量让观众看得清楚"设置为微软雅黑、60 号、加粗，相对于页面水平、垂直均居中。

（4）切换设置，为每页幻灯片设置切换效果为"分割"，持续时间为 2 秒。

（5）在最后添加一张幻灯片并进行设置，版式为"空白"，插入艺术字"THE END"，艺术字样式为"图案填充：蓝色，主题色 1，50%；清晰阴影：蓝色，主题色 1"。

（6）在幻灯片母版中，删除未使用的版式。除标题版式幻灯片外，所有幻灯片页脚文字设置为"随时随地学习"。除标题幻灯片外，为所有幻灯片插入页脚及幻灯片编号。

7 PowerPoint 综合操作

试题 1 汽车购买行为特征研究

【试题描述】

1. 幻灯片的设计模板设置为"丝状"。
2. 给幻灯片插入日期（自动更新，格式为×年×月×日）。
3. 设置幻灯片的动画效果，要求：
针对第二张幻灯片，按顺序设置以下的自定义动画效果：
* 将文本内容"背景及目的"的进入效果设置成"自顶部 飞入"；
* 将文本内容"研究体系"的强调效果设置成"彩色脉冲"；
* 将文本内容"基本结论"的退出效果设置成"淡化"；
* 在页面中添加"前进"（前进或下一项）与"后退"（后退或前一项）的动作按钮。
4. 按下面要求设置幻灯片的切换效果：
* 设置所有幻灯片的切换效果为"自左侧 推入"；
* 实现每隔 3 秒自动切换，也可以单击鼠标进行手动切换。
5. 在幻灯片最后一张后，新增加一张，设计出如下效果，单击鼠标，矩形自动放大，且自动翻转为缩小，重复显示 3 遍，其他设置默认。效果分别为图（1）～（3）。注意：矩形初始大小，由考生自定。

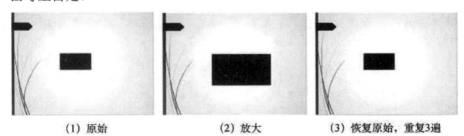

(1) 原始　　　　　　(2) 放大　　　　　(3) 恢复原始，重复3遍

【操作过程】

1. 设计模板

打开文档，单击"设计"选项卡下"主题"组右下角的向下箭头，在弹出的列表中单击"丝状"主题即可为所有演示文稿设置丝状主题，如图 7-1 所示。

图 7-1　设置主题

2. 插入日期

单击"插入"选项卡下"文本"组中的"日期和时间"，在弹出的"页眉和页脚"对话框中勾选"日期和时间"，单击"自动更新"，在下方的列表框中选择"2021 年 1 月 28 日"，单击"全部应用"按钮，如图 7-2 所示。

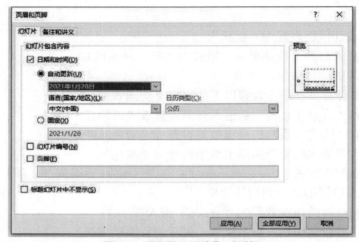

图 7-2　"页眉和页脚"对话框

3. 插入动画

（1）选中第二张幻灯片中的"背景和目的"文字，单击"动画"选项卡下的"添加动画"命令，选择"进入"动画类别中的"飞入"，然后在"效果选项"中设置方向为"自顶部"，如图 7-3 所示。

图 7-3　添加"飞入"动画

（2）选中"研究体系"文字，单击"动画"选项卡下的"添加动画"命令，选择"强调"动画类别中的"彩色脉冲"，如图 7-4 所示。

图 7-4 添加"彩色脉冲"动画

（3）选中文字"基本结论"，单击"动画"→"添加动画"，选择"退出"动画类别下的"淡化"，如图 7-5 所示。

图 7-5 添加"淡化"动画

（4）单击"插入"选项卡下"插图"组中的"形状"，在下拉列表中选择"动作按钮"下的"前进或下一项"，如图 7-6 所示，此时光标变成十字形状，在第二张幻灯片中用鼠标拖曳绘制图形，在自动弹出的"操作设置"对话框中单击"确定"按钮。

图 7-6 插入"前进"按钮

重复上一步操作，绘制"后退或前一项"按钮。

4. 切换

① 单击"切换"选项卡，选择其下的"推入"效果。
② 单击"效果选项"，选择"自左侧"。

③ 勾选"设置自动换片时间",时间设置为 3 秒。

④ 单击"应用到全部"按钮,如图 7-7 所示。

图 7-7　幻灯片切换

5. 新建幻灯片,动画设计

① 在左侧缩略图中选择最后一张幻灯片,单击"开始"→"新建幻灯片";幻灯片版式任意,此处建议选择"空白"版式,如图 7-8 所示。

图 7-8　新建幻灯片

② 单击"插入"→"形状",再单击"矩形",在新建的幻灯片中绘制图形,如图 7-9 所示。

图 7-9　插入矩形

③ 选中矩形,单击"动画"选项卡→"添加动画",选择"强调"动画类别中的"放大/缩小",如图 7-10 所示。

图 7-10　添加"放大/缩小"动画

④ 单击"动画"选项卡下的"动画窗格"，在动画窗格的动画中右击，选择"效果选项"命令，如图 7-11 所示。

图 7-11　"效果选项"命令

⑤ 在弹出的"放大/缩小"对话框中，"效果"选项卡下勾选"自动翻转"，"计时"选项卡下设置"重复"次数为"3"，确定后退出，如图 7-12 所示。

图 7-12　动画选项设置

试题 2　CORBA 技术介绍

【试题描述】

1. 幻灯片的设计模板设置为"丝状"。
2. 给幻灯片插入日期（自动更新，格式为×年×月×日）。
3. 设置幻灯片的动画效果，要求：
针对第二张幻灯片，按顺序设置以下的自定义动画效果：

依次显示 ABCD
（语音版）

* 将文本内容"CORBA 概述"的进入效果设置成"自顶部 飞入";
* 将文本内容"对象管理小组"的强调效果设置成"彩色脉冲";
* 将文本内容"OMA 对象模型"的退出效果设置成"淡化";
* 在页面中添加"前进"（前进或下一项）与"后退"（后退或前一项）的动作按钮。

4. 按下面要求设置幻灯片的切换效果：
* 设置所有幻灯片的切换效果为"自左侧 推入";
* 实现每隔 3 秒自动切换，也可以单击鼠标进行手动切换。

5. 在幻灯片最后一张后，新增加一张，设计出如下效果，单击鼠标，依次显示文字 A B C D，效果分别为图（1）～（4）。注意：字体、大小等，由考生自定。

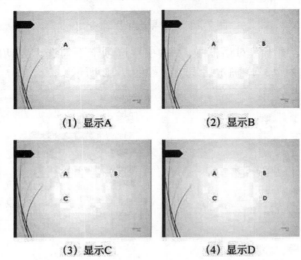

(1) 显示A   (2) 显示B

(3) 显示C   (4) 显示D

【操作过程】

1. 设计模板
2. 插入日期
3. 插入动画
4. 切换

以上操作过程见试题 1。

5. 新建幻灯片，动画设计

① 在左侧缩略图中选择最后一张幻灯片，单击"开始"→"新建幻灯片"。

图 7-13　绘制横排文本框

② 在新建的幻灯片中选择"插入"→"文本框"→"绘制横排文本框"，如图 7-13 所示，插入一个文本框，输入"A"，字体、大小任意，同样再插入 3 个文本框，依次写入"B""C""D"；字体和大小可以任意设置。

③ 切换到"动画"选项卡，选中文本框"A"，单击"动画"组中的"出现"，如图 7-14 所示，然后选中文本框"B"，同样单击"出现"，接着设置文本框"C"，最后设置文本框"D"，设置的动画都为"出现"动画。

图 7-14 插入"出现"动画

注意：要注意动画的顺序！可以打开动画窗格查看，如果顺序有问题，可以在动画窗格中修改顺序，如图 7-15 所示。

图 7-15 动画顺序的调整

试题 3 如何进行有效的时间管理

【试题描述】

箭头放大缩小
（语音版）

1. 幻灯片的设计模板设置为 "丝状"。
2. 给幻灯片插入日期（自动更新，格式为×年×月×日）。
3. 设置幻灯片的动画效果，要求：
针对第二张幻灯片，按顺序设置以下的自定义动画效果：
* 将文本内容"关于时间的名言"的进入效果设置成"自顶部 飞入"；
* 将文本内容"生理节奏法"的强调效果设置成"彩色脉冲"；
* 将文本内容"有效个人管理"的退出效果设置成"淡化"；
* 在页面中添加"前进"（前进或下一项）与"后退"（后退或前一项）的动作按钮。
4. 按下面要求设置幻灯片的切换效果：
* 设置所有幻灯片的切换效果为"自左侧 推入"；
* 实现每隔 3 秒自动切换，也可以单击鼠标进行手动切换。
5. 在幻灯片最后一张后，新增加一张，设计出如下效果，圆形四周的箭头向各自方向放大，自动翻转后缩小，重复 5 次。效果分别图（1）、（2）。注意：圆形无变化。注意：圆形、箭头的初始大小，由考生自定。

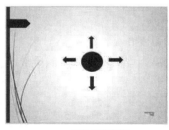

（1）初始图

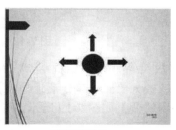

（2）放大后

【操作过程】

1. 设计模板
2. 插入日期
3. 插入动画
4. 切换

以上操作过程见试题 1。

5. 新建幻灯片，动画设计

① 在左侧缩略图中选择最后一张幻灯片，单击"开始"→"新建幻灯片"；幻灯片版式任意，此处建议选择"空白"版式。

② 单击"插入"→"形状"，在新建的幻灯片中绘制圆形及上下左右箭头，如图 7-16 所示。

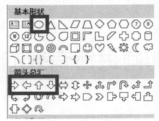

图 7-16　插入形状

③ 按住 Shift 键同时选中 4 个箭头，单击"动画"选项卡，添加强调动画中的"放大/缩小"，如图 7-17 所示。

图 7-17　"放大/缩小"动画

④ 单击"动画"选项卡下的"动画窗格"命令，打开右侧的动画窗格，在其中按住 Shift 键的同时选中 4 个动画，右击，选择"效果选项"，如图 7-18 所示。

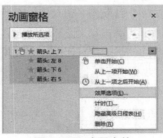

图 7-18　动画窗格

⑤ 在打开的"放大/缩小"对话框中，"效果"选项卡下勾选"自动翻转"，"计时"选项卡下设置"重复"次数为"5"，确定后退出。

最后动画窗格中的效果如图 7-19 所示。

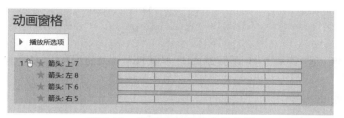

图 7-19 最后动画窗格中的效果

试题 4 枸杞

【试题描述】

箭头向外放大缩小
（语音版）

1. 幻灯片的设计模板设置为 "丝状"。
2. 给幻灯片插入日期（自动更新，格式为×年×月×日）。
3. 设置幻灯片的动画效果，要求：
针对第二张幻灯片，按顺序设置以下的自定义动画效果：
* 将 "甜菜子" 的进入效果设置成 "自顶部 飞入"；
* 将 "红青椒" 的强调效果设置成 "脉冲"；
* 将 "枸蹄子" 的退出效果设置成 "淡化"；
* 在页面中添加 "前进"（前进或下一项）与 "后退"（后退或前一项）的动作按钮。
4. 按下面要求设置幻灯片的切换效果：
* 设置所有幻灯片的切换效果为 "自左侧 推入"；
* 实现每隔 3 秒自动切换，也可以单击鼠标进行手动切换。
5. 在幻灯片最后一张后，新增加一张，设计出如下效果，圆形四周的箭头向各自方向放大（此处要求箭头在向外移动中变大），自动翻转后缩小，重复 5 次。效果分别图（1）、（2）。
注意：圆形无变化；圆形、箭头的初始大小，由考生自定。

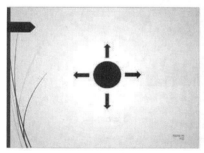

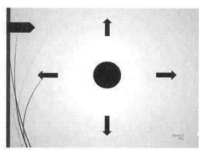

（1）初始图 　　　　　（2）放大后

【操作过程】

1. 设计模板

2. 插入日期

3. 插入动画

强调一下：本题"红青椒"的强调动画是"脉冲"，和前面的"彩色脉冲"是不同的！

4. 切换

以上操作过程见试题 1。

5. 新建幻灯片，动画设计

① 在左侧缩略图中选择最后一张幻灯片，单击"开始"→"新建幻灯片"。

② 单击"插入"→"形状"，在新建的幻灯片中绘制圆形及上下左右箭头。

③ 按住 Shift 键的同时选中 4 个箭头，单击"动画"→"添加动画"，添加"强调"动画中的"放大/缩小"。

④ 单击"动画"选项卡下的"动画窗格"命令，打开右侧的动画窗格，在其中按住 Shift 键的同时选中 4 个动画，右击，选择"效果选项"。

⑤ 在打开的"放大/缩小"对话框中，"效果"选项卡下勾选"自动翻转"，"计时"选项卡下设置"重复"次数为"5"，确定后退出。

分析：

本题和试题 3 的区别是"箭头要在向外移动过程中变大"，因此在操作和试题 4 一样的动画操作后，还需要为 4 个箭头添加向外移动的动画！

⑥ 按住 Shift 键的同时选中 4 个箭头，单击"动画"→"添加动画"（注意：此时必须用"添加动画"命令），选择"动作路径"中的"直线"动画，如图 7-20 所示。

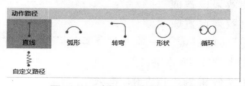

图 7-20 插入"直线"动画

⑦ 单击动画窗格中的"箭头 左"的路径动画，然后单击"效果选项"，选择方向为"靠左"，如图 7-21 所示。

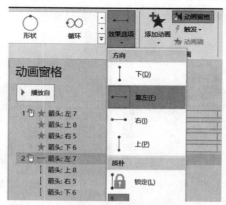

图 7-21 设置动作路径动画的效果选项

同理，单击"动画窗格"中的"箭头 上"的路径动画，然后单击"效果选项"，选择方向为"上"。

单击"动画窗格"中的"箭头 右"的路径动画，然后单击"效果选项"，选择方向为"右"。

单击"动画窗格"中的"箭头 下"的路径动画，然后单击"效果选项"，选择方向为"下"（此操作可省略，因为默认为"下"）。

解说：

本操作选择对象时必须选择动画窗格中的路径动画，而不是单击箭头！因为每个箭头都有两个动画效果，因此，如果单击动画，不能确定修改的是哪一个动画的效果选项。

⑧ 在动画窗格中按住 Shift 键的同时选中 4 个路径动画，右击，选择"效果选项"。在打开的"放大/缩小"对话框中，"效果"选项卡下勾选"自动翻转"，"计时"选项卡下设置"重复"次数为"5"，确定后退出。

⑨ 在动画窗格中单击第一个路径动画，在"动画"选项卡的"计时"组中设置"开始"为"与上一动画同时"，如图 7-22 所示。

图 7-22　设置动画开始方式

最终动画窗格效果如图 7-23 所示。

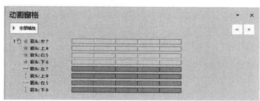

图 7-23　动画窗格效果

试题 5　数据挖掘能做些什么

【试题描述】

1. 幻灯片的设计模板设置为"丝状"。
2. 给幻灯片插入日期（自动更新，格式为×年×月×日）。
3. 设置幻灯片的动画效果，要求：

针对第二张幻灯片，按顺序设置以下的自定义动画效果：

* 将文本内容"关联规则"的进入效果设置成"自顶部 飞入"；

* 将文本内容"分类与预测"的强调效果设置成"彩色脉冲"；

* 将文本内容"聚类"的退出效果设置成"淡化"；

* 在页面中添加"前进"（前进或下一项）与"后退"（后退或前一项）的动作按钮。

4. 按下面要求设置幻灯片的切换效果：

* 设置所有幻灯片的切换效果为"自左侧 推入"；

触发器–我国的首都
（语音版）

* 实现每隔 3 秒自动切换，也可以单击鼠标进行手动切换。

5. 在幻灯片最后一张后，新增加一张，设计出如下效果，选择"我国的首都"，若选择正确，则在选项边显示文字"正确"，否则显示文字"错误"。效果分别为图（1）～（5）。注意：字体、大小等，由考生自定。

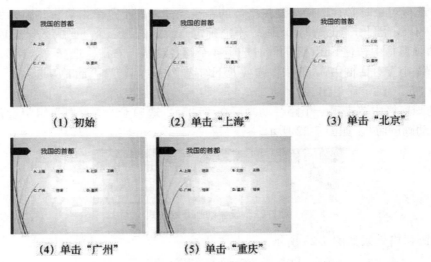

（1）初始　　　　　　　（2）单击"上海"　　　　　　　（3）单击"北京"

（4）单击"广州"　　　　　　　（5）单击"重庆"

【操作过程】

1. 设计模板
2. 插入日期
3. 插入动画
4. 切换

以上操作过程见试题 1。

5. 新建幻灯片，动画设计

① 在左侧缩略图中选择最后一张幻灯片，单击"开始"→"新建幻灯片"。

② 在新建幻灯片的标题占位符中输入"我国的首都"。

③ 单击"插入"→"文本框"→"绘制横排文本框"，插入一个文本框，输入文字"A. 上海"，同样再插入文本框"B. 北京""C. 广州""D. 重庆"。

④ 同样继续插入 3 个"错误"文本框，一个"正确"文本框，如图 7-24 所示。

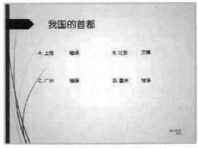

图 7-24　插入文本框后

⑤ 选中"上海"右侧的"错误"文本框，单击"动画"→"出现"，然后打开动画窗格，在该动画上右击，选择"计时"，在打开的"出现"对话框的"计时"选项卡下单击"触发器"按钮，在"单击下列对象时启动动画效果"右侧的列表框中选择"文本框 4：A.上海"，如图 7-25 所示，确定后完成。

图 7-25　触发器设置

⑥ 对另外 3 个"正确""错误"文本框重复操作⑤，实现当单击"北京"时，出现"正确"文字，单击"广州"时，出现右侧的"错误"文字，单击"重庆"时，出现右侧的"错误"文字。

最后动画窗格中效果如图 7-26 所示。

图 7-26　动画窗格效果

试题 6　盛夏的果实

【试题描述】

1. 幻灯片的设计模板设置为"丝状"。
2. 给幻灯片插入日期（自动更新，格式为×年×月×日）。
3. 设置幻灯片的动画效果，要求：

文字垂直向上–盛夏的果实（语音版）

针对第二张幻灯片，按顺序设置以下的自定义动画效果。

* 将文本内容"也许放弃"的进入效果设置成"自顶部 飞入"；

* 将文本内容"才能靠近你"的强调效果设置成"彩色脉冲"；

* 将文本内容"回忆里寂寞的香气"的退出效果设置成"淡化"；

* 在页面中添加"前进"（前进或下一项）与"后退"（后退或前一项）的动作按钮。

4. 按下面要求设置幻灯片的切换效果：

* 设置所有幻灯片的切换效果为"自左侧 推入"；

* 实现每隔 3 秒自动切换，也可以单击鼠标进行手动切换。

5. 在幻灯片最后一张后，新增加一张，设计出如下效果，单击鼠标，文字从底部垂直向上显示，默认设置。效果分别为图（1）～（4）。注意：字体、大小等，由考生自定。

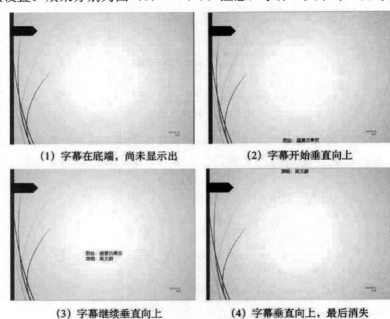

（1）字幕在底端，尚未显示出   （2）字幕开始垂直向上

（3）字幕继续垂直向上   （4）字幕垂直向上，最后消失

【操作过程】

1. 设计模板

2. 插入日期

3. 插入动画

4. 切换

以上操作过程见试题 1。

5. 新建幻灯片，动画设计

① 在左侧缩略图中选择最后一张幻灯片，单击"开始"→"新建幻灯片"；此处建议选择"空白"版式幻灯片。

② 在新建的幻灯片中单击"插入"→"文本框"→"绘制横排文本框"，插入一个文本框，输入文字"歌曲：盛夏的果实"，回车换行后继续输入"演唱：莫文蔚"；将其用鼠标拖拉至幻灯片下方，如图 7-27 所示。

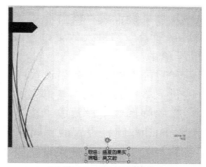

图 7-27　插入文本框

③选中文本框，插入"动画"选项卡下路径动画中的"直线"动画，单击"效果选项"，设置方向为"上"，如图 7-28 所示。

④单击路径动画的路径，将光标移到路径最上方的顶点（以小圆圈显示），此时光标变成双向斜箭头的形式，按住鼠标左键将路径拉长到幻灯片最上方，如图 7-29 所示。

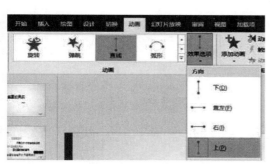

图 7-28　添加"直线"动画

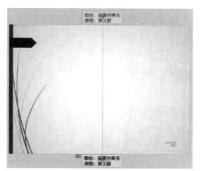

图 7-29　调整路径高度

试题 7　成功的项目管理

【试题描述】

幻灯片循环放映
（语音版）

1. 使用设计主题方案。

● 将第一张页面的设计主题设为"平面"，其余页面的设计主题设为"丝状"。

2. 按照以下要求设置并应用幻灯片的母版。

● 对于首页所用母版，将其中的标题样式设为"黑体，54 号字"；

● 对于其他张所应用的一般幻灯片母版，在日期区插入格式为"×年×月×日 星期×"并自动更新显示，插入幻灯片编号（即页码）。

3. 设置幻灯片的动画效果，要求：

● 将首页标题文本的进入动画方案设置成系统自带的"向内溶解"效果。

● 针对第二张幻灯片，按顺序（播放时按照 a→h 的顺序播放）设置以下的自定义动画效果。

a）将标题内容"提纲"的进入效果设置成"棋盘"；

b）将文本内容"成功的项目管理者"的进入效果设置成"字幕式"，并且在标题内容出现1秒后自动开始，而不需要鼠标单击；

c）将文本内容"明确的目标和目的"的进入效果设置成"弹跳"；

d）将文本内容"凝聚力"的进入效果设置成"菱形"；

e）将文本内容"信任的程度"的强调效果设置成"波浪形"；

f）将文本内容"信任的程度"的动作路径设置成"向右"；

g）经文本内容"明确的目标和目的"的退出效果设置成"层叠"；

h）在页面中添加"前进"与"后退"的动作按钮，当单击按钮时分别调到当前页面的下一页与上一页，并设置这两个动作按钮的进入效果为同时"飞入"。

4. 按下面要求设置幻灯片的切换效果。

● 设置所有幻灯片之间的切换效果为"垂直百叶窗"；

● 实现每隔5秒自动切换，也可以单击鼠标进行手动切换。

5. 按下面要求设置幻灯片的放映效果。

● 隐藏第4张幻灯片，使得播放时直接跳过隐藏页；

● 选择前10张幻灯片进行循环放映。

【操作过程】

1. 使用设计主题方案

（1）打开文档，单击"设计"选项卡→"主题"组中的"丝状"主题，实现所有幻灯片的主题应用。

（2）选中第一张幻灯片，在"主题"组中的"平面"主题上右击，选择"应用于选定幻灯片"，即可将第一张幻灯片应用"平面"主题，如图7-30所示。

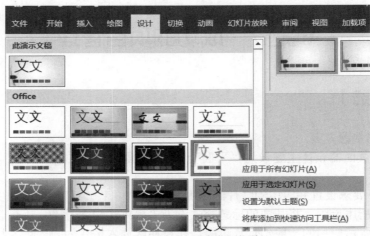

图7-30　应用于选定幻灯片

2. 幻灯片的母版

单击"视图"→"幻灯片母版"，进入到母版视图，如图7-31所示。

图 7-31　进入母版视图

单击左侧缩略图中应用"平面"主题的标题幻灯片，然后再选中该幻灯片中的标题占位符，在"开始"选项卡下"字体"组中进行字号和字体的设置，如图 7-32 所示。

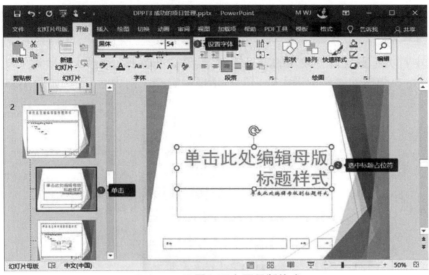

图 7-32　设置平面主题母版格式

在左侧缩略图中，选中"丝状"主题的主幻灯片母版，单击"插入"→"日期和时间"，在弹出的"页眉和页脚"对话框中勾选"日期和时间"，再单击"自动更新"，选择"2021 年 1 月 28 日星期四"格式；然后勾选"幻灯片编号"，单击"应用"按钮，如图 7-33 所示。

图 7-33　设置丝状主题母版格式

最后，单击"幻灯片母版"选项卡下"关闭母版视图"命令退出母版视图。

回到普通视图后，发现标题幻灯片下的标题因采用了自定义的格式，因此没有显示为"黑体"，此时可以选中标题文本，单击"开始"选项卡下的"清除格式"命令回到默认的黑体、54 号字格式，如图 7-34 所示。

图 7-34　清除格式

3. 动画效果

（1）选中首页标题文本"成功的项目管理"，单击"动画"选项卡→"添加动画"→"更多进入效果"，在弹出的"添加进入效果"对话框中选择"向内溶解"，如图 7-35 所示。

图 7-35　添加"向内溶解"动画

（2）单击第二张幻灯片，进行下列动画设置：

a. 选中标题文本"提纲"，单击"动画"→"添加动画"→"更多进入效果"→"棋盘"；

b. 选中文本内容"成功的项目管理者"，单击"动画"→"添加动画"→"更多进入效果"→"字幕式"，然后在"动画"选项卡下的"计时"组中设置"开始"为"上一动画之后"，"延迟"为 1 秒，如图 7-36 所示；

图 7-36　动画计时设置

c. 选中文本内容"明确的目标和目的"，单击"动画"→"添加动画"→"进入"→"弹跳"；

d. 选中文本"凝聚力"，单击"动画"→"添加动画"→"更多进入效果"→"菱形"；

e. 选中文本"信任的程度"，单击"动画"→"添加动画"→"更多强调效果"→"波浪形"；

f. 继续选中文本"信任的程度"，单击"动画"→"添加动画"→"路径动画"→"直线"，再单击"效果选项"，选择"右"，如图 7-37 所示；

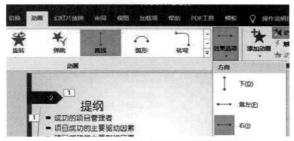

图 7-37 添加路径动画及效果选项设置

说明：

可以对同一个对象设置多种动画。这时要注意必须通过单击"添加动画"命令实现，而如果单击动画组中的动画名，则会替换掉上一次的动画效果。

g. 选中文字"明确的目标和目的"，单击"动画"→"添加动画"→"退出动画"→"层叠"；

h. 单击"插入"→"形状"→"动作按钮"，依次绘制"下一页"和"上一页"图形按钮，同时选中这两个图形，单击"动画"→"飞入"。

最后动画窗格中的内容如图 7-38 所示。

图 7-38 动画窗格

4. 切换

单击"切换"→"百叶窗"，"效果选项"设置为"垂直"，勾选"设置自动换片时间"，设置时间为 5 秒，单击"应用到全部"按钮。

5. 放映效果

选中第 4 张幻灯片，单击"幻灯片放映"选项卡下的"隐藏幻灯片"命令，如图 7-39 所示。

图 7-39 隐藏幻灯片

单击"幻灯片放映"选项卡下的"设置幻灯片放映"命令，在弹出的对话框中设置放映幻灯片从"1"到"10"，勾选"循环放映，按 ESC 键终止"，确定即可，如图 7-40 所示。

图 7-40　设置放映方式

习题 1　数据仓库的设计

【试题描述】

矩形–放大缩小（语音版）

1. 幻灯片的设计模板设置为"丝状"。
2. 给幻灯片插入日期（自动更新，格式为×年×月×日）。
3. 设置幻灯片的动画效果，要求：

针对第二张幻灯片，按顺序设置以下的自定义动画效果。

* 将文本内容"面向主题原则"的进入效果设置成"自顶部 飞入"；
* 将文本内容"数据驱动原则"的强调效果设置成"彩色脉冲"；
* 将文本内容"原型法设计原则"的退出效果设置成"淡化"；
* 在页面中添加"前进"（前进或下一项）与"后退"（后退或前一项）的动作按钮。

4. 按下面要求设置幻灯片的切换效果：

* 设置所有幻灯片的切换效果为"自左侧 推入"；
* 实现每隔 3 秒自动切换，也可以单击鼠标进行手动切换。

5. 在幻灯片最后一张后，新增加一张，设计出如下效果，单击鼠标，矩形自动放大，且自动翻转后缩小，重复显示 3 遍，其他设置默认。效果分别为图（1）～（3）。注意：矩形初始大小，由考生自定。

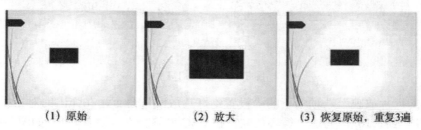

（1）原始　　　　　　（2）放大　　　　　（3）恢复原始，重复3遍

【操作过程】

参考试题 1

习题 2　中考开放问题研究

【试题描述】

依次显示 ABCD
（语音版）

1. 幻灯片的设计模板设置为"丝状"。
2. 给幻灯片插入日期（自动更新，格式为×年×月×日）。
3. 设置幻灯片的动画效果，要求：
针对第二张幻灯片，按顺序设置以下的自定义动画效果。
* 将"条件开放"的进入效果设置成"自顶部 飞入"；
* 将"结论开放"的强调效果设置成"脉冲"；
* 将"策略开放"的退出效果设置成"淡化"；
* 在页面中添加"前进"（前进或下一项）与"后退"（后退或前一项）的动作按钮。
4. 按下面要求设置幻灯片的切换效果：
* 设置所有幻灯片的切换效果为"自左侧 推入"；
* 实现每隔 3 秒自动切换，也可以单击鼠标进行手动切换。
5. 在幻灯片最后一张后，新增加一张，设计出如下效果，单击鼠标，依次显示文字：Ａ Ｂ Ｃ Ｄ，效果分别为图（1）～（4）。注意：字体、大小等，由考生自定。

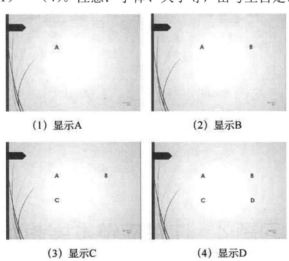

（1）显示A　　　　　　（2）显示B

（3）显示C　　　　　　（4）显示D

【操作过程】

参考试题 2

习题3 植物对水分的吸收和利用

【试题描述】

1. 幻灯片的设计模板设置为"丝状"。
2. 给幻灯片插入日期（自动更新，格式为×年×月×日）。
3. 设置幻灯片的动画效果，要求：
针对第二张幻灯片，按顺序设置以下的自定义动画效果。
* 将"不同植物的需水量不同"的进入效果设置成"自顶部 飞入"；
* 将"同一植物在不同生长期需水量也不同"的强调效果设置成"脉冲"；
* 将"我国水资源情况"的退出效果设置成"淡化"；
* 在页面中添加"前进"（前进或下一项）与"后退"（后退或前一项）的动作按钮。
4. 按下面要求设置幻灯片的切换效果：
* 设置所有幻灯片的切换效果为"自左侧 推入"；
* 实现每隔3秒自动切换，也可以单击鼠标进行手动切换。
5. 在幻灯片最后一张后，新增加一张，设计出如下效果，圆形四周的箭头向各自方向放大，自动翻转后缩小，重复5次。效果分别图（1）、（2）。注意：圆形无变化。注意：圆形、箭头的初始大小，由考生自定。

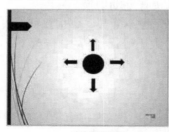 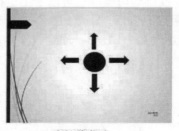

（1）初始图 （2）放大后

【操作过程】

参考试题3

习题4 IT供应链发展趋势

【试题描述】

1. 幻灯片的设计模板设置为"丝状"。

箭头放大缩小
（语音版）

箭头向外放大缩小
（语音版）

2. 给幻灯片插入日期（自动更新，格式为×年×月×日）。

3. 设置幻灯片的动画效果，要求：

针对第二张幻灯片，按顺序设置以下的自定义动画效果。

* 将"新供应模式发展的动力"的进入效果设置成"自顶部 飞入"；

* 将"企业的新兴职能"的强调效果设置成"彩色脉冲"；

* 将"企业经营模式发生变化"的退出效果设置成"淡化"；

* 在页面中添加"前进"（前进或下一项）与"后退"（后退或前一项）的动作按钮。

4. 按下面要求设置幻灯片的切换效果：

* 设置所有幻灯片的切换效果为"自左侧 推入"；

* 实现每隔 3 秒自动切换，也可以单击鼠标进行手动切换。

5. 在幻灯片最后一张后，新增加一张，设计出如下效果，圆形四周的箭头向各自方向放大（此处要求箭头在向外移动中变大），自动翻转后缩小，重复 5 次。效果分别图（1）、（2）。

注意：圆形无变化；圆形、箭头的初始大小，由考生自定。

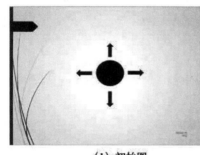 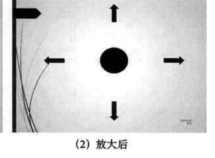

（1）初始图　　　　　　　　　（2）放大后

【操作过程】

参考试题 4

习题 5　行动学习法

【试题描述】

1. 幻灯片的设计模板设置为"丝状"。

2. 给幻灯片插入日期（自动更新，格式为×年×月×日）。

3. 设置幻灯片的动画效果，要求：

针对第二张幻灯片，按顺序设置以下的自定义动画效果。

* 将文本内容"行动学习的概念"的进入效果设置成"自顶部 飞入"；

* 将文本内容"行动学习的方法"的强调效果设置成"彩色脉冲"；

* 将文本内容"行动学习依据的学习原理"的退出效果设置成"淡化"；

触发器–我国的首都
（语音版）

＊ 在页面中添加"前进"（前进或下一项）与"后退"（后退或前一项）的动作按钮。

4. 按下面要求设置幻灯片的切换效果：

＊ 设置所有幻灯片的切换效果为"自左侧 推入"；

＊ 实现每隔 3 秒自动切换，也可以单击鼠标进行手动切换。

5. 在幻灯片最后一张后，新增加一张，设计出如下效果，选择"我国的首都"，若选择正确，则在选项边显示文字"正确"，否则显示文字"错误"。效果分别为图（1）～（5）。注意：字体、大小等，由考生自定。

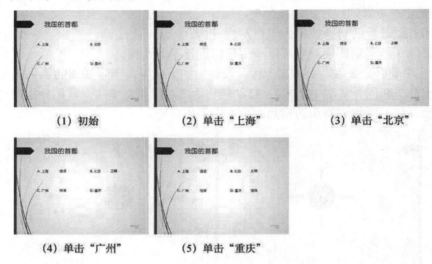

| （1）初始 | （2）单击"上海" | （3）单击"北京" |

| （4）单击"广州" | （5）单击"重庆" |

【操作过程】

参考试题 5

习题 6　关系营销

【试题描述】

幻灯片循环放映
（语音版）

1. 使用设计主题方案。

● 将第一张页面的设计主题设为"平面"，其余页面的设计主题设为"丝状"。

2. 按照以下要求设置并应用幻灯片的母版

● 对于首页所用用的母版，将其中的标题样式设为"黑体，54 号字"；

● 对于其他页面所应用的一般幻灯片母版，在日期区插入格式为"×年×月×日 星期×"并自动更新显示，插入幻灯片编号（页码）。

3. 设置幻灯片的动画效果，要求：

● 将首页标题文本的进入动画方案设置成系统自带的"向内溶解"效果；

● 针对第二张幻灯片，按顺序（播放时按照 a→h 的顺序播放）设置以下的自定义动画效果：

　　a. 将标题内容"提纲"的进入效果设置成"棋盘";

　　b. 将文本内容"关系市场学"的进入效果设置成"字幕式",并且在标题内容出现 1 秒后自动开始,而不需要鼠标单击;

　　c. 将文本内容"关系营销的活动"的进入效果设置成"弹跳";

　　d. 将文本内容"客户发展策略"的进入效果设置成"菱形";

　　e. 将文本内容"客户发展策略"的强调效果设置成"波浪形";

　　f. 将文本内容"总思想路线"的动作路径设置成"向右";

　　g. 经文本内容"总思想路线"的退出效果设置成"层叠";

　　h. 在页面中添加"前进"与"后退"的动作按钮,当单击按钮时分别调到当前页面的下一页与上一页,并设置这两个动作按钮的进入效果为同时"飞入"。

　　4. 按下面要求设置幻灯片的切换效果。

　　● 设置所有幻灯片之间的切换效果为"垂直百叶窗";

　　● 实现每隔 5 秒自动切换,也可以单击鼠标进行手动切换。

　　5. 按下面要求设置幻灯片的放映效果。

　　● 隐藏第四张幻灯片,使得播放时直接跳过隐藏页;

　　● 选择前 10 张幻灯片进行循环放映。

【操作过程】

参考试题 7

下 篇

习题 1 计算机基础习题

1.1 浙江省计算机二级办公软件高级应用技术理论题

1.1.1 单项选择题

1. 宏病毒的特点是_____。
A. 传播快、制作和变种方便、破坏性和兼容性差
B. 传播快、制作和变种方便、破坏性和兼容性好
C. 传播快、传染性强、破坏性和兼容性好
D. 以上都是

2. Outlook 中答复会议邀请的方式不包括_____。
A. 接受   B. 反对   C. 谢绝   D. 暂定

3. 当 Outlook 的默认数据文件被移动后，系统会_____。
A. 显示错误对话框，提示无法找到数据文件
B. 自动定位到数据文件的新位置
C. 自动生成一个新数据文件
D. 自动关闭退出

4. Outlook 中，可以通过直接拖动一个项目到另外一个项目上，而实现项目之间快速转换的有_____。
A. 邮件与任务的互换   B. 邮件与日历的互换
C. 任务与日历的互换   D. 以上都是

5. 宏代码也是用程序设计语言编写的，与其最接近的高级语言是_____。
A. Delphi   B. Visual Basic   C. C#   D. Java

6. Outlook 的邮件投票按钮的投票选项可以是_____。
A. 是；否   B. 是；否；可能   C. 赞成；反对   D. 以上都是

7. 防止文件丢失的方法有_____。
A. 自动备份   B. 自动保存   C. 另存一份   D. 以上都是

8. Outlook 数据文件的扩展名是_____。
A. dat   B. pst   C. dll   D. pts

9. 在 Outlook 邮件中，通过规则可以实现_____。
A. 使邮件保持有序状态
B. 使邮件保持最新状态

C. 创建自定义规则实现对邮件管理和信息挖掘

D. 以上都是

10. 通过 Outlook 自动添加的邮箱账号类型是_____。

A. Exchange 账号   B.POP3 账号   C.IMAP 账号   D.以上都是

11. 对 Outlook 数据文件可以进行的设置或操作有_____。

A. 重命名或设置访问密码   B. 删除

C. 设置为默认文件   D. 以上都是

12. Outlook 中可以建立和设置重复周期的日历约会，定期模式包括_____。

A. 按日、按周、按月、按年   B. 按日、按月、按季、按年

C. 按日、按周、按月、按季   D. 以上都不是

13. 宏可以实现的功能不包括_____。

A. 自动执行一串操作或重复操作   B. 自动执行杀毒操作

C. 创建定制命令   D. 创建自定义的按钮和插件

1.1.2　单项选择题参考答案

1. B	2. B	3. A	4. D
5. B	6. D	7. D	8. B
9. D	10. D	11. D	12. A
13. B			

1.1.3　判断题

（　　）1. Outlook 中，自定义的快速步骤可以同时应用于不同的数据文件中的邮件。

（　　）2. Outlook 中通过创建搜索文件夹，可以将多个不同数据文件中的满足指定条件的邮件集中存放在一个文件夹中。

（　　）3. 可以通过设置来更改 Outlook 自动存档的运行频率、存档数据文件依据现有项目的存档时间。

（　　）4. Outlook 的默认数据文件可以随意指定。

（　　）5. Outlook 中发送的会议邀请，系统会自动添加到日历和待办事项栏中的约会提醒窗格。

（　　）6. 无论是 POP3 还是 IMAP 的账户类型，都可以保持客户端与服务器的邮件信息同步。

（　　）7. Outlook 中，可以在发送的电子邮件中添加征询意见的投票按钮，系统会将投票结果送回发件人的收件箱。

（　　）8. Outlook 的数据文件可以随意移动。

（　　）9. Outlook 中收件人对会议邀请的答复可以有三种：接受、暂定和拒绝。

（　　）10. 宏是一段程序代码，可以用任何一种高级语言编写宏代码。

1.1.4　判断题参考答案

1. √　　　　　　　2. ×　　　　　　　3. √　　　　　　　4. ×
5. √　　　　　　　6. ×　　　　　　　7. √　　　　　　　8. ×
9. √　　　　　　　10. ×

1.2　全国计算机二级 MS Office 高级应用理论题

1.2.1　选择题

1. 1MB 的存储容量相当于_____。
A. 一百万个字节　　　　　　　　　B. 2 的 10 次方个字节
C. 2 的 20 次方个字节　　　　　　　D. 1000KB

2. Internet 的四层结构分别是_____。
A. 应用层、传输层、通信子网层和物理层
B. 应用层、表示层、传输层和网络层
C. 物理层、数据链路层、网络层和传输层
D. 网络接口层、网络层、传输层和应用层

3. 微机中访问速度最快的存储器是_____。
A. CD-ROM　　　　B. 硬盘　　　　C. U 盘　　　　D. 内存

4. 计算机能直接识别和执行的语言是_____。
A. 机器语言　　　　B. 高级语言　　　　C. 汇编语言　　　　D. 数据库语言

5. 某企业需要为普通员工每人购置一台计算机，专门用于日常办公，通常选购的机型是_____。
A. 超级计算机　　　B. 大型计算机　　　C. 小型计算机　　　D. 微型计算机（PC）

6. Java 属于_____。
A. 操作系统　　　　B. 办公软件　　　　C. 数据库系统　　　　D. 计算机语言

7. 手写板或鼠标属于_____。
A. 输入设备　　　　B. 输出设备　　　　C. 中央处理器　　　　D. 存储器

8. 某企业需要在一个办公室构建适用于 20 多人的小型办公网络环境，这样的网络环境属于_____。
A. 城域网　　　　B. 局域网　　　　C. 广域网　　　　D. 互联网

9. 第四代计算机的标志是微处理器的出现，微处理器的组成是_____。
A. 运算器和存储器　　　　　　　　B. 存储器和控制器
C. 运算器和控制器　　　　　　　　D. 运算器、控制器和存储器

10. 在计算机内部，大写字母 "G" 的 ASCII 码为 "1000111"，大写字母 "K" 的 ASCII

码为_____。

    A. 1001001   B. 1001100   C. 1001010   D. 1001011

11. 以下软件中属于计算机应用软件的是_____。

    A. iOS   B. Android   C. Linux   D. QQ

12. 以下关于计算机病毒的说法中，不正确的是_____。

    A. 计算机病毒一般会寄生在其他程序中

    B. 计算机病毒一般会传染其他文件

    C. 计算机病毒一般会具有自愈性

    D. 计算机病毒一般会具有潜伏性

13. 台式计算机中的 CPU 是指_____。

    A. 中央处理器   B. 控制器   C. 存储器   D. 输出设备

14. CPU 的参数如 2800MHz，指的是_____。

    A. CPU 的速度   B. CPU 的大小

    C. CPU 的时钟主频   D.CPU 的字长

15. 描述计算机内存容量的参数，可能是_____。

    A. 1024dpi   B. 4GB   C. 1Tpx   D. 1600MHz

16. HDMI 接口可以外接_____。

    A. 硬盘   B. 打印机   C. 鼠标或键盘   D. 高清电视

17. 下面属于系统软件的是_____。

    A. 浏览器   B. 数据库管理系统

    C. 人事管理系统   D. 天气预报的 APP

18. 研究量子计算机的目的是为了解决计算机中的_____。

    A. 速度问题   B. 存储容量问题

    C. 计算精度问题   D. 能耗问题

19. 计算机中数据存储容量的基本单位是_____。

    A. 位   B. 字   C. 字节   D. 字符

20. 现代计算机普遍采用总线结构，按照信号的性质划分，总线一般分为_____。

    A. 数据总线、地址总线、控制总线

    B. 电源总线、数据总线、地址总线

    C. 控制总线、电源总线、数据总线

    D. 地址总线、控制总线、电源总线

21. Web 浏览器收藏夹的作用是_____。

    A. 记忆感兴趣的页面内容   B.收集感兴趣的页面地址

    C. 收集感兴趣的页面内容   D.收集感兴趣的文件名

22. 在拼音输入法中，输入拼音"zhengchang"，其编码属于_____。

    A. 字形码   B. 地址码   C. 外码   D. 内码

23. 先于或随着操作系统的系统文件装入内存储器，从而获得计算机特定控制权并进行传染和破坏的病毒是_____。

    A. 文件型病毒   B. 引导区型病毒   C. 宏病毒   D. 网络病毒

24. 某家庭采用 ADSL 宽带接入方式连接 Internet，ADSL 调制解调器连接一个 4 口的路由器，路由器再连接 4 台计算机实现上网的共享，这种家庭网络的拓扑结构为_____。

　　A. 环形拓扑　　　　B. 总线型拓扑　　　C. 网状拓扑　　　　D. 星形拓扑

25. 在声音的数字化过程中，采样时间、采样频率、量化位数和声道数都相同的情况下，所占存储空间最大的声音文件格式是_____。

　　A. WAV 波形文件　　　　　　　　　　　B. MPEG 音频文件

　　C. RealAudio 音频文件　　　　　　　　D. MIDI 电子乐器数字接口文件

26. 某种操作系统能够支持位于不同终端的多个用户同时使用一台计算机，彼此独立互不干扰，用户感到好像一台计算机全为他所用，这种操作系统属于_____。

　　A. 批处理操作系统　　　　　　　　　　B. 分时操作系统

　　C. 实时操作系统　　　　　　　　　　　D. 网络操作系统

27. 某家庭采用 ADSL 宽带接入方式连接 Internet，ADSL 调制解调器连接一个无线路由器，家中的 PC、手机、电视机、PAD 等设备均可通过 WIFI 实现无线上网，该网络拓扑结构是_____。

　　A. 环形拓扑　　　　B. 总线型拓扑　　　C. 网状拓扑　　　　D. 星形拓扑

28. 数字媒体已经广泛使用，属于视频文件格式的是_____。

　　A. MP3 格式　　　　B. WAV 格式　　　　C. RM 格式　　　　D. PNG 格式

29. 为了保证独立的微机能够正常工作，必须安装的软件是_____。

　　A. 操作系统　　　　　　　　　　　　　B. 网站开发工具

　　C. 高级程序开发语言　　　　　　　　　D. 办公应用软件

30. 某台微机安装的是 64 位操作系统，"64 位"指的是_____。

　　A. CPU 的运算速度，即 CPU 每秒钟能计算 64 位二进制数据

　　B. CPU 的字长，即 CPU 每次能处理 64 位二进制数据

　　C. CPU 的时钟主频

　　D. CPU 的型号

31. 如果某台微机用于日常办公事务，除了操作系统外，还应该安装的软件类别是_____。

　　A. SQL Server 2005 及以上版本　　　　B. Java、C、C++研发工具

　　C. 办公应用软件，如 Microsoft Office　D. 游戏软件

32. SQL Server 2005 属于_____。

　　A. 应用软件　　　　　　　　　　　　　B. 操作系统

　　C. 语言处理系统　　　　　　　　　　　D. 数据库管理系统

33. 在计算机运行时，把程序和数据存放在内存中，这是 1946 年由_____领导的研究小组正式提出并论证的。

　　A. 图灵　　　　　　B.布尔　　　　　　C. 冯·诺依曼　　　D. 爱因斯坦

34. 下列不属于计算机特点的是_____。

　　A. 存储程序控制，工作自动化　　　　　B. 具有逻辑推理和判断能力

　　C. 处理速度快、存储量大　　　　　　　D. 不可靠、故障率高

35. 字长为 7 位的无符号二进制整数能表示的十进制整数的数值范围是_____。

　　A. 0～128　　　　　B. 0～255　　　　　C. 0～127　　　　　D. 1～127

36. 根据汉字国标 GB2312—1980 的规定，一个汉字的内码码长为_____。

A. 8bit B. 12bit C. 16bit D. 24bit

37. 软件是指_____。

A. 程序 B. 程序和文档

C. 算法加数据结构 D. 程序、数据与相关文档的完整集合

38. 以下_____属于过程控制的应用。

A. 宇宙飞船的制导

B. 控制、指挥生产和装配产品

C. 冶炼车间由计算机根据炉温控制加料

D. 汽车车间大量使用智能机器人

39. 下列各进制的整数中，值最大的一个是_____。

A. 十六进制数 178 B. 十进制数 210

C. 八进制数 502 D. 二进制数 11111110

40. 在标准 ASCII 码表中，已知英文字母 A 的 ASCII 码是 01000001，则英文字母 E 的 ASCII 码是_____。

A. 01000011 B. 01000100 C. 01000101 D. 01000010

41. 下列各类计算机程序语言中，不属于高级程序设计语言的是_____。

A. Visual Basic 语言 B. Visual C++

C. C 语言 D. 汇编语言

42. 以下对计算机的分类，不正确的是_____。

A. 按使用范围可以分为通用计算机和专用计算机

B. 按性能可以分为超级计算机、大型计算机、小型计算机、工作站和微型计算机

C. 按 CPU 芯片可分为单片机、单板机、多芯片机和多板机

D. 按字长可以分为 8 位机、16 位机、32 位机和 64 位机

43. 已知 3 个字符为：a、X 和 5，按它们的 ASCII 码值升序排序，结果是_____。

A. 5<a<X B. a<5<X C. X<a<5 D. 5<X<a

44. 在下列设备中，不能作为微机输出设备的是_____。

A. 打印机 B. 显示器 C. 鼠标 D. 绘图仪

45. 下列软件中，属于应用软件的是_____。

A. Windows XP B. PowerPoint 2019

C. UNIX D. Linux

46. 标准 ASCII 码字符集有 128 个不同的字符代码，它所使用的二进制位数是_____。

A. 6 B. 7 C. 8 D. 16

47. 已知某汉字的区位码是 1551，则其国标码是_____。

A. 2F53H B. 3630H C. 3658H D. 5650H

48. 在计算机中，信息的最小单位是_____。

A. bit B. Byte C. Word D. DoubleWord

49. 下面关于计算机系统的叙述中，最完整的是_____。

A. 计算机系统就是指计算机的硬件系统

B. 计算机系统是指计算机上配置的操作系统

C. 计算机系统由硬件系统和操作系统组成

D. 计算机系统由硬件系统和软件系统组成

50. 下列设备组中，完全属于外部设备的一组是_____。

A. 激光打印机，移动硬盘，鼠标器

B. CPU，键盘，显示器

C. SRAM 内存条，CD-ROM 驱动器，扫描仪

D. USB 优盘，内存储器，硬盘

51. 能直接与 CPU 交换信息的存储器是_____。

A. 硬盘存储器　　　　　　　　　　　B. CD-ROM

C. 内存储器　　　　　　　　　　　　D. 软盘存储器

52. 以下不是我国知名的高性能巨型计算机的是_____。

A. 银河　　　　　B. 曙光　　　　　C. 神威　　　　　D. 紫金

53. 字符比较大小实际是比较它们的 ASCII 码值，下列正确的比较是_____。

A. "A" 比 "B" 大　　　　　　　　　　B. "H" 比 "h" 小

C. "F" 比 "D" 小　　　　　　　　　　D. "9" 比 "D" 大

54. 1KB 的准确数值是_____。

A. 1024Bytes　　　B. 1000Bytes　　　C. 1024bits　　　D. 1000bits

55. 把用高级程序设计语言编写的源程序翻译成目标程序（.OBJ）的程序称为_____。

A. 汇编程序　　　B. 编辑程序　　　C. 编译程序　　　D. 解释程序

56. 在微型机中，普遍采用的字符编码是_____。

A. BCD 码　　　　B. ASCII 码　　　C. EBCD 码　　　D. 补码

57. 已知汉字 "家" 的区位码是 2850，则其国标码是_____。

A. 4870D　　　　B. 3C52H　　　　C. 9CB2H　　　　D. A8D0H

58. 下列说法中，正确的是_____。

A. 同一个汉字的输入码的长度随输入方法不同而不同

B. 一个汉字的区位码与它的国标码是相同的，且均为 2 字节

C. 不同汉字的机内码的长度是不相同的

D. 同一汉字用不同的输入法输入时，其机内码是不相同的

59. 操作系统是计算机的软件系统中_____。

A. 最常用的应用软件　　　　　　　　B. 最核心的系统软件

C. 最通用的专用软件　　　　　　　　D. 最流行的通用软件

60. 英文缩写 CAD 的中文意思是_____。

A. 计算机辅助教学　　　　　　　　　B. 计算机辅助制造

C. 计算机辅助设计　　　　　　　　　D. 计算机辅助管理

61. 汉字输入码可分为有重码和无重码两类，下列属于无重码类的是_____。

A. 全拼码　　　　B. 自然码　　　　C. 区位码　　　　D. 简拼码

62. 下列叙述中，错误的是_____。

A. 硬盘在主机箱内，它是主机的组成部分

B. 硬盘是外部存储器之一

C. 硬盘的技术指标之一是每分钟的转速 rpm

D. 硬盘与 CPU 之间不能直接交换数据

63. 下列说法中，正确的是_____。

A. 硬盘的容量远大于内存的容量

B. 硬盘的盘片是可以随时更换的

C. 优盘的容量远大于硬盘的容量

D. 硬盘安装在机箱内，它是主机的组成部分

64. 一个字长为 8 位的无符号二进制整数能表示的十进制数值范围是_____。

A. 0～256　　　　　B. 0～255　　　　　C. 1～256　　　　　D. 1～255

65. 下列关于计算机病毒的叙述中，错误的是_____。

A. 计算机病毒具有潜伏性

B. 计算机病毒具有传染性

C. 感染过计算机病毒的计算机具有对该病毒的免疫性

D. 计算机病毒是一个特殊的寄生程序

66. 在下列字符中，其 ASCII 码值最小的一个是_____。

A. 9　　　　　　　　B. p　　　　　　　　C. Z　　　　　　　　D. a

67. 下列不是度量存储器容量的单位是_____。

A. KB　　　　　　　B. MB　　　　　　　C. GHz　　　　　　D. GB

68. 运算器的完整功能是进行_____。

A. 逻辑运算　　　　　　　　　　　B. 算术运算和逻辑运算

C. 算术运算　　　　　　　　　　　D. 逻辑运算和微积分运算

69. 现代微型计算机中所采用的电子器件是_____。

A. 电子管　　　　　　　　　　　　B. 晶体管

C. 小规模集成电路　　　　　　　　D. 大规模和超大规模集成电路

70. 通常打印质量最好的打印机是_____。

A. 针式打印机　　　B. 点阵打印机　　　C. 喷墨打印机　　　D. 激光打印机

71. CPU 中，除了内部总线和必要的寄存器外，主要的两大部件分别是运算器和_____。

A. 控制器　　　　　B. 存储器　　　　　C. Cache　　　　　D. 编辑器

72. 计算机感染病毒的可能途径之一是_____。

A. 从键盘上输入数据

B. 随意运行外来的、未经杀病毒软件严格审查的优盘上的软件

C. 所使用的光盘表面不清洁

D. 电源不稳定

73. 计算机网络最突出的优点是_____。

A. 精度高　　　　　B. 运算速度快　　　C. 容量大　　　　　D. 共享资源

74. 在所列出的：1、字处理软件，2、Linux，3、UNIX，4、学籍管理系统，5、Windows XP 和 6、Office 2003 等六个软件中，属于系统软件的有_____。

A. 1,2,3　　　　　　B. 2,3,5　　　　　　C. 1,2,3,5　　　　　D. 全部都不是

75. 假设某台式计算机的内存储器容量为 256MB，硬盘容量为 40GB。硬盘的容量是内存容量的_____。

A. 200 倍　　　　　B. 160 倍　　　　　C. 120 倍　　　　　D. 100 倍

76. 天气预报能为我们的生活提供良好的帮助，它应该属于计算机的_____应用。

A. 科学计算　　　　　B. 信息处理　　　　　C. 过程控制　　　　　D. 人工智能

77. 已知某汉字的区位码是 3222，则其国标码是_____。

A. 4252D　　　　　　B. 5242H　　　　　　C. 4036H　　　　　　D. 5524H

78. 计算机软件系统包括_____。

A. 程序、数据和相应的文档　　　　　　B. 系统软件和应用软件

C. 数据库管理系统和数据库　　　　　　D. 编译系统和办公软件

79. 若已知一汉字的国标码 5E38H，则其内码是_____。

A. DEB8　　　　　　B. DE38　　　　　　C. 5EB8　　　　　　D. 7E58

80. 从 2001 年开始，我国自主研发通用 CPU 芯片，其中第 1 款通用的 CPU 是_____。

A. 龙芯　　　　　　B. AMD　　　　　　C. Intel　　　　　　D. 酷睿

81. 存储 1024 个 24×24 点阵的汉字字形码需要的字节数是_____。

A. 720B　　　　　　B. 72KB　　　　　　C. 7000B　　　　　　D. 7200B

82. 下面对计算机操作系统的作用描述中完整的是_____。

A. 管理计算机系统的全部软、硬件资源，合理组织计算机的工作流程，以充分发挥计算机资源的效率，为用户提供使用计算机的友好界面

B. 对用户存储的文件进行管理，方便用户

C. 执行用户键入的各类命令

D. 是为汉字操作系统提供运行的基础

83. 用高级程序设计语言编写的程序_____。

A. 计算机能直接执行　　　　　　　　　B. 具有良好的可读性和可移植性

C. 执行效率高但可读性差　　　　　　　D. 依赖于具体机器，可移植性差

84. 造成计算机中存储数据丢失的原因主要是_____。

A. 病毒侵蚀、人为窃取　　　　　　　　B. 计算机电磁辐射

C. 计算机存储器硬件损坏　　　　　　　D. 以上全部

85. 下列关于计算机病毒的说法中，正确的是_____。

A. 计算机病毒是一种有损计算机操作人员身体健康的生物病毒

B. 计算机病毒发作后，将会造成计算机硬件永久性的物理隐坏

C. 计算机病毒是一种通过自我复制进行传染的，破坏计算机程序和数据的小程序

D. 计算机病毒是一种有逻辑错误的程序

86. 下列有关计算机系统的叙述中，错误的是_____。

A. 计算机系统由硬件系统和软件系统组成

B. 计算机软件由各类应用软件组成

C. CPU 主要由运算器和控制器组成

D. 计算机主机由 CPU 和内存储器组成

87. 计算机中控制器的功能主要是_____。

A. 指挥、协调计算机各相关硬件工作

B. 指挥、协调计算机各相关软件工作

C. 指挥、协调计算机各相关硬件和软件工作

D. 控制数据的输入和输出

88. 小明的手机还剩余 6GB 存储空间，如果每个视频文件为 280MB，他可以下载到手机

中的视频文件数量为_____。

    A. 60   B. 21   C. 15   D. 32

89. USB3.0 接口的理论最快传输速率为_____。

    A. 5.0Gbps   B. 3.0Gbps   C. 1.0Gbps   D. 800Mbps

90. 在 Windows 10 操作系统中，磁盘维护包括硬盘检查、磁盘清理和碎片整理等功能，磁盘清理的目的是_____。

    A. 提高磁盘存取速度   B. 获得更多磁盘可用空间

    C. 优化磁盘文件存储   D. 改善磁盘的清洁度

91. 下面不是计算机病毒预防的方法是_____。

    A. 及时更新系统补丁   B. 定期升级杀毒软件

    C. 开启 Windows 7 防火墙   D. 清理磁盘碎片

92. 计算机对汉字信息的处理过程实际上是各种汉字编码间的转换过程，这些编码不包括_____。

    A. 汉字输入码   B. 汉字内码   C. 汉字字形码   D. 汉字状态码

93. 以下属于内存储器的是_____。

    A. RAM   B. CDROM   C. 硬盘   D. U 盘

94. 在 Internet 中实现信息浏览查询服务的是_____。

    A. DNS   B. FTP   C. WWW   D. ADSL

95. 利用智能机器人代替人类进行一些高危工种作业，所属的计算机应用领域通常是_____。

    A. 多媒体应用   B. 科学计算   C. 网络通信   D. 人工智能

96. 下列不属于计算机人工智能应用领域的是_____。

    A. 在线订票   B. 医疗诊断   C. 智能机器人   D. 机器翻译

97. 利用计算机进行图书资料检索，所属的计算机应用领域是_____。

    A. 科学计算   B. 数据/信息处理

    C. 过程控制   D. 虚拟现实

98. 工业上的数控机床所属的计算机应用领域是_____。

    A. 多媒体应用   B. 计算机辅助设计

    C. 过程控制   D. 科学计算

99. 企业与企业之间通过互联网进行产品、服务及信息交换的电子商务模式是_____。

    A. B2C   B. O2O   C. B2B   D. C2B

100. 缩写 O2O 代表的电子商务模式是_____。

    A. 企业与企业之间通过互联网进行产品、服务及信息的交换

    B. 代理商、商家和消费者三者共同搭建的集生产、经营、消费为一体的电子商务平台

    C. 消费者与消费者之间通过第三方电子商务平台进行交易

    D. 线上与线下相结台的电子商务

101. 消费者与消费者之间通过第三方电子商务平台进行交易的电子商务模式是_____。

    A. C2C   B. O2O   C. B2B   D. B2C

102. 作为现代计算机理论基础的冯·诺依曼原理和思想是_____。

    A. 十进制和存储程序概念   B. 十六进制和存储程序概念

C. 二进制和存储程序概念　　　　　　　D. 自然语言和存储器概念

103. 作为现代计算机基本结构的冯·诺依曼体系包括_____。

A. 输入、存储、运算、控制和输出五个部分

B. 输入、数据存储、数据转换和输出四个部分

C. 输入、过程控制和输出三个部分

D. 输入、数据计算、数据传递和输出四个部分

104. 一般情况下，划分计算机四个发展阶段的主要依据是_____。

A. 计算机所跨越的年限长短　　　　　　B. 计算机所采用的基本元器件

C. 计算机的处理速度　　　　　　　　　D. 计算机用途的变化

105. 计算机在工作时无须人工干预却能够自动连续地执行程序，并得到预期的结果，主要是因为_____。

A. 安装了操作系统　　　　　　　　　　B. 配置了高性能 CPU

C. 配置了大容量内存　　　　　　　　　D. 程序存放在存储器中

106. 通常，现代计算机内部用来表示信息的方法是_____。

A. 计算机内部均采用二进制表示各种信息

B. 计算机内部混合采用二进制、十进制和十六进制表示各种信息

C. 计算机内部采用十进制数据、文字显示以及图形描述等表示各种信息

D. 计算机内部均采用十进制表示各种信息

1.2.2　参考答案

1. C	2. D	3. D	4. A
5. D	6. D	7. A	8. B
9. C	10. D	11. D	12. C
13. A	14. C	15. B	16. D
17. B	18. D	19. C	20. A
21. B	22. C	23. B	24. D
25. A	26. B	27. D	28. C
29. A	30. B	31. C	32. D
33. C	34. D	35. C	36. C
37. D	38. C	39. A	40. C
41. D	42. C	43. D	44. C
45. B	46. B	47. A	48. A
49. D	50. A	51. C	52. D
53. B	54. A	55. C	56. B
57. B	58. A	59. B	60. C
61. C	62. A	63. A	64. B
65. C	66. A	67. C	68. B
69. D	70. D	71. A	72. B
73. D	74. B	75. B	76. A

77. C	78. B	79. A	80. A
81. B	82. A	83. B	84. D
85. C	86. B	87. A	88. B
89. A	90. B	91. D	92. D
93. A	94. C	95. D	96. A
97. B	98. C	99. C	100. D
101. A	102. C	103. A	104. B
105. D	106. A		

习题 2　Word 习题

2.1　浙江省计算机二级办公软件高级应用技术理论题

2.1.1　单项选择题

1. 在表格中，如需运算的空格恰好位于表格底部，需将该空格以上的内容累加，可通过在该处插入下面哪句公式实现_____。

A. =ADD（BELOW）　　　　　　　　B. =ADD（ABOVE）

C. =SUM（BELOW）　　　　　　　　D. =SUM（ABOVE）

2. Word 2010 插入题注时如需加入章节号，如"图 1-1"，无须进行的操作是_____。

A. 将章节起始位置套用内置标题样式

B. 将章节起始位置应用多级符号

C. 将章节起始位置应用自动编号

D. 自定义题注样式为"图"

3. 在同一个页面中，如果希望页面上半部分为一栏，后半部分分为两栏，应插入的分隔符号为_____。

A. 分页符　　　　　B. 分栏符　　　　　C. 分节符（连续）　　D. 分节符（奇数页）

4. Word 中的手动换行符是通过_____产生的。

A. 插入分页符　　　　B. 插入分节符　　　　C. 输入 Enter　　　　D. 按 Shift+Enter

5. Word 2019 可自动生成参考文献书目列表，在添加参考文献的"源"主列表时，"源"不可能直接来自于_____。

A. 网络中各知名网站　　　　　　　　B. 网上邻居的用户共享

C. 计算机中的其他文档　　　　　　　D. 自己录入

6. 关于 Word 2019 的页码设置，以下表述错误的是_____。

A. 页码可以被插入到页眉页脚区域

B. 页码可以被插入到左右页边距

C. 如果希望首页和其他页页码不同必须设置"首页不同"

D. 可以自定义页码并添加到构建基块管理器中的页码库中

7. 如果 Word 文档中有一段文字不允许别人修改，可以通过_____。

A. 格式设置限制　　　　　　　　　　B. 编辑限制

C. 设置文件修改密码　　　　　　　　D. 以上都是

8. 关于大纲级别和内置样式的对应关系，以下说法正确的是_____。

A. 如果文字套用内置样式"正文"，则一定在大纲视图中显示为"正文文本"

B. 如果文字在大纲视图中显示为"正文文本"，则一定对应样式为"正文"

C. 如果文字的大纲级别为1级，则被套用样式"标题1"

D. 以上说法都不正确

9. 以下_____是可被包含在文档模板中的元素。

① 样式　② 快捷键　③ 页面设置信息　④ 宏方案项　⑤ 工具栏

A. ①②④⑤　　　　B. ①②③④　　　　C. ①③④⑤　　　　D. ①②③④⑤

10. 关于样式、样式库和样式集，以下表述中正确的是_____。

A. 快速样式库中显示的是用户最为常用的样式

B. 用户无法自行添加样式到快速样式库

C. 多个样式库组成了样式集

D. 样式集中的样式存储在模板中

11. 通过设置内置标题样式，以下哪个功能无法实现_____。

A. 自动生成题注编号　　　　　　　　B. 自动生成脚注编号

C. 自动显示文档结构　　　　　　　　D. 自动生成目录

12. Word 文档的编辑限制包括_____。

A. 格式设置限制　　　B. 编辑限制　　　　C. 权限保护　　　　D. 以上都是

13. 关于导航窗格，以下表述中错误的是_____。

A. 能够浏览文档中的标题

B. 能够浏览文档中的各个页面

C. 能够浏览文档中的关键文字和词

D. 能够浏览文档中的脚注、尾注、题注等

14. 在 Word 中建立索引，是通过标记索引项，在被索引内容旁插入域代码的索引项，随后再根据索引项所在的页码生成的。与索引类似，以下哪种目录，不是通过标记索引项所在位置生成目录_____。

A. 目录　　　　　　B. 书目　　　　　　C. 图表目录　　　　D. 引文目录

15. 若文档被分为多个节，并在"页面设置"的版式选项卡中将页眉和页脚设置为奇偶页不同，则以下关于页眉和页脚说法中正确的是_____。

A. 文档中所有奇偶页的页眉必然都不相同

B. 文档中所有奇偶页的页眉可以不相同

C. 每个节中奇数页页眉和偶数页页眉必然不相同

D. 每个节的奇数页页眉和偶数页页眉可以不相同

16. 在书籍杂志的排版中，为了将页边距根据页面的内侧、外侧进行设置，可将页面设置为_____。

A. 对称页边距　　　B. 拼页　　　　　　C. 书籍折页　　　　D. 反向书籍折页

17. Smart 图形不包括下面的_____。

A. 图表　　　　　　B. 流程图　　　　　C. 循环图　　　　　D. 层次结构图

18. 宏可以实现的功能不包括_____。

A. 自动执行一串操作或重复操作　　　　B. 自动执行杀毒操作

C. 创建定制的命令　　　　　　　　　　D. 创建自定义的按钮和插件

19. 如果要将某个新建样式应用到文档中，以下哪种方法无法完成样式的应用_____。

A. 使用快速样式库或样式任务窗格直接应用

B. 使用查找与替换功能替换样式

C. 使用格式刷复制样式

D. 使用 Ctrl+W 快捷键重复应用样式

20. 关于模板，以下表述中正确的是_____。

A. 新建的空白文档基于 normal.dotx 模板

B. 构建基块各个库存放在 Built-In Building Blocks 模板中

C. 可以使用微博模板将文档发送到微博中

D. 工作组模板可以用于存放某个工作小组的用户模板

21. 以下哪一个选项卡不是 Word 2010 的标准选项卡_____。

A. 审阅　　　　　B. 图表工具　　　　　C. 开发工具　　　　　D. 加载项

22. 在 Word 2019 新建段落样式时，可以设置字体、段落、编号等多样式属性，以下不属于样式属性的是_____。

A. 制表位　　　　　B. 语言　　　　　C. 文本框　　　　　D. 快捷键

23. 下列对象中，不可以设置链接的是_____。

A. 文本上　　　　　B. 背景上　　　　　C. 图形上　　　　　D. 剪贴图上

24. Office 提供的对文件的保护包括_____。

A. 防打开　　　　　B. 防修改　　　　　C. 防丢失　　　　　D. 以上都是

2.1.2　单项选择题参考答案

1. D	2. C	3. C	4. D
5. B	6. B	7. B	8. D
9. D	10. A	11. C	12. D
13. D	14. B	15. B	16. A
17. A	18. B	19. D	20. A
21. B	22. C	23. B	24. D

2.1.3　判断题

（　　）1. Word 2019 中如需对某个样式进行修改，可单击"插入"选项卡中的"更改样式"按钮。

（　　）2. 图片被裁剪后，被裁剪的部分仍作为图片文件的一部分被保存在文档中。

（　　）3. 文档的任何位置都可以通过运用 TC 域标记为目录项后建立目录。

（　　）4. 在 Office 的所有组件中，用来编辑宏代码的开发工具选项卡并不在功能区，需特别设置。

（　　）5. 如果删除了某个分节符，其前面的文字将合并到后面的节中，并且采用后者的格式设置。

（　　）6. 位于每节或者文档结尾，用于对文档某些特定字符、专有名词或术语进行注解的注释，就是脚注。

（　　　）7. 可以通过插入域代码的方法在文档中插入页码，具体方法是先输入花括号"{"，再输入"page"，最后输入花括号"}"即可。选中域代码后按下 Shift+F9，即可显示为当前页的页码。

（　　　）8. 插入一个分栏符能够将页面分为两栏。

（　　　）9. 分节符、分页符等编辑标记只能在草稿视图中查看。

（　　　）10. 在 Office 的所有组件中，都可以通过录制宏来记录一组操作。

（　　　）11. 在"根据格式设置创建新样式"对话框中可以新建表格样式，但表格样式在"样式"任务窗格中不显示。

（　　　）12. 拒绝修订的功能等同撤销操作。

（　　　）13. 在审阅时，对于文档中的所有修订标记只能全部接受或全部拒绝。

（　　　）14. Word 2019 在文字段落样式的基础上新增了图片样式，可自定义图片样式并列入到图片样式库中。

（　　　）15. 通过打印设置中的"打印标记"选项，可以设置文档中的修订标记是否被打印出来。

（　　　）16. 在页面设置过程中，若左边边距为 4cm，装订线为 0.5cm，则版心左边距离页面左边沿的实际距离为 3.5cm。

（　　　）17. 打印时，在 Word 2019 中插入的批注将与文档内容一起被打印出来，无法隐藏。

（　　　）18. Word 2019 的屏幕截图功能可以将任何最小化后收藏到任务栏的程序屏幕视图等插入到文档中。

（　　　）19. 在文档中单击构建基块中已有的文档部件，会出现构建基块框架。

（　　　）20. Office 中的宏很容易潜入病毒，即宏病毒。

（　　　）21. 如果要在更新域时保留原格式，只要将域代码"*MERGEFORMAT"删除即可。

（　　　）22. 可以用 VBA 编写宏代码。

（　　　）23. 如需使用导航窗格对文档进行标题导航，必须预先为标题文字设定大纲级别。

（　　　）24. 书签名必须以字母、数字或者汉字开头，不能有空格，可以由下划线字符来分隔文字。

（　　　）25. 按一次 Tab 键就右移一个制表位，按一次 Delete 键左移一个制表位。

（　　　）26. dotx 格式为启用宏的模板格式，而 dotm 格式无法启用宏。

（　　　）27. 域就像一段程序代码，文档中显示的内容是域代码运行的结果。

（　　　）28. 样式的优先级可以在新建样式时自行设置。

（　　　）29. 如果文本从其他应用程序引入后，由于颜色对比的原因难以阅读，最好改变背景颜色。

（　　　）30. 文档右侧的批注框只用于显示批注。

（　　　）31. Word 中不但提供了对文档的编辑保护，还可以设置对节分隔的区域内容进行编辑限制和保护。

（　　　）32. 在页面设置过程中，若下边距为 2cm，页脚区为 0.5cm，则版心底部距离页面底部的实际距离为 2.5cm。

（　　）33. 在页面设置过程中，若左边距为 3cm，装订线为 0.5cm，则版心左边距离页面 左边沿的实际距离为 3.5cm。

（　　）34. 中国的引文样式标准是 ISO690。

（　　）35. 在保存 Office 文件时，可以设置打开或修改文件的密码。

2.1.4　判断题参考答案

1. ×	2. ×	3. √	4. √
5. ×	6. ×	7. ×	8. √
9. ×	10. √	11. √	12. ×
13. ×	14. ×	15. √	16. ×
17. ×	18. ×	19. √	20. √
21. √	22. √	23. ×	24. ×
25. ×	26. ×	27. √	28. ×
29. ×	30. ×	31. √	32. ×
33. √	34. ×	35. √	

2.2　全国计算机二级 MS Office 高级应用理论题

2.2.1　选择题

1. 在 Word 文档中有一个占用 3 页篇幅的表格，如需将这个表格的标题行都出现在各页面首行，最优的操作方法是_____。

A. 将表格的标题行复制到另外 2 页中

B. 利用"重复标题行"功能

C. 打开"表格属性"对话框，在列属性中进行设置

D. 打开"表格属性"对话框，在行属性中进行设置

2. 在 Word 文档中包含了文档目录，将文档目录转变为纯文本格式的最优操作方法是_____。

A. 文档目录本身就是纯文本格式，不需要再进行进一步操作

B. 使用 Ctrl+Shift+F9 组合键

C. 在文档目录上单击鼠标右键，然后执行"转换"命令

D. 复制文档目录，然后通过选择性粘贴功能以纯文本方式显示

3. 小张完成了毕业论文，现需要在正文前添加论文目录以便检索和阅读，最优的操作方法是_____。

A. 利用 Word 提供的"手动目录"功能创建目录

B. 直接输入作为目录的标题文字和相对应的页码创建目录

C. 将文档的各级标题设置为内置标题样式，然后基于内置标题样式自动插入目录

D. 不使用内置标题样式，而是直接基于自定义样式创建目录

4. 小王计划邀请 30 家客户参加答谢会，并为客户发送邀请函。快速制作 30 份邀请函的最优操作方法是_____。

A. 发动同事帮忙制作激请函，每个人写几份

B. 利用 Word 的邮件合并功能自动生成

C. 先制作好一份邀请函，然后复印 30 份，在每份上添加客户名称

D. 先在 Word 中制作一份激请函，通过复制、粘贴功能生成 30 份，然后分别添加客户名称

5. 以下不属于 Word 文档视图的是_____。

A. 阅读版式视图   B. 放映视图

C. Web 版式视图   D. 大纲视图

6. 在 Word 文档中，不可直接操作的是_____。

A. 录制屏幕操作视频   B. 插入 Excel 图表

C. 插入 SmartArt   D. 屏幕截图

7. 下列文件扩展名，不属于 Word 模板文件的是_____。

A. DOCX   B.DOTM   C.DOTX   D.DOT

8. 小张的毕业论文设置为 2 栏页面布局，现需在分栏之上插入一横跨两栏内容的论文标题，最优的操作方法是_____。

A. 在两栏内容之前空出几行，打印出来后手动写上标题

B. 在两栏内容之上插入一个分节符，然后设置论文标题位置

C. 在两栏内容之上插入一个文本框，输入标题，并设置文本框的环绕方式

D. 在两栏内容之上插入一个艺术字标题

9. 在 Word 功能区中，拥有的选项卡分别是_____。

A. 开始、插入、布局、引用、邮件、审阅等

B. 开始、插入、编辑、布局、引用、邮件等

C. 开始、插入、编辑、布局、选项、邮件等

D. 开始、插入、编辑、布局、选项、帮助等

10. 在 Word 中，邮件合并功能支持的数据源不包括_____。

A. Word 数据源   B. Excel 工作表

C. PowerPoint 演示文稿   D. HTML 文件

11. 在 Word 文档中，选择从某一段落开始位置到文档末尾的全部内容，最优的操作方法是_____。

A. 将指针移动到该段落的开始位置，按 Ctrl+A 组合键

B. 将指针移动到该段落的开始位置，按住 Shift 键，单击文档的结束位置

C. 将指针移动到该段落的开始位置，按 Ctrl+Shift+End 组合键

D. 将指针移动到该段落的开始位置，按 Alt+Ctrl+Shift+PageDown 组合键

12. Word 文档的结构层次为"章-节-小节"，如章"1"为一级标题、节"1.1"为二级标题、小节"1.1.1"为三级标题，采用多级列表的方式已经完成了对第一章中章、节、小节的设置，如需完成剩余几章内容的多级列表设置，最优的操作方法是_____。

A. 复制第一章中的"章、节、小节"段落，分别粘贴到其他章节对应位置，然后替换标

题内容

　　B. 将第一章中的"章、节、小节"格式保存为标题样式，并将其应用到其他章节对应段落

　　C. 利用格式刷功能，分别复制第一章中的"章、节、小节"格式，并应用到其他章节对应段落

　　D. 逐个对其他章节对应的"章、节、小节"标题应用"多级列表"格式，并调整段落结构层次

　　13. 在 Word 文档编辑过程中，如需将特定的计算机应用程序窗口画面作为文档的插图，最优的操作方法是_____。

　　A. 使所需画面窗口处于活动状态，按下 PrintScreen 键，再粘贴到 Word 文档指定位置

　　B. 使所需画面窗口处于活动状态，按下 Alt+PrintScreen 组合键，再粘贴到 Word 文档指定位置

　　C. 利用 Word 插入"屏幕截图"功能，直接将所需窗口画面插入到 Word 文档指定位置

　　D. 在计算机系统中安装截屏工具软件，利用该软件实现屏幕画面的截取

　　14. 在 Word 文档中，学生"张小民"的名字被多次错误地输入为"张晓明""张晓敏""张晓民""张晓名"，纠正该错误的最优操作方法是_____。

　　A. 从前往后逐个查找错误的名字，并更正

　　B. 利用 Word "查找"功能搜索文本"张晓"，并逐一更正

　　C. 利用 Word "查找和替换"功能搜索文本"张晓*"，并将其全部替换为"张小民"

　　D. 利用 Word "查找和替换"功能搜索文本"张晓?"，并将其全部替换为"张小民"

　　15. 小王利用 Word 撰写专业学术论文时，需要在论文结尾处罗列出所有参考文献或书目，最优的操作方法是_____。

　　A. 直接在论文结尾处输入所参考文献的相关信息

　　B. 把所有参考文献信息保存在一个单独表格中，然后复制到论文结尾处

　　C. 利用 Word 中"管理源"和"插入书目"功能，在论文结尾处插入参考文献或书目列表

　　D. 利用 Word 中"插入尾注"功能，在论文结尾处插入参考文献或书目列表

　　16. 小明需要将 Word 文档内容以稿纸格式输出，最优的操作方法是_____。

　　A. 适当调整文档内容的字号，然后将其直接打印到稿纸上

　　B. 利用 Word 中的"稿纸设置"功能即可

　　C. 利用 Word 中的"表格"功能绘制稿纸，然后将文字内容复制到表格中

　　D. 利用 Word 中的"文档网格"功能即可

　　17. 下列操作中，不能在 Word 文档中插入图片的操作是_____。

　　A. 使用"插入对象"功能　　　　　　　　B. 使用"插入交叉引用"功能

　　C. 使用复制、粘贴功能　　　　　　　　　D. 使用"插入图片"功能

　　18. 在 Word 文档编辑状态下，将光标定位于任一段落位置，设置 1.5 倍行距后，结果将是_____。

　　A. 全部文档没有任何改变

　　B. 全部文档按 1.5 倍行距调整段落格式

　　C. 光标所在行按 1.5 倍行距调整格式

　　D. 光标所在段落按 1.5 倍行距调整格式

　　19. 小王需要在 Word 文档中将应用了"标题 1"样式的所有段落格式调整为"段前、段

后各 12 磅，单倍行距"，最优的操作方法是_____。

    A．将每个段落逐一设置为"段前、段后各 12 磅，单倍行距"

    B．将其中一个段落设置为"段前、段后各 12 磅，单倍行距"，然后利用格式刷功能将格式复制到其他段落

    C．修改"标题 1"样式，将其段落格式设置为"段前、段后各 12 磅，单倍行距"

    D．利用查找替换功能，将"样式：标题 1"替换为"行距：单倍行距，段落间距段前：12 磅，段后：12 磅"

20．如果希望为一个多页的 Word 文档添加页面图片背景，最优的操作方法是_____。

    A．在每一页中分别插入图片，并设置图片的环绕方式为衬于文字下方

    B．利用水印功能，将图片设置为文档水印

    C．利用页面填充效果功能，将图片设置为页面背景

    D．执行"插入"选项卡中的"页面背景"命令，将图片设置为页面背景

21．在 Word 中，不能作为文本转换为表格的分隔符的是_____。

    A．段落标记   B．制表符   C．@   D．##

22．将 Word 文档中的大写英文字母转换为小写，最优的操作方法是_____。

    A．执行"开始"选项卡"字体"组中的"更改大小写"命令

    B．执行"审阅"选项卡"格式"组中的"更改大小写"命令

    C．执行"引用"选项卡"格式"组中的"更改大小写"命令

    D．单击鼠标右键，执行右键菜单中的"更改大小写"命令

23．小李正在 Word 中编辑一篇包含 12 个章节的书稿，他希望每一章都能自动从新的一页开始，最优的操作方法是_____。

    A．在每一章最后插入分页符

    B．在每一章最后连续按回车键 Enter，直到下一页面开始处

    C．将每一章标题的段落格式设为"段前分页"

    D．将每一章标题指定为标题样式，并将样式的段落格式修改为"段前分页"

24．小李的打印机不支持自动双面打印，但他希望将一篇在 Word 中编辑好的论文连续打印在 A4 纸的正反两面上，最优的操作方法是_____。

    A．先单面打印一份论文，然后找复印机进行双面复印

    B．打印时先指定打印所有奇数页，将纸张翻过来后，再指定打印偶数页

    C．打印时先设置"手动双面打印"，等 Word 提示打印第二面时将纸张翻过来继续打印

    D．先在文档中选择所有奇数页并在打印时设置"打印所选内容"，将纸张翻过来后，再选择打印偶数页

25．张编辑休假前正在审阅一部 Word 书稿，他希望回来上班时能够快速找到上次编辑的位置，在 Word 2019 中最优的操作方法是_____。

    A．下次打开书稿时，直接通过滚动条找到该位置

    B．记住一个关键词，下次打开书稿时，通过"查找"功能找到该关键词

    C．记住当前页码，下次打开书稿时，通过"查找"功能定位页码

    D．在当前位置插入一个书签，通过"查找"功能定位书签

26．在 Word 中编辑一篇文稿时，纵向选择一块文本区域的最快捷操作方法是_____。

    A．按下 Ctrl 键不放，拖动鼠标分别选择所需的文本

B. 按下 Alt 键不放，拖动鼠标选择所需的文本

C. 按下 Shift 键不放，拖动鼠标选择所需的文本

D. 按 Ctrl+Shift+F8 组合键，然后拖动鼠标所需的文本

27. 在 Word 中编辑一篇文稿时，如需快速选取一个较长段落文字区域，最快捷的操作方法是_____。

A. 直接用鼠标拖动选择整个段落

B. 在段首单击，按下 Shift 键不放再单击段尾

C. 在段落的左侧空白处双击鼠标

D. 在段首单击，按下 Shift 键不放再按 End 键

28. 小刘使用 Word 编写与互联网相关的文章时，文中频繁出现 "@" 号，他希望能够在输入 "(A)" 后自动变为 "@"，最优的操作方法是_____。

A. 将 "(A)" 定义为自动更正选项

B. 先全部输入为 "(A)"，最后再一次性替换为 "@"

C. 将 "(A)" 定义为自动图文集

D. 将 "(A)" 定义为文档部件

29. 王老师在 Word 中修改一篇长文档时不慎将光标移动了位置，若希望返回最近编辑过的位置，最快捷的操作方法是_____。

A. 操作滚动条找到最近编辑过的位置并单击

B. 按 Ctrl+F5 组合键

C. 按 Shift+F5 组合键

D. 按 Alt+F5 组合键

30. 郝秘书在 Word 中草拟一份会议通知，他希望该通知结尾处的日期能够随系统日期的变化而自动更新，最快捷的操作方法是_____。

A. 通过插入日期和时间功能，插入特定格式的日期并设置为自动更新

B. 通过插入对象功能，插入一个可以链接到原文件的日期

C. 直接手动输入日期，然后将其格式设置为可以自动更新

D. 通过插入域的方式插入日期和时间

31. 小马在一篇 Word 文档中创建了一个漂亮的页眉，她希望在其他文档中还可以直接使用该页眉格式，最优的操作方法是_____。

A. 下次创建新文档时，直接从该文档中将页眉复制到新文档中

B. 将该文档保存为模板，下次可以在该模板的基础上创建新文档

C. 将该页眉保存在页眉文档部件库中，以备下次调用

D. 将该文档另存为新文档，并在此基础上修改即可

32. 小江需要在 Word 中插入一个利用 Excel 制作好的表格，并希望 Word 文档中的表格内容随 Excel 源文件的数据变化而自动变化，最快捷的操作方法是_____。

A. 在 Word 中通过 "插入" → "对象" 功能插入一个可以链接到原文件的 Excel 表格

B. 复制 Excel 数据源，然后在 Word 中通过 "开始" → "粘贴" → "选择性粘贴" 命令进行粘贴链接

C. 复制 Excel 数据源，然后在 Word 右键快捷菜单上选择带有链接功能的粘贴选择项

D. 在 Word 中通过 "插入" → "表格" → "Excel 电子表格" 命令链接 Excel 表格

33. 使用 Word 2019 编辑文档时，如果希望在"查找"对话框的"查找内容"文本框中只需输入一个较短的词，便能依次查找分散在文档各处的较长的词，如输入英文单词"look"，便能够查找到"looked""looking"等，以下最优的操作方法是_____。

    A. 在"查找"选项卡的"搜索选项"组中勾选"全字匹配"复选框

    B. 在"查找"选项卡的"搜索选项"组中勾选"使用通配符"复选框

    C. 在"查找"选项卡的"搜索选项"组中勾选"同音（英文）"复选框

    D. 在"查找"选项卡的"搜索选项"组中勾选"查找单词的所有形式（英文）"复选框

34. 在使用 Word 2019 撰写长篇论文时，要使各章内容从新的页面开始，最佳的操作方法是_____。

    A. 按空格键使插入点定位到新的页面

    B. 在每一章结尾处插入一个分页符

    C. 按回车键使插入点定位到新的页面

    D. 将每一章的标题样式设置为段前分页

35. 小李正在撰写毕业论文，并且要求只用 A4 规格的纸输出，在打印预览中，发现最后一页只有一行文字，他想把这一行提到上一页，以下最优的操作方法是_____。

    A. 小李可以在页面视图中使用 A3 纸进行排版，打印时使用 A4 纸，从而使最后一行文字提到上一页

    B. 小李可以在"页面布局"选项卡中减小页边距，从而使最后一行文字提到上一页

    C. 小李可以在"页面布局"选项卡中将纸张方向设置为横向，从而使最后一行文字提到上一页

    D. 小李可以在"开始"选项卡中，减小字体的大小，从而使最后一行文字提到上一页

36. 某 Word 文档中有一个 5 行×4 列的表格，如果要将另外一个文本文件中的 5 行文字拷贝到该表格中，并且使其正好成为该表格一列的内容，最优的操作方法是_____。

    A. 在文本文件中选中这 5 行文字，复制到剪贴板；然后回到 Word 文档中，将光标置于指定列的第一个单元格，将剪贴板内容粘贴过来

    B. 将文本文件中的 5 行文字，一行一行地复制、粘贴到 Word 文档表格对应列的 5 个单元格中

    C. 在文本文件中选中这 5 行文字，复制到剪贴板，然后回到 Word 文档中，选中对应列的 5 个单元格，将剪贴板内容粘贴过来

    D. 在文本文件中选中这 5 行文字，复制到剪贴板，然后回到 Word 文档中，选中该表格，将剪贴板内容粘贴过来

37. 在 Word 中编辑文档时，希望表格及其上方的题注总是出现在同一页上，最优的操作方法是_____。

    A. 当题注与表格分离时，在题注前按 Enter 键增加空白段落以实现目标

    B. 在表格最上方插入一个空行、将题注内容移动到该行中，并禁止该行跨页断行

    C. 设置题注所在段落与下段同页

    D. 设置题注所在段落孤行控制

38. 小周在 Word 2019 软件中，插入了一个 5 行 4 列的表格，现在需要对该表格从第 3 行开始，拆分为两个表格，以下最优的操作方法是_____。

    A. 将光标放在第 3 行第 1 个单元格中，使用快捷键 Ctrl+Shift+回车键将表格分为两个

表格

B. 将光标放在第 3 行第 1 个单元格中，使用快捷键 Ctrl+回车键将表格分为两个表格

C. 将光标放在第 3 行第 1 个单元格中，使用快捷键 Shift+回车键将表格分为两个表格

D. 将光标放在第 3 行最后 1 个单元格之外，使用回车键将表格分为两个表格

39. 姚老师正在将一篇来自互联网的以.html 格式保存的文档内容插入到 Word 中，最优的操作方法是_____。

A. 通过"复制"→"粘贴"功能，将其复制到 Word 文档中

B. 通过"插入"→"文件"功能，将其插入到 Word 文档中

C. 通过"文件"→"打开"命令，直接打开.html 格式的文档

D. 通过"插入"→"对象"→"文件中的文字"功能，将其插入到 Word 文档中

40. 在 Word 2019 中设计的某些包含复杂效果的内容如果在未来需要经常使用，如公文版头、签名及自定义公式等，最佳的操作方法是_____。

A. 将这些内容保存到文档部件库，需要时进行调用

B. 将这些内容复制到空白文件中，并另存为模板，需要时进行调用

C. 每次需要使用这些内容时，打开包含该内容的旧文档进行复制

D. 每次需要使用这些内容时，重新进行制作

41. 刘秘书利用 Word 2019 对一份报告默认的字体、段落、样式等格式进行了设置，她希望这组格式可以作为标准轻松应用到其他类似的文档中，最优的操作方法是_____。

A. 将当前报告中的格式保存为主题，在其他文档中应用该主题

B. 将当前报告的格式另存为样式集，并为新文档应用该样式集

C. 通过"格式刷"将当前报告中的格式复制到新文档的相应段落中

D. 将当前报告保存为模板，删除其中的内容后，每次基于该模板创建新文档

42. 某公司秘书小莉经常需要用 Word 编辑中文公文，她希望所录入的正文都能够段首空两个字符，最简捷的操作方法是_____。

A. 将一个"正文"样式为"首行缩进 2 字符"的文档保存为模板文件，然后每次基于该模板创建新公文

B. 每次编辑公文时，先输入内容然后选中所有正文文本将其设为"首行缩进 2 字符"

C. 在一个空白文档中将"正文"样式修改为"首行缩进 2 字符"，然后将当前样式集设为默认值

D. 在每次编辑公文前，先将"正文"样式修改为"首行缩进 2 字符"

43. 办公室小王正在编辑 A.docx 文档，A.docx 文档中保存了名为"一级标题"的样式，现在希望在 B.docx 文档中的某一段文本上也能使用该样式，以下小王的操作中最优的操作方法是_____。

A. 在 A.docx 文档中，打开"样式"对话框，找到"一级标题"样式，查看该样式的设置内容并记下，在 B.docx 文档中创建相同内容的样式并应用到该文档的段落文本中

B. 在 A.docx 文档中，打开"样式"对话框，单击"管理样式"按钮后，使用"导入/导出"按钮，将 A.docx 中的"一级标题"样式复制到 B.docx 文档中，在 B.docx 文档中便可直接使用该样式

C. 可以直接将 B.docx 文档中的内容复制/粘贴到 A.docx 文档中，这样就可以直接使用 A.docx 文档中的"一级标题"样式

D. 在 A.docx 文档中，选中该文档中应用了"一级标题"样式的文本，双击"格式刷"按钮，复制该样式到剪贴板，然后打开 B.docx 文档，单击需要设置样式的文本

44. 小华利用 Word 编辑一份书稿，出版社要求目录和正文的页码分别采用不同的格式，且均从第 1 页开始，最优的操作方法是_____。

A. 将目录和正文分别存在两个文档中，分别设置页码

B. 在目录与正文之间插入分节符，在不同的节中设置不同的页码

C. 在目录与正文之间插入分页符，在分页符前后设置不同的页码

D. 在 Word 中不设置页码，将其转换为 PDF 格式时再增加页码

45. 小明的毕业论文分别请两位老师进行了审阅。每位老师分别通过 Word 的修订功能对该论文进行了修改。现在，小明需要将两份经过修订的文档合并为一份，最优的操作方法是_____。

A. 小明可以在一份修订较多的文档中，将另一份修订较少的文档修改内容手动对照补充进去

B. 请一位老师在另一位老师修订后的文档中再进行一次修订

C. 利用 Word 比较功能，将两位老师的修订合并到一个文档中

D. 将修订较少的那部分舍弃，只保留修订较多的那份论文做为终稿

46. 张经理在对 Word 文档格式的工作报告修改过程中，希望在原始文档显示其修改的内容和状态，最优的操作方法是_____。

A. 利用"审阅"选项卡的批注功能，为文档中每一处需要修改的地方添加批注，将自己的意见写到批注框里

B. 利用"插入"选项卡的文本功能，为文档中的每一处需要修改的地方添加文档部件，将自己的意见写到文档部件中

C. 利用"审阅"选项卡的修订功能，选择带"显示标记"的文档修订查看方式后按下"修订"按钮，然后在文档中直接修改内容

D. 利用"插入"选项卡的修订标记功能，为文档中每一处需要修改的地方插入修订符号，然后在文档中直接修改内容

47. 张老师是某高校的招生办工作人员，现在需要使用 Word 的邮件合并功能，给今年录取到艺术系的江西籍新生每人发送一份录取通知书，其中录取新生的信息保存在"录取新生.txt"文件中，文件中包含考生号，姓名，性别，录取院系和考生来源省份等信息，以下最优的操作方法是_____。

A. 张老师可以打开"录取新生.txt"文件，找出所有江西籍录取到艺术系的新生保存到一个新文件中，然后使用这个新文件作为数据源，使用 Word 的邮件合并功能，生成每位新生的录取通知书

B. 张老师可以打开"录取新生.txt"文件，将文件内容保存到一个新的 Excel 文件中，使用 Excel 文件的筛选功能找出所有江西籍录取到艺术系的新生，然后使用这个新文件作为数据源，使用 Word 的邮件合并功能，生成每位新生的录取通知书

C. 张老师可以直接使用"录取新生.txt"文件作为邮件合并的数据源，在邮件合并的过程中使用"排序"功能，设置排序条件，先按照"录取院系升序，再按照考生来源省份升序"，得到满足条件的考生生成取通知书

D. 张老师可以直接使用"录取新生.txt"文件作为邮件合并的数据源，在邮件合并的过

程中使用"筛选"功能，设置筛选条件"录取院系等于艺术系，考生来源省份等于江西省"，将满足条件的考生生成录取通知书

2.2.2　参考答案

1. B	2. D	3. C	4. B
5. B	6. A	7. A	8. B
9. A	10. C	11. C	12. B
13. C	14. D	15. D	16. B
17. A	18. D	19. C	20. C
21. D	22. A	23. A	24. C
25. D	26. B	27. C	28. A
29. C	30. A	31. B	32. C
33. D	34. D	35. B	36. C
37. C	38. A	39. D	40. A
41. D	42. C	43. B	44. B
45. C	46. C	47. D	

习题 3　Excel 习题

3.1　浙江省计算机二级办公软件高级应用技术理论题

3.1.1　单项选择题

1. 关于筛选，下列叙述中正确的是_____。
A. 自动筛选可以同时显示数据区域和筛选结果
B. 高级筛选可以进行更复杂条件的筛选
C. 高级筛选不需要建立条件区，只有数据区域就可以了
D. 自动筛选可以将筛选结果放在指定的区域

2. 将数字向上舍入到最接近的偶数的函数是_____。
A. EVEN　　　　　　　B. ODD　　　　　　　C. ROUND　　　　　　D. TRUNC

3. 计算贷款指定期数应付的利息额应使用_____函数。
A. FV　　　　　　　　B. PV　　　　　　　　C. IPMT　　　　　　　D. PMT

4. 某单位要统计各科室人员工资情况，按工资从高到低排序，若工资相同，以工龄降序排序，则以下做法中正确的是_____。
A. 主要关键字为"科室"，次要关键字为"工资"，第二次要关键字为"工龄"
B. 主要关键字为"工资"，次要关键字为"工龄"，第二个次要关键字为"科室"
C. 主要关键字为"工龄"，次要关键字为"工资"，第二个次要关键字为"科室"
D. 主要关键字为"科室"，次要关键字为"工龄"，第二次要关键字为"工资"

5. 以下 Excel 运算符中优先级最高的是_____。
A. :　　　　　　　　　B. ,　　　　　　　　　C. *　　　　　　　　　D. +

6. 在一工作表中筛选出某项的正确操作方法是_____。
A. 鼠标单击数据表外的任一单元格，执行"数据→筛选"菜单命令，鼠标单击想查找列的向下箭头，从下拉菜单中选择筛选项
B. 鼠标单击数据表中任一单元格，执行"数据→筛选"菜单命令，鼠标单击想查找列的向下箭头，从下拉菜单中选择筛选项
C. 执行"查找与选择→查找"菜单命令，在"查找"对话框的"查找内容"框中输入要查找的项，单击"关闭"按钮
D. 执行"查找与选择→查找"菜单命令，在"查找"对话框的"查找内容"框中输入要查找的项，单击"查找下一个"按钮

7. 关于 Excel 表格，下面说法中不正确的是_____。

A. 表格的第一行为列标题（称字段名）

B. 表格中不能有空列

C. 表格与其他数据间至少留有空行或空列

D. 为了清晰，表格总是把第一行作为列标题，而把第二行空出来

8. 在记录单的右上角显示"3/30"，其意义是_____。

A. 当前记录单仅允许 30 个用户访问　　　　B. 当前记录是第 30 号记录

C. 当前记录是第 3 号记录　　　　　　　　D. 您是访问当前记录单的第 3 个用户

9. Excel 图表是动态的，当在图表中修改了数据系列的值时，与图表相关的工资表中的数据_____。

A. 出现错误值　　　　B. 不变　　　　　C. 自动修改　　　　D. 用特殊颜色显示

10. Excel 一维水平数组中元素用_____分开。

A. ;　　　　　　　　B. \　　　　　　　C. ,　　　　　　　D. \\

11. 下列函数中，_____函数不需要参数。

A. DATE　　　　　　B. DAY　　　　　　C. TODAY　　　　　D. TIME

12. 在一个表格中，为了查看满足部分条件的数据内容，最有效的方法是_____。

A. 选中相应的单元格　　　　　　　　　　B. 采用数据透视表工具

C. 采用数据筛选工具　　　　　　　　　　D. 通过宏来实现

13. 将数字截尾取整的函数是_____。

A. TRUNC　　　　　　B. INT　　　　　　C. ROUND　　　　　D. CEILING

14. 以下哪种方式在 Excel 中输入数值-6_____。

A. "6　　　　　　　B.（6）　　　　　　C. \6　　　　　　　D. \\6

15. 将数字向上舍入最接近的奇数的函数是_____。

A. ROUND　　　　　　B. TRUNC　　　　　C. EVEN　　　　　　D. ODD

16. 一个工作表各列数据均含标题，要对所有列数据进行排序，用户应选取的排序区域是_____。

A. 含标题的所有数据区　　　　　　　　　B. 含标题的任一列数据

C. 不含标题的所有数据区　　　　　　　　D. 不含标题任一列数据

17. 为了实现多字段的分类汇总，Excel 提供的工具是_____。

A. 数据地图　　　　　B. 数据列表　　　　C. 数据分析　　　　D. 数据透视表

18. Excel 文档包括_____。

A. 工作表　　　　　　B. 工作簿　　　　　C. 编辑区域　　　　D. 以上都是

19. 以下哪种方式可在 Excel 中输入文本类型的数字"0001"_____。

A. "0001"　　　　　B.' 0001　　　　　　C.\0001　　　　　　D.\\0001

20. VLOOKUP 函数从一个数组或表格的_____中查找含有特定值的字段，再返回同一列中某一指定单元格中的值。

A. 第一行　　　　　　B. 最末行　　　　　C. 最左列　　　　　D. 最右列

21. 下列关于 Excel 区域的定义中不正确的论述是_____。

A. 区域可由单一单元格组成　　　　　　　B. 区域可由同一列连续多个单元格组成

C. 区域可由不连续的单元格组成　　　　　D. 区域可由同一行连续多个单元格组成

22. 下列有关表格排序的说法中正确的是_____。

A. 只有数字类型可以作为排序的依据

B. 只有日期类型可以作为排序的依据

C. 笔画和拼音不能作为排序的依据

D. 排序规则有升序和降序

23. 返回参数组中非空值单元格数目的函数是_____。

A. COUNT   B. COUNTBLANK

C. COUNTIF   D. COUNTA

24. 使用 Excel 的数据筛选功能，是将_____。

A. 满足条件的记录显示出来，而删除掉不满足条件的数据

B. 不满足条件的记录暂时隐藏起来，只显示满足条件的数据

C. 不满足条件的数据用另外一个工作表来保存起来

D. 将满足条件的数据突出显示

25. Excel 一维垂直数组中元素用_____分开。

A. \   B. \\   C. ,   D. ;

26. 关于分类汇总，下列叙述中正确的是_____。

A. 分类汇总前首先应按分类字段值对记录排序

B. 分类汇总可以按多个字段分类

C. 只能对数值型字段分类

D. 汇总方式只能求和

27. Excel 中使用填充柄对包含数字的区域复制时应按住_____键。

A. Alt   B. Ctrl   C. Shift   D. Tab

3.1.2　单项选择题参考答案

1. B	2. A	3. C	4. A
5. A	6. B	7. D	8. C
9. C	10. C	11. C	12. C
13. A	14. B	15. D	16. A
17. D	18. D	19. B	20. C
21. C	22. D	23. D	24. B
25. D	26. A	27. A	

3.1.3　判断题

（　　）1. Excel 中的数据库函数都以字母 D 开头。

（　　）2. Excel 数组常量中的值可以是常量和公式。

（　　）3. 修改了图表数据源单元格的数据，图表会自动跟着刷新。

（　　）4. 在 Excel 工作表中建立数据透视图时，数据系列只能是数值。

（　　）5. 在 Excel 中，数组常量不得含有不同长度的行或列。

（　　）6. Excel 中数组区域的单元格可以单独编辑。

（ ） 7. 分类汇总只能按一个字段分类。

（ ） 8. 自动筛选的条件只能有一个，高级筛选的条件可以有多个。

（ ） 9. 数据透视表中的字段是不能进行修改的。

（ ） 10. 如需编辑公式，可以单击"插入"选项卡中"*fx*"图标启动公式编辑器。

（ ） 11. 在保存 Office 文件中，可以设置打开或修改文件的密码。

（ ） 12. Excel 2019 中的"兼容性函数"实际上已经由新函数替换。

（ ） 13. Excel 中 RAND 函数在工作表计算一次结果后就固定下来。

（ ） 14. 不同字段之间进行"或"运算的条件必须使用高级筛选。

（ ） 15. HLOOKUP 函数是在表格或区域第一行搜寻特定值的。

（ ） 16. Excel 中的数据库函数的参数个数均为 4 个。

（ ） 17. 高级筛选不需要建立条件区，只需要指定数据区域就可以。

（ ） 18. 当原始数据发生变化后，只需要单击"更新数据"按钮，数据透视表就会自动更新数据。

（ ） 19. Excel 中数字区域的单元格可以单独编辑。

（ ） 20. 在 Excel 中排序时如果有多个关键字段，则所有关键字段必须选用相同的排序趋势（递增/递减）。

（ ） 21. 在 Excel 中单击"数据"选项卡→"获取外部数据"→"自文本"，按文本导入向导命令可以把数据导入工作表中。

（ ） 22. 只有每列数据都有标题的工作表才能使用记录单功能。

（ ） 23. CONUT 函数用于计算区域中单元格个数。

（ ） 24. 在 Excel 中既可以按行排序，也可以按列排序。

（ ） 25. 在 Excel 中，符号"&"是文本运算符。

（ ） 26. Excel 的同一个数组常量中不可以使用不同类型的数值。

（ ） 27. Excel 使用的是从公元 0 年开始的日期系统。

（ ） 28. 不同字段之间进行"与"运算的条件必须使用高级筛选。

（ ） 29. Excel 中提供了保护工作表、保护工作簿和保护特定工作区域的功能。

（ ） 30. 在 Excel 中创建数据透视表时，可以从外部（如 DBF、MDB 等数据库文件）获取源数据。

（ ） 31. 在排序"选项"中可以指定关键字段按字母排序或笔画排序。

（ ） 32. 在 Excel 中，数组常量可以分为一维数组和二维数组。

（ ） 33. Excel 中使用分类汇总，必须先对数据区域进行排序。

（ ） 34. 如果筛选条件出现在多列中，并且条件间有"与"的关系，必须使用高级筛选。

（ ） 35. 实施了保护工作表的 Excel 工作簿，在不知道保护密码的情况下无法打开工作簿。

3.1.4 判断题参考答案

1. √   2. ×   3. √   4. ×
5. √   6. ×   7. √   8. ×

9. ×	10. ×	11. √	12. √
13. ×	14. √	15. √	16. ×
17. ×	18. √	19. √	20. ×
21. √	22. √	23. ×	24. √
25. √	26. √	27. ×	28. ×
29. √	30. √	31. √	32. √
33. √	34. ×	35. ×	

3.2　全国计算机二级 MS Office 高级应用理论题

3.2.1　选择题

1. 在 Excel 某列单元格中，快速填充 2011 年～2013 年每月最后一天日期的最优操作方法是_____。

A. 在第一个单元格中输入"2011-1-31"，然后使用 EOMONTH 函数填充其余 35 个单元格

B. 在第一个单元格中输入"2011-1-31"，拖动填充柄，然后使用智能标记自动填充其余 35 个单元格

C. 在第一个单元格中输入"2011-1-31"，然后使用格式刷直接填充其余 35 个单元格

D. 在第一个单元格中输入"2011-1-31"，然后执行"开始"选项卡中的"填充"命令

2. 如果 Excel 单元格值大于 0，则在本单元格中显示"已完成"；单元格值小于 0，则在本单元格中显示"还未开始"；单元格值等于 0，则在本单元格中显示"正在进行中"，最优的操作方法是_____。

A. 使用 IF 函数

B. 通过自定义单元格格式，设置数据的显示方式

C. 使用条件格式命令

D. 使用自定义函数

3. 小刘用 Excel 2019 制作了一份员工档案表，但经理的计算机中只安装了 Office 2003，能让经理正常打开员工档案表的最优操作方法是_____。

A. 将文档另存为 Excel97-2003 文档格式

B. 将文档另存为 PDF 格式

C. 建议经理安装 Office 2019

D.小刘自行安装 Office 2003，并重新制作一份员工档案表

4. 在 Excel 工作表中，编码与分类信息以"编码|分类"的格式显示在了一个数据列内，若将编码与分类分为两列显示，最优的操作方法是_____。

A. 重新在两列中分别输入编码列和分类列，将原来的编码与分类列删除

B. 将编码与分类列在相邻位置复制一列，将一列中的编码删除，另一列中的分类删除

C. 使用文本函数将编码与分类信息分开

D. 在编码与分类列右侧插入一个空列，然后利用 Excel 的分列功能将其分开

5. 以下错误的 Excel 公式形式是_____。

A. =SUM(B3:E3)*$F$3

B. =SUM(B3:3E)*F3

C. =SUM(B3:$E3)*F3

D. =SUM(B3:E3)*F$3

6. 以下对 Excel 高级筛选功能的说法中正确的是_____。

A. 高级筛选择通常需要在工作表中设置条件区域

B. 利用"数据"选项卡中的"排序和筛选"组内的"筛选"命令可进行高级筛选

C. 高级筛选之前必须对数据进行排序

D. 高级筛选就是自定义筛选

7. 初二年级各班的成绩单分别保存在独立的 Excel 工作簿文件中，李老师需要将这些成绩单合并到一个工作簿文件中进行管理，最优的方法是_____。

A. 将各班成绩单中的数据分别通过复制、粘贴的命令整合到一个工作簿中

B. 通过移动或复制工作表功能，将各班成绩单整合到一个工作簿中

C. 打开一个班的成绩单，将其他班级的数据录入到同一个工作簿的不同工作表中

D. 通过插入对象功能，将各班成绩单整合到一个工作簿中

8. 某公司需要在 Excel 中统计各类商品的全年销量冠军，最优的操作方法是_____。

A. 在销量表中直接找到每类商品的销量冠军，并用特殊的颜色标记

B. 分别对每类商品的销量进行排序，将销量冠军用特殊的颜色标记

C. 通过自动筛选功能，分别找出每类商品的销量冠军，并用特殊的颜色标记

D. 通过设置条件格式，分别标出每类商品的销量冠军

9. 在 Excel 中，要显示公式与单元格之间的关系，可通过以下方式实现_____。

A. "公式"选项卡的"函数库"组中有关功能

B. "公式"选项卡的"公式审核"组中有关功能

C. "审阅"选项卡的"校对"组中有关功能

D. "审阅"选项卡的"更改"组中有关功能

10. 在 Excel 中，设定与使用"主题"的功能是指_____。

A. 标题　　　　　　　　B. 一段标题文字　　　　　　C. 一个表格　　　　　　D. 一组格式集合

11. 在 Excel 成绩单工作表中包含了 20 个同学成绩，C 列为成绩值，第一行为标题行，在不改变行列顺序的情况下，在 D 列统计成绩排名，最优的操作方法是（　　　　）。

A. 在 D2 单元格中输入"=RANK(C2，$C2:$C21)"，然后向下拖动该单元格的填充柄到 D21 单元格

B. 在 D2 单元格中输入"=RANK(C2，C$2:C$21)"，然后向下拖动该单元格的填充柄到 D21 单元格

C. 在 D2 单元格中输入"=RANK(C2，$C2:$C21)"，然后双击该单元格的填充柄

D. 在 D2 单元格中输入"=RANK(C2，C$2:C$21)"，然后双击该单元格的填充柄

12. 在 Excel 工作表 A1 单元格里存放了 18 位二代身份证号码，其中第 7～10 位表示出生年份。在 A2 单元格中利用公式计算该人的年龄，最优的操作方法是_____。

A. =YEAR(TODAY())-MID(A1,6,8)

B. =YEAR(TODAY())-MID(A1,6,4)

C. =YEAR(TODAY())-MID(A1,7,8)

D. =YEAR(TODAY())-MID(A1,7,4)

13. 在 Excel 工作表多个不相邻的单元格中输入相同的数据，最优的操作方法是_____。

    A. 在其中一个位置输入数据，然后逐次将其复制到其他单元格

    B. 在输入区域最左上方的单元格中输入数据，双击填充柄，将其填充到其他单元格

    C. 在其中一个位置输入数据，将其复制后，利用 Ctrl 键选择其他全部输入区域，再粘贴内容

    D. 同时选中所有不相邻单元格，在活动单元格中输入数据，然后按 Ctrl+Enter 键

14. Excel 工作表 B 列保存了 11 位手机号码信息，为了保护个人隐私，需将手机号码的后 4 位均用"*"表示，以 B2 单元格为例，最优的操作方法是_____。

    A. =REPLACE(B2,7,4,"****"）   B. =REPLAICE(B2,8,4,"****"）

    C. =MID(B2,7,4,"****")   D. =MID(B2,8.4,"****")

15. 小李在 Excel 中整理职工档案，希望"性别"一列只能从"男"、"女"两个值中进行选择，否则系统提示错误信息，最优的操作方法是_____。

    A. 通过 IF 函数进行判断，控制"性别"列的输入内容

    B. 请同事帮忙进行检查，错误内容用红色标记

    C. 设置条件格式，标记不符合要求的数据

    D. 设置数据有效性，控制"性别"列的输入内容

16. 小谢在 Excel 工作表中计算每个员工的工作年限，每满一年计一年工作年限，最优的操作方法是_____。

    A. 根据员工的入职时间计算工作年限，然后手动录入到工作表中

    B. 直接用当前日期减去入职日期，然后除以 365，并向下取整

    C. 使用 TODAY 函数返回值减去入职日期，然后除以 365，并向下取整

    D. 使用 YEAR 函数和 TODAY 函数获取当前年份，然后减去入职年份

17. 在 Excel 工作表单元格中输入公式时，F$2 的单元格引用方式称为_____。

    A. 交叉地址引用   B. 混合地址引用

    C. 相对地址引用   D. 绝对地址引用

18. 在同一个 Excel 工作簿中，如需区分不同工作表的单元格，则要在引用地址前面增加_____。

    A. 单元格地址   B. 公式   C. 工作表名称   D. 工作簿名称

19. 在 Excel 中，如需对 A1 单元格数值的小数部分进行四舍五入运算，最优的操作方法是_____。

    A. =INT(A1)   B. =INT(A1+0.5)

    C. =ROUND(A1,0)   D. =ROUNDUP(A1,0)

20. Excel 工作表 D 列保存了 18 位身份证号码信息，为了保护个人隐私，需将身份证信息的第 3、4 位和第 9、10 位用"*"表示，以 D2 单元格为例，最优的操作方法是_____。

    A. =REPLACE(D2,9,2,"**")+REPLACE(D2,3,2,"**")

    B. =REPLACE(D2,3,2,"**",9,2,"**")

    C. =REPLACE(REPLACE(D2,9,2,"**"),3,2,"**")

    D. =MID(D2,3,2,"**",9,2,"**")

21. 将 Excel 工作表 A1 单元格中的公式 SUM(B$2:C$4）复制到 B18 单元格后，原公式将变为_____。

    A. SUM(C$19:D$19)   B. SUM(C$2:D$4

    C. SUM(B$19:C$19)   D. SUM(B$2:C$4)

22. 不可以在 Excel 工作表中插入的迷你图类型是_____。

    A.迷你折线图   B.迷你柱形图   C.迷你散点图   D.迷你盈亏图

23. 小明希望在 Excel 的每个工作簿中输入数据时，字体、字号总能自动设为 Calibri、9磅，最优的操作方法是_____。

    A. 先输入数据，然后选中这些数据并设置其字体、字号

    B. 先选中整个工作表，设置字体、字号后再输入数据

    C. 先选中整个工作表并设置享体、字号，之后将其保存为模板，再依据该模板创建新工作簿并输入数据

    D. 通过后台视图的常规选项，设置新建工作簿时默认的字体、字号，然后再新建工作簿并输入数据

24. 小李正在 Excel 中编辑一个包含上千人的工资表，他希望在编辑过程中总能看到表明每列数据性质的标题行，最优的操作方法是_____。

    A. 通过 Excel 的拆分窗口功能，使得上方窗口显示标题行，同时在下方窗口中编辑内容

    B. 通过 Excel 的冻结窗格功能将标题行固定

    C. 通过 Excel 的新建窗口功能，创建一个新窗口，并将两个窗口水平并排显示，其中上方窗口显示标题行

    D. 通过 Excel 的打印标题功能设置标题行重复出现

25. 老王正在 Excel 中计算员工本年度的年终奖金，他希望与存放在不同工作簿中的前三年奖金发放情况进行比较，最优的操作方法是_____。

    A. 分别打开前三年的奖金工作簿，将他们复制到同一个工作表中进行比较

    B. 通过全部重排功能，将四个工作簿平铺在屏幕上进行比较

    C. 通过并排查看功能，分别将今年与前三年的数据两两进行比较

    D. 打开前三年的奖金工作簿，需要比较时在每个工作簿窗口之间进行切换查看

26. 钱经理正在审阅借助 Excel 统计的产品销售情况，他希望能够同时查看这个千行千列的超大工作表的不同部分，最优的操作方法_____。

    A. 将该工作簿另存几个副本，然后打开并重排这几个工作簿以分别查看不同的部分

    B. 在工作表合适的位置东结拆分窗格，然后分别查看不同的部分

    C. 在工作表合适的位置拆分窗口，然后分别查看不同的部分

    D. 在工作表中新建几个窗口，重排窗口后在每个窗口中查看不同的部分

27. 在 Excel 工作表中输入了大量数据后，若要在该工作表中选择一个连续且较大范围的特定数据区域，最快捷的方法是_____。

    A. 选中该数据区域的某一个单元格，然后按 Ctrl+A 组合健

    B. 单击该数据区域的第一个单元格，按下 Shift 键不放再单击该区域的最后一个单元格

    C. 单击该数据区域的第一个单元格，按 Ctrl+Shift+End 组合键

    D. 用鼠标直接在数据区域中拖动完成选择

28. 小陈在 Excel 中对产品销售情况进行分析，他需要选择不连续的数据区域作为创建分

析图表的数据源，最优的操作方法是_____。

    A. 直接拖动鼠标选择相关的数据区域

    B. 按下 Ctrl 键不放，拖动鼠标依次选择相关的数据区域

    C. 按下 Shift 键不放，拖动鼠标依次选择相关的数据区域

    D. 在名称框中分别输入单元格区域地址，中间用西文半角逗号分隔

29. 赵老师在 Excel 中为 400 位学生每人制作了一个成绩条，每个成绩条之间有一个空行分隔。他希望同时选中所有成绩条及分隔空行，最快捷的操作方法是_____。

    A. 直接在成绩条区域中拖动鼠标进行选择

    B. 单击成绩条区域的某一个单元格，然后按 Ctrl+A 组合键两次

    C. 单击成绩条区域的第一个单元格，然后按 Ctrl+Shift+End 组合键

    D. 单击成绩条区域的第一个单元格，按下 Shift 键不放再单击该区域的最后一个单元格

30. 小曾希望对 Excel 工作表的 D、E、F 三列设置相同的格式，同时选中这三列的最快捷操作方法是_____。

    A. 用鼠标直接在 D、E、F 三列的列标上拖动完成选择

    B. 在名称框中输入地址"D:F"，按回车键完成选择

    C. 在名称框中输入地址""D,E,F"，按回车键完成选择

    D. 按下 Ctrl 键不放，依次单击 D、E、F 三列的列标

31. 小王要将一份通过 Excel 整理的调查问卷统计结果送交经理审阅，这份调查表包含统计结果和中间数据两个工作表。他希望经理无法看到其存放中间数据的工作表，最优的操作方法是_____。

    A. 将存放中间数据的工作表删除

    B. 将存放中间数据的工作表移动到其他工作簿保存

    C. 将存放中间数据的工作表隐藏，然后设置保护工作表隐藏

    D. 将存放中间数据的工作表隐藏，然后设置保护工作簿结构

32. 小韩在 Excel 中制作了一份通讯录，并为工作表数据区域设置了合适的边框和底纹，她希望工作表中默认的灰色网格线不再显示，最快捷的操作方法是_____。

    A. 在"页面设置"对话框中设置不显示网格线

    B. 在"页面布局"选项卡上的"工作表选项"组中设置不显示网格线

    C. 在后台视图的高级选项下，设置工作表不显示网格线

    D. 在后台视图的高级选项下，设置工作表网格线为白色

33. 小胡利用 Excel 对销售人员的销售额进行统计，销售工作表中已包含每位销售人员对应的产品销量，且产品销售单价为 308 元，计算每位销售人员销售额的最优操作方法是_____。

    A. 直接通过公式"=销量×308"计算销售额

    B. 将单价 308 定义名称为"单价"，然后在计算销售额的公式中引用该名称

    C. 将单价 308 输入到某个单元格中，然后在计算销售额的公式中绝对引用该单元格

    D. 将单价 308 输入到某个单元格中，然后在计算销售额的公式中相对引用该单元格

34. 在 Excel 中希望为若干个同类型的工作表标签设置相同的颜色，最优的操作方法是_____。

    A. 依次在每个工作表标签中单击右键，通过"设置工作表标签颜色"命令为其分别指定相同的颜色

B. 先为一个工作表标签设置颜色，然后复制多个工作表即可

C. 按下 Ctrl 键依次选择多个工作表，然后通过右键"设置工作表标签颜色"命令统一指定颜色

D. 在后台视图中，通过 Excel 常规选项设置默认的工作表标签颜色后即可统一应用到所有工作表中

35. 一个工作簿中包含 20 张工作表，分别以 1997 年、1998 年、…、2016 年命名。快速切换到工作表"2008 年"的最优方法是（   ）。

A. 在工作表标签左侧的导航栏中单击左、右箭头按钮，显示并选择工作表"2008 年"

B. 在编辑栏左侧的"名称框"中输入工作表名"2008 年"后按回车键

C. 通过"开始"选项卡上"查找和选择"按钮下的"定位"功能，即可转到工作表"2008 年"

D. 在工作表标签左侧的导航栏中单击右键，从列表中选择工作表"2008 年"

36. 在 Excel 中，希望将工作表"员工档案"从工作簿 A 移动到工作簿 B 中，最快捷的操作方法是_____。

A. 在工作簿 A 中选择工作表"员工档案"中的所有数据，通过"剪切"→"粘贴"功能移动到工作簿 B 中名为"员工档案"的工作表内

B. 将两个工作簿并排显示，然后从工作簿 A 中拖动工作表"员工档案"到工作簿 B 中

C. 在"员工档案"工作表表名上单击右键，通过"移动或复制"命令将其移动到工作簿 B 中

D. 先将工作簿 A 中的"员工档案"作为当前活动工作表，然后在工作簿 B 中通过"插入"→"对象"功能插入该工作簿

37. 孙老师在 Excel 2019 中管理初一年级各班的成绩表时，需要同时选中所有工作表的同一区域，最快捷的操作方法是_____。

A. 在第一张工作表中选择区域后，切换到第二张工作表并在按下 Ctrl 键时选择同一区域，相同方法依次在其他工作表中选择同一区域

B. 在第一张工作表中选择区域后，按下 Shift 键单击最后一张工作表标签，所有工作表的同一区域均被选中

C. 单击第一张工作表标签，按下 Ctrl 键依次单击其他工作表标签，然后在其中一张工作表中选择某一区域，其他工作表同一区域将同时被选中

D. 在名称框中以"工作表 1 名!区域地址，工作表 2 名!区域地址，……"的格式输入跨表地址后回车

38. 小梅想要了解当前 Excel 2019 文档中的工作表最多有多少行，最快捷的操作方法是_____。

A. 按下 Ctrl 键的同时连续按向下光标键↓，光标跳到工作表的最末一行，查看行号或名称框中的地址即可

B. 按 Ctrl+Shift+End 组合键，选择到最后一行单元格，查看行号或名称框中的地址即可

C. 操作工作表右侧的垂直滚动条，直到最后一行出现，查看行号即可

D. 选择整个工作表，通过查找和选择下的"定位条件"功能，定位到最后一个单元格，查看行号或名称框中的地址即可

39. 在 Excel 2019 中，要填充从 1 到 100,000 的序列，最佳的操作方法是_____。

A. 从 1 开始手动输入到 100,000

B. 在前两个单元格分别输入 1 和 2 后，选中这两个单元格，使用填充柄拖曳复制到 100,000

C. 在第一个单元格输入 1 后，使用位于"开始"选项卡的填充命令，填充到 100,000

D. 在第一个单元格输入 1 后，按住 Ctrl 键，使用填充柄拖曳复制到 100,000

40. 在 Excel 2019 中，要在某个单元格区域的所有空单元格中填入相同的内容，最佳的操作方法是_____。

A. 逐一选中这些空单元格，并输入相同的内容

B. 按住 Ctrl 键，同时选中这些空单元格，然后在活动单元格中输入所需内容，并使用 Ctrl+Enter 组合键在其他空单元格中填入相同内容

C. 选中包含空单元格的区域，并定位到空值，然后在活动单元格中输入所需内容，并使用 Ctrl+Enter 组合键在其他空单元格中填入相同内容

D. 按住 Ctrl 键，同时选中这些空单元格，然后逐一输入相同的内容

41. 在 Excel2019 中，E3:E39 保存了单位所有员工的工资信息，现在需要对所有员工的工资增加 50 元，以下最优的操作方法是_____。

A. 在 E3 单元格中输入公式=E3+50，然后使用填充柄填充到 E39 单元格中

B. 在 E 列后插入一个新列 F 列，输入公式=E3+50，然后使用填充柄填充到 F39 单元格，最后将 E 列删除，此时 F 列即为 E 列，更改一下标题名称即可

C. 在工作表数据区域之外的任一单元格中输入 50，复制该单元格，然后选中 E3 单元格，单击右键，使用"选择性粘贴"，最后使用填充柄填充到 E39 单元格中

D. 在工作表数据区域之外的任一单元格中输入 50，复制该单元格，然后选中 E3:E39 单元格区域，单击右键，使用"选择性粘贴"即可

42. 在 Excel 2019 中，希望在一个单元格输入两行数据，最优的操作方法是_____。

A. 在第一行数据后直接按 Enter 键

B. 在第一行数据后按 Shfit+Enter 组合键

C. 在第一行数据后按 Alt+Enter 组合键

D. 设置单元格自动换行后适当调整列宽

43. 在 Excel 2019 中，将单元格 B5 中显示为"#"号的数据完整显示出来的最快捷的方法是_____。

A. 设置单元格 B5 自动换行

B. 将单元格 B5 与右侧的单元格 C5 合并

C. 双击 B 列列标的右边框

D. 将单元格 B5 的字号减小

44. Excel 2019 中，需要对当前工作表进行分页，将 1~18 行作为一页，余下的作为另一页，以下最优的操作方法是_____。

A. 选中 A18 单元格，单击"页面布局"选项卡下"页面设置"组中的"分隔符/插入分页符"按钮

B. 选中 A19 单元格，单击"页面布局"选项卡下"页面设置"组中的"分隔符/插入分页符"按钮

C. 选中 B18 单元格，单击"页面布局"选项卡下"页面设置"组中的"分隔符/插入分

页符"按钮

D. 选中 B19 单元格，单击"页面布局"选项卡下"页面设置"组中的"分隔符/插入分页符"按钮

45. 李老师是初三年级的辅导员，现在到了期末考试，考试结束后初三年级的三个班由各班的班主任老师统计本班级的学生各科考试成绩，李老师需要对三个班级的学生成绩进行汇总，以下最优的操作方法是_____。

A. 李老师可以将班级成绩统计表打印出来，交给三个班级的班主任老师，让他们手工填上学生的各科考试成绩和计算出总成绩，收回后自己汇总

B. 李老师可以建立一个 Excel 工作簿，为每个班级建立一个工作表，传给三个班级的班主任老师，让他们在自己班级的工作表上录入学生的各科考试成绩和计算总成绩，最后李老师可以使用"合并计算"功能汇总三个班级的考试成绩

C. 李老师可以建立一个 Excel 工作簿，为每个班级建立一个工作表，传给三个班级的班主任老师，让他们在自己班级的工作表上录入学生的各科考试成绩和计算总成绩，最后李老师可以将每个班级的数据"复制/粘贴"到新工作表中进行汇总

D. 李老师可以建立一个 Excel 工作簿，只制作一个工作表，三个班级的班主任老师依次分别录入各班的学生考试成绩，最后李老师根据录入的数据进行汇总

46. 小王是某单位的会计，现需要统计单位各科室人员的工资情况，按工资从高到低排序，若工资相同，以工龄降序排序。以下最优的操作方法是_____。

A. 设置排序的主要关键字为"科室"，次要关键字为"工资"，第二次要关键字为"工龄"

B. 设置排序的主要关键字为"工资"，次要关键字为"工龄"，第二次要关键字为"科室"

C. 设置排序的主要关键字为"工龄"，次要关键字为"工资"，第二次要关键字为"科室"

D. 设置排序的主要关键字为"科室"，次要关键字为"工龄"，第二次要关键字为"工资"

47. 在 Excel 2019 工作表中根据数据源创建了数据透视表，当数据透视表对应的数据源发生变化时，需快速更新数据透视表中的数据，以下最优的操作方法是_____。

A. 单击"分析"选项卡下"操作"组中的"选择/整个数据透视表"项

B. 单击"分析"选项卡下"数据"组中的"刷新"按钮

C. 选中整个数据区域，重新创建数据透视表

D. 单击"分析"选项卡下"筛选"组中的"插入切片器"按钮

48. 在 Excel 工作表中存放了第一中学和第二中学所有班级总计 300 个学生的考试成绩，A 列到 D 列分别对应"学校""班级""学号""成绩"，利用公式计算第一中学 3 班的平均分，最优的操作方法是_____。

A. =SUMIFS(D2:D301,A2:A301,"第一中学",B2:B301,"3 班")/COUNTIFS(A2:A301,"第一中学",B2:B301,"3 班")

B. =SUMIFS(D2:D301,B2:B301,"3 班")/COUNTIFS(B2:B301,"3 班")

C. =AVERAGEIFS(D2:D301,A2:A301,"第一中学",B2:B301,"3 班")

D. =AVERAGEIF(D2:D301,A2:A301,"第一中学",B2:B301,"3 班")

49. 小金从网站上查到了最近一次全国人口普查的数据表格，他准备将这份表格中的数据引用到 Excel 中以便进一步分析，最优的操作方法是_____。

A. 对照网页上的表格，直接将数据输入到 Excel 工作表中

B. 通过复制、粘贴功能，将网页上的表格复制到 Excel 工作表中

C. 通过 Excel 中的"自网站获取外部数据"功能，直接将网页上的表格导入到 Excel 工作表中

D. 先将包含表格的网页保存为 .htm 或 .mht 格式文件，然后在 Excel 中直接打开该文件

3.2.2　参考答案

1. A	2. A	3. A	4. D
5. B	6. A	7. D	8. D
9. B	10. D	11. A	12. D
13. D	14. B	15. D	16. C
17. B	18. C	19. C	20. C
21. B	22. C	23. D	24. B
25. B	26. B	27. B	28. B
29. C	30. A	31. D	32. B
33. B	34. C	35. D	36. C
37. B	38. A	39. C	40. C
41. D	42. C	43. C	44. B
45. B	46. A	47. B	48. C
49. C			

习题 4 PowerPoint 习题

4.1 浙江省计算机二级办公软件高级应用技术理论题

4.1.1 单项选择题

1. 幻灯片中占位符的作用是_____。
A. 表示文本长度
B. 限制插入对象的数量
C. 表示图形大小
D. 为文本、图形预留位置

2. 如果希望在演示过程中终止幻灯片的演示，则随时可按的终止键是_____。
A. Delete
B. Ctrl+E
C. Shift+C
D. Esc

3. 下面哪个视图中，不可以编辑、修改幻灯片_____。
A. 浏览
B. 普通
C. 大纲
D. 备注页

4. 幻灯片放映过程，单击鼠标右键，选择"指针选项"中的荧光笔，在讲解过程中可以进行写和画，其结果是_____。
A. 对幻灯片进行了修改
B. 对幻灯片没有进行修改
C. 写和画的内容留在幻灯片上，下次放映还会显示出来
D. 写和画的内容可以保存起来，以便下次放映时显示出来

5. PowerPoint 文档保护方法包括_____。
A. 用密码进行加密
B. 转换文件类型
C. IRM 权限设置
D. 以上都是

6. 可以用拖动方法改变幻灯片的顺序是_____。
A. 幻灯片视图
B. 备注页视图
C. 幻灯片浏览视图
D. 幻灯片放映

7. 改变演讲文稿外观可以通过_____。
A. 修改主题
B. 修改母版
C. 修改背景样式
D. 以上三个都对

8. 下列关于 PowerPoint 的说法中错误的是_____。
A. 可以动态显示文本和对象
B. 可以更改动画对象的出现顺序
C. 图表中的元素不可以设置动画效果
D. 可以设置动画片切换效果

9. 改变演示文稿外观可以通过_____。

A. 修改主题   B. 修改母版

C. 修改背景样式   D. 以上三个都对

4.1.2 单项选择题参考答案

1. D   2. D   3. A   4. D

5. D   6. C   7. D   8. C

9. D

4.1.3 判断题

(   ) 1. 在幻灯片中，超链接的颜色设置是不能改变的。

(   ) 2. 演示文稿的背景最好采用统一的颜色。

(   ) 3. 在 PowerPoint 中，旋转工具能旋转文本和图像对象。

(   ) 4. 在幻灯片中，剪贴图有静态和动态两种。

(   ) 5. 当在一张幻灯片中将某文本行降级时，使该行缩进一个幻灯片层。

(   ) 6. 在幻灯片母版中进行设置，可以起到统一整个幻灯片的风格的作用。

(   ) 7. 可以改变单个幻灯片背景的图案和字体。

(   ) 8. PowerPoint 中不但提供了对文稿的编辑保护，还可以设置对节分隔的区域内容进行编辑限制和保护。

(   ) 9. 在幻灯片母版设置中，可以起到统一标题内容作用。

4.1.4 判断题参考答案

1. ×   2. √   3. √   4. √

5. √   6. √   7. √   8. ×

9. ×

4.2 全国计算机二级 MS Office 高级应用理论题

4.2.1 选择题

1. 在一次校园活动中拍摄了很多数码照片，现需将这些照片整理到一个 PowerPoint 演示文稿中，快速制作的最优操作方法是_____。

A. 创建一个 PowerPoint 相册文件

B. 创建一个 PowerPoint 演示文稿，然后批量插入图片

C. 创建一个 PowerPoint 演示文稿，然后在每页幻灯片中插入图片

D. 在文件夹中选择中所有照片，然后单击鼠标右键直接发送到 PowerPoint 演示文稿中

2. 如果需要在一个演示文稿的每页幻灯片左下角相同位置插入学校的校徽图片，最优的操作方法是_____。

A. 打开幻灯片母版视图，将校徽图片插入在母版中

B. 打开幻灯片普通视图，将校徽图片插入在幻灯片中

C. 打开幻灯片放映视图，将校徽图片插入在幻灯片中

D. 打开幻灯片浏览视图，将校徽图片插入在幻灯片中

3. 小李利用 PowerPoint 制作产品宣传方案，并希望在演示时能够满足不同对象的需要，处理该演示文稿的最优操作方法是_____。

A. 制作一份包含适合所有人群的全部内容的演示文稿，每次放映时按需要进行删减

B. 制作一份包含适合所有人群的全部内容的演示文稿，放映前隐藏不需要的幻灯片

C. 制作一份包含适合所有人群的全部内容的演示文稿，然后利用自定义幻灯片放映功能创建不同的演示方案

D. 针对不同的人群，分别制作不同的演示文稿

4. 江老师使用 Word 编写完成了课程教案，需根据该教案创建 PowerPoint 课件，最优的操作方法是_____。

A. 参考 Word 教案，直接在 PowerPoint 中输入相关内容

B. 在 Word 中直接将教案大纲发送到 PowerPoint 中

C. 从 Word 文档中复制相关内容到幻灯片中

D. 通过插入对象方式将 Word 文档内容插入到幻灯片中

5. 可以在 PowerPoint 内置主题中设置的内容是_____。

A. 字体、颜色和表格　　　　　　　　　B. 效果、背景和图片

C. 字体、颜色和效果　　　　　　　　　D. 效果、图片和表格

6. 在 PowerPoint 演示文稿中，不可以使用的对象是_____。

A. 图片　　　　　　B. 超链接　　　　　　C. 视频　　　　　　D. 书签

7. 小姚负责新员工的入职培训工作。在培训演示文稿中需要制作公司的组织结构图。在 PowerPoint 中最优的操作方法是_____。

A. 通过插入 SmartArt 图形制作组织结构图

B. 直接在幻灯片的适当位置通过绘图工具绘制出组织结构图

C. 通过插入图片或对象的方式，插入在其他程序中制作好的组织结构图

D. 先在幻灯片中分级输入组组结构图的文字内容，然后将文字转换为 SmartArt 组组结构图

8. 李老师在用 PowerPoint 制作课件，她希望将学校的徽标图片放在除标题页之外的所有幻灯片右下角，并为其指定一个动画效果。最优的操作方法是_____。

A. 先在一张幻灯片上插入徽标图片，并设置动画，然后将该徽标图片复制到其他幻灯片上

B. 分别在每一张幻灯片上插入徽标图片，并分别设置动画

C. 先制作一张幻灯片并插入徽标图片，为其设置动画，然后多次复制该张幻灯片

D. 在幻灯片母版中插入徽标图片，并为其设置动画

9. PowerPoint 演示文稿包含了 20 张幻灯片，需要放映奇数页幻灯片，最优的操作方法

是_____。

    A. 将演示文稿的偶数张幻灯片删除后再放映

    B. 将演示文稿的偶数张幻灯片设置为隐藏后再放映

    C. 将演示文稿的所有奇数张幻灯片添加到自定义放映方案中，然后再放映

    D. 设置演示文稿的偶数张幻灯片的换片持续时间为 0.01 秒，自动换片时间为 0 秒，然后再放映

10. 将一个 PowerPoint 演示文稿保存为放映文件，最优的操作方法是_____。

    A. 在"文件"后台视图中选择"保存并发送"，将演示文稿打包成可自动放映的 CD

    B. 将演示文稿另存为.PPSX 文件格式

    C. 将演示文稿另存为.POTX 文件格式

    D. 将演示文稿另存为.PPTX 文件格式

11. 在 PowerPoint 中，幻灯片浏览视图主要用于_____。

    A. 对所有幻灯片进行整理编排或次序调整

    B. 对幻灯片的内容进行编辑修改及格式调整

    C. 对幻灯片的内容进行动画设计

    D. 观看幻灯片的播放效果

12. 在 PowerPoint 中，旋转图片的最快捷方法是_____。

    A. 拖动图片四个角的任一控制点   B. 设置图片格式

    C. 拖动图片上方绿色控制点   D. 设置图片效果

13. 李老师制作完成了一个带有动画效果的 PowerPoint 教案，她希望在课堂上可以按照自己讲课的节奏自动播放，最优的操作方法是_____。

    A. 为每张幻灯片设置特定的切换持续时间，并将演示文稿设置为自动播放

    B. 在练习过程中，利用"排练计时"功能记录适合的幻灯片切换时间，然后播放即可

    C. 根据讲课节奏，设置幻灯片中每一个对象的动画时间，以及每张幻灯片的自动换片时间

    D. 将 PowerPoint 教案另存为视频文件

14. 若需在 PowerPoint 演示文稿的每张幻灯片中添加包含单位名称的水印效果，最优的操作方法是_____。

    A. 制作一个带单位名称的水印背景图片，然后将其设置为幻灯片背景

    B. 添加包含单位名称的文本框，并置于每张幻灯片的底层

    C. 在幻灯片母版的特定位置放置包含单位名称的文本框

    D. 利用 PowerPoint 插入"水印"功能实现

15. 邱老师在学期总结 PowerPoint 演示文稿中插入了一个 SmartArt 图形，她希望将该 SmartArt 图形的动画效果设置为逐个形状播放，最优的操作方法是_____。

    A. 为该 SmartArt 图形选择一个动画类型，然后再进行适当的动画效果设置

    B. 只能将 SmartArt 图形作为一个整体设置动画效果，不能分开指定

    C. 先将该 SmartArt 图形取消组合，然后再为每个形状依次设置动国

    D. 先将该 SmartArt 图形转换为形状，然后取消组合，再为每个形状依次设置动画

16. 小江在制作公司产品介绍的 PowerPoint 演示文稿时，希望每类产品可以通过不同的演示主题进行展示，最优的操作方法是_____。

A. 为每类产品分别制作演示文稿，每份演示文稿均应用不同的主题

　　B. 为每类产品分别制作演示文稿，每份演示文稿均应用不同的主题，然后将这些演示文稿合并为一

　　C. 在演示文稿中选择中每类产品所包含的所有幻灯片，分别为其应用不同的主题

　　D. 通过 PowerPoint 中"主题分布"功能，直接应用不同的主题

17. 需在 PowerPoint 演示文档的一张幻灯片后增加一张新幻灯片，最优的操作方法是_____。

　　A. 执行"文件"后台视图的"新建"命令

　　B. 执行"插入"选项卡中的"插入幻灯片"命令

　　C. 执行"视图"选项卡中的"新建窗口"命令

　　D. 在普通视图左侧的幻灯片缩略图中按 Enter 键

18. 以下关于表格的叙述中，错误的是_____。

　　A. 在幻灯片浏览视图模式下，不可以向幻灯片中插入表格

　　B. 只要将光标定位到幻灯片中的表格，立即出现"表格工具"选项卡

　　C. 可以为表格设置图片背景

　　D. 不能在表格单元格中插入斜线

19. 设置 PowerPoint 演示文稿中的 SmartArt 图形动画，要求一个分支形状展示完成后再展示下一分支形状内容，最优的操作方法是_____。

　　A. 将 SmartArt 动画效果设置为"作为一个对象"。

　　B. 将 SmartArt 动画效果设置为"全部一起"。

　　C. 将 SmartArt 动画效果设置为"逐个"。

　　D. 将 SmartArt 动画效果设置为"逐个按级别"。

20. 在 PowerPoint 演示文稿中通过分节组织幻灯片，如果要求一节内的所有幻灯片切换方式一致，最优的操作方法是_____。

　　A. 分别选中该节的每一张幻灯片，逐个设置其切换方式

　　B. 选中该节的一张幻灯片，然后按住 Ctrl 键，逐个选中该节的其他幻灯片，再设置切换方式

　　C. 选中该节的第一张幻灯片，然后按住 Shift 键，单击该节的最后一张幻灯片，再设置切换方式

　　D. 单击节标题，再设置切换方式

21. 可以在 PowerPoint 同一窗口中显示多张幻灯片，并在幻灯片下方显示编号的视图是_____。

　　A. 普通视图　　　　　　　　　　　　B. 幻灯片浏览视图

　　C. 备注页视图　　　　　　　　　　　D. 阅读视图

22. 针对 PowerPoint 幻灯片中图片对象的操作，以下描述中错误的是_____。

　　A. 可以在 PowerPoint 中直接删除图片对象的背景

　　B. 可以在 PowerPoint 中直接将彩色图片转换为黑白图片

　　C. 可以在 PowerPoint 中直接将图片转换为铅笔素描效果

　　D. 可以在 PowerPoint 中将图片另存为.PSD 文件格式

23. 在 PowerPoint 演示文稿普通视图的幻灯片缩略图窗格中，需要将第 3 张幻灯片在其

后面再复制一张，最快捷的操作方法是_____。

    A. 用鼠标拖动第 3 张幻灯片到第 3、4 幻灯片之间时按下 Ctrl 键并放开鼠标

    B. 按下 Ctrl 键再用鼠标拖动第 3 张幻灯片到第 3、4 幻灯片之间

    C. 用右键单击第 3 张幻灯片并选择"复制幻灯片"命令

    D. 选择第 3 张幻灯片并通过复制、粘贴功能实现复制

24. 在 PowerPoint 中可以通过分节来组织演示文稿中的幻灯片，在幻灯片浏览视图中选中一节中所有幻灯片的最优方法是_____。

    A. 单击节名称即可

    B. 按下 Ctrl 键不放，依次单击节中的幻灯片

    C. 选择节中的第 1 张幻灯片，按下 Shift 键不放，再单击节中的末张幻灯片

    D. 直接拖动鼠标选择节中的所有幻灯片

25. 在 PowerPoint 中可以通过多种方法创建一张新幻灯片，下列操作方法错误的是_____。

    A. 在普通视图的幻灯片缩略图窗格中，定位光标后按 Enter 键

    B. 在普通视图的幻灯片缩略图窗格中单击右键，从快捷菜单中选择"新建幻灯片"命令

    C. 在普通视图的幻灯片缩略图窗格中定位光标，从"开始"选项卡上单击"新建幻灯片"按钮

    D. 在普通视图的幻灯片缩略图窗格中定位光标，从"插入"选项卡上单击"幻灯片"按钮

26. 如果希望每次打开 PowerPoint 演示文稿时，窗口中都处于幻灯片浏览视图，最优的操作方法是_____。

    A. 通过"视图"选项卡上的"自定义视图"按钮进行指定

    B. 每次打开演示文稿后，通过"视图"选项卡切换到幻灯片浏览视图

    C. 每次保存并关闭演示文稿前，通过"视图"选项卡切换到幻灯片浏览视图

    D. 在后台视图中，通过高级选择项设置用幻灯片浏览视图打开全部文档

27. 小马正在制作有关员工培训的新演示文稿，他想借鉴自己以前制作的某个培训文稿中的部分幻灯片，最优的操作方法是_____。

    A. 将原演示文稿中有用的幻灯片一一复制到新文稿中

    B. 放弃正在编辑的新文稿，直接在原演示文稿中进行增删修改，并另行保存

    C. 通过"重用幻灯片"功能将原文稿中有用的幻灯片引用到新文稿中

    D. 单击"插入"选项卡上的"对象"按钮，插入原文稿中的幻灯片

28. 在 PowerPoint 演示文稿中利用"大纲"窗格组织、排列幻灯片中的文字时，输入幻灯片标题后进入下一级文本输入状态的最快捷方法是_____。

    A. 按 Ctrl+Enter 组合键

    B. 按 Shift+Enter 组合键

    C. 按回车键 Enter 后，从右键菜单中选择"降级"

    D. 按回车键 Enter 后，再按 Tab 键

29. 在 PowerPoint 普通视图中编辑幻灯片时，需将文本框中的文本级别由第二级调整为第三级，最优的操作方法是_____。

    A. 在文本最右边添加空格形成缩进效果

    B. 当光标位于文本最右边时按 Tab 键

C. 在段落格式中设置文本之前缩进距离

D. 当光标位于文本中时，单击"开始"选项卡上的"提高列表级别"按钮

30. 在 PowerPoint 中制作演示文稿时，希望将所有幻灯片中标题的中文字体和英文字体分别统一为微软雅黑、Arial，正文的中文字体和英文字体分别统一为仿宋、Arial，最优的操作方法是_____。

A. 在幻灯片母版中通过"字体"对话框分别设置占位符中的标题和正文字体

B. 在一张幻灯片中设置标题、正文字体，然后通过格式刷应用到其他幻灯片的相应部分

C. 通过"替换字体"功能快速设置字体

D. 通过自定义主题字体进行设置

31. 小李利用 PowerPoint 制作一份学校简介的演示文稿，他希望将学校外景图片铺满每张幻灯片，最优的操作方法是_____。

A. 在幻灯片母版中插入该图片，并调整大小及排列方式

B. 将该图片文件做为对象插入全部幻灯片中

C. 将该图片做为背景插入并应用到全部幻灯片中

D. 在一张幻灯片中插入该图片，调整大小及排列方式，然后复制到其他幻灯片

32. 小明利用 PowerPoint 制作一份考试培训的演示文稿，他希望在每张幻灯片中添加包含"样例"文字的水印效果，最优的操作方法是_____。

A. 通过"插入"选项卡上的"插入水印"功能输入文字并设定版式

B. 在幻灯片母版中插入包含"样例"两字的文本框，并调整其格式及排列方式

C. 将"样例"两字制作成图片，再将该图片做为背景插入并应用到全部幻灯片中

D. 在一张幻灯片中插入包含"样例"两字的文本框，然后复制到其他幻灯片

33. 销售员小李手头有一份公司新产品介绍的 Word 文档，为了更加形象地向客户介绍公司新产品的特点，他需要将 Word 文档中的内容转换成 PPT 演示文稿进行播放，为了顺利完成文档的转换，以下最优的操作方法是_____。

A. 新建一个 PPT 演示文稿文件，然后打开 Word 文档，将文档中的内容逐一复制粘贴到 PPT 的幻灯片中

B. 将 Word 文档打开，切换到大纲视图，然后新建一个 PPT 文件，使用"开始"选项卡下"幻灯片"组中的"新建幻灯片"按钮下拉列表中的"幻灯片（从大纲）"，将 Word 内容转换成 PPT 文档中的每一页幻灯片

C. 将 Word 文档打开，切换到大纲视图，然后选中 Word 文档中作为 PPT 每页幻灯片标题的内容，将大纲级别设置为 1 级，将 Word 文档中作为 PPT 每页内容的文本的大纲级别设置为 2 级，最后使用"开始"选项卡下"幻灯片"组中的"新建幻灯片"按钮下拉列表中的"幻灯片（从大纲）"，将 Word 内容转换成 PPT 文档中的每一页幻灯片

D. 首先确保 Word 文档未被打开，然后新建一个 PPT 文件，单击"插入"选项卡下"文本"组中的"对象"按钮，从弹出的对话框中选择"由文件创建"，单击"浏览"按钮，选择需要插入的 Word 文件，最后点击"确定"按钮，将 Word 内容转换成 PPT 文档中的每一页幻灯片

34. 小梅需将 PowerPoint 演示文稿内容制作成一份 Word 版本讲义，以便后续可以灵活编辑及打印，最优的操作方法是_____。

A. 将演示文稿另存为"大纲/RTF 文件"格式，然后在 Word 中打开

B. 在 PowerPoint 中利用"创建讲义"功能，直接创建 Word 讲义

C. 将演示文稿中的幻灯片以粘贴对象的方式一张张复制到 Word 文档中

D. 切换到演示文稿的"大纲"视图，将大纲内容直接复制到 Word 文档中

35. 在使用 PowerPoint 2019 制作的演示文稿中，多数页面中都添加了备注信息，现在需要将这些备注信息删除掉，以下最优的操作方法是_____。

A. 打开演示文稿文件，逐一检查每页幻灯片的备注区，若有备注信息，则将备注信息删除

B. 单击"视图"选项卡下"母板视图"组中的"备注母版"按钮，打开"备注母版"视图，在该视图下删除备注信息

C. 单击"文件"选项卡下"信息"选项下的"检查问题"按钮，从下拉列表中选择"检查文档"按钮，弹出"文档检查器"对话框，勾选"演示文稿备注"复选框，然后单击"检查"按钮。检查完成后单击"演示文稿备注"右侧的"全部删除"按钮

D. 单击"视图"选项卡下"演示文稿视图"组中的"备注页"按钮，切换到"备注页"视图，在该视图下逐一删除幻灯片中的备注信息

36. 小刘正在整理公司各产品线介绍的 PowerPoint 演示文稿，因幻灯片内容较多，不易于对各产品线演示内容进行管理。快速分类和管理幻灯片的最优操作方法是_____。

A. 将演示文稿拆分成多个文档，按每个产品线生成一份独立的演示文稿

B. 为不同的产品线幻灯片分别指定不同的设计主题，以便浏览

C. 利用自定义幻灯片放映功能，将每个产品线定义为独立的放映单元

D. 利用节功能，将不同的产品线幻灯片分别定义为独立节

37. 小吕在利用 PowerPoint 2019 制作旅游风景简介演示文稿时插入了大量的图片，为了减小文档体积以便通过邮件方式发送给客户浏览，需要压缩文稿中图片的大小，最佳的操作方法是_____。

A. 直接利用压缩软件来压缩演示文稿的大小

B. 先在图形图像处理软件中调整每个图片的大小，再重新替换到演示文稿中

C. 在 PowerPoint 中通过调整缩放比例、剪裁图片等操作来减小每张图片的大小

D. 直接通过 PowerPoint 提供的"压缩图片"功能压缩演示文稿中图片的大小

38. 某大学宣传部准备制作一份主要由图片构成的、介绍学校景色特点的 PPT，组织和管理大量图片的最有效方法是_____。

A. 通过分节功能来组织和管理包含大量图片的幻灯片

B. 通过插入相册功能制作包含大量图片的演示文稿

C. 直接在幻灯片中依次插入图片并进行适当排列和修饰

D. 先在幻灯片母版中排列好图片占位符，然后在幻灯片中逐个插入图片

39. 在一个 PPT 演示文稿的一张幻灯片中，有两个图片文件，其中图片 1 把图片 2 覆盖住了，若要设置为图片 2 覆盖住图片 1，以下最优的操作方法是_____。

A. 选中图片 1，单击鼠标右键，选择置于顶层

B. 选中图片 2，单击鼠标右键，选择置于底层

C. 选中图片 1，单击鼠标右键，选择置于顶层/上移一层

D. 选中图片 2，单击鼠标右键，选择置于顶层/上移一层

40. 将 Excel 工作表中的数据粘贴到 PowerPoint 中，当 Excel 中的数据内容发生改变时，保持 PowerPoint 中的数据同步发生改变，以下最佳的操作方法是_____。

A. 使用复制→粘贴→保留原格式

B. 使用复制→粘贴→使用目标主题

C. 使用复制→选择性粘贴→粘贴→Microsoft 工作表对象

D. 使用复制→选择性粘贴→粘贴链接→Microsoft 工作表对象

3.2.2　参考答案

1. A	2. A	3. C	4. B
5. C	6. D	7. A	8. D
9. C	10. B	11. A	12. C
13. A	14. A	15. A	16. A
17. D	18. D	19. C	20. D
21. B	22. D	23. C	24. A
25. D	26. D	27. C	28. A
29. D	30. A	31. C	32. B
33. C	34. B	35. C	36. D
37. D	38. B	39. D	40. D

习题 5   *公共基础知识习题

5.1   选择题

1. 下列关于栈和队列的描述中，正确的是（   ）。
A. 栈是先进先出的
B. 队列是先进后出的
C. 队列允许在队友删除元素
D. 栈在栈顶删除元素

2. 已知二叉树后序遍历序列是 CDABE，中序遍历序列是 CADEB，它的前序遍历序列是（   ）。

A. ABCDE   B. ECABD   C. EACDB   D. CDEAB

3. 在数据流图中，带有箭头的线段表示的是（   ）。
A. 控制流   B. 数据流   C. 模块调用   D. 事件驱动

4. 结构化程序设计的 3 种结构是（   ）。
A. 顺序结构，分支结构，跳转结构
B. 顺序结构，选择结构，循环结构
C. 分支结构，选择结构，循环结构
D. 分支结构，跳转结构，循环结构

5. 下列方法中，不属于软件调试方法的是（   ）。
A. 回溯法   B. 强行排错法   C. 集成测试法   D. 因排除法

6. 下列选项中，不属于模块间耦合的是（   ）。
A. 内容耦合   B. 异构耦合   C. 控制耦合   D. 数据耦合

7. 下列特征中不是面向对象方法的主要特征的是（   ）。
A. 多态性   B. 标识唯一性   C. 封装性   D. 耦合性

8. 在数据库设计中，将 E-R 图转换成关系数据模型的过程属于（   ）。
A. 需求分析阶段
B. 概念设计阶段
C. 逻辑设计阶段
D. 物理设计阶段

9. 在一棵二叉树上，第 5 层的结点数最多是（   ）。
A. 8   B. 9   C. 15   D. 16

10. 下列有关数据库的描述中，正确的是（   ）。
A. 数据库设计是指设计数据库管理系统
B. 数据库技术的根本目标是要解决数据共享的问题
C. 数据库是一个独立的系统，不需要操作系统的支持
D. 数据库系统中，数据的物理结构必须与逻辑结构一致

11. 下面关于算法的叙述中，正确的是（　　　　）。

A. 算法的执行效率与数据的存储结构无关

B. 算法的有穷性是指算法必须能在有限个步骤之后终止

C. 算法的空间复杂度是指算法程序中指令（或语句）的条数

D. 以上三种描述都正确

12. 下列二叉树描述中，正确的是（　　　　）。

A. 任何一棵二叉树必须有一个度为 2 的结点

B. 二叉树的度可以小于 2

C. 非空二叉树有 0 个或 1 个根结点

D. 至少有 2 个根结点

13. 如果进栈序列为 A，B，C，D，则可能的出栈序列是（　　　　）。

A. C,A,D,B　　　　　　B. B,D,C,A　　　　　　C. C,D,A,B　　　　　　D. 任意顺序

14. 下列各选项中，不属于序言性注释的是（　　　　）。

A. 程序标题　　　　　B. 程序设计者　　　　C. 主要算法　　　　D. 数据状态

15. 下列模式中，能够给出数据库物理存储结构与物理存取方法的是（　　　　）。

A. 内模式　　　　　　B. 外模式　　　　　C. 概念模式　　　　D. 逻辑模式

16. 下列叙述中，不属于软件需求规格说明书的作用的是（　　　　）。

A. 便于用户，开发人员进行理解和交流

B. 反映出用户问题的结构，可以作为软件开发工作的基础和依据

C. 作为确认测试和验收的依据

D. 便于开发人员进行需求分析

17. 下列不属于软件工程 3 个要素的是（　　　　）。

A. 工具　　　　　　　B. 过程　　　　　　C. 方法　　　　　　D. 环境

18. 数据库系统在其内部具有 3 级模式，用来描述数据库中全体数据的全局逻辑结构和特性的是（　　　　）。

A. 外模式　　　　　　B. 概念模式　　　　C. 内模式　　　　D. 存储模式

19. 将 E-R 图转换到关系模式时，实体与联系都可以表示成（　　　　）。

A. 属性　　　　　　B. 关系　　　　　　C. 记录　　　　　　D. 码

20. 某二叉树中度为 2 的结点有 10 个，则该二叉树中有（　　　　）个叶子结点。

A. 9　　　　　　　　B. 10　　　　　　　C. 11　　　　　　D. 12

21. 算法的时间复杂度是指（　　　　）。

A. 算法的长度　　　　　　　　　　　B. 执行算法所需要的时间

C. 算法中的指令条数　　　　　　　　D. 算法执行过程中所需要的基本运算次数

22. 以下数据结构中，属于非线性数据结构的是（　　　　）。

A. 栈　　　　　　　　B. 线性表　　　　　C. 队列　　　　　　D. 二叉树

23. 数据结构中，与所使用的计算机无关的是数据的（　　　　）。

A. 存储结构　　　　　B. 物理结构　　　　C. 逻辑结构　　　　D. 线性结构

24. 内聚性是对模块功能强度的衡量，下列选项中，内聚性较弱的是（　　　　）。

A. 顺序内聚　　　　　B. 偶然内聚　　　　C. 时间内聚　　　　D. 逻辑内聚

25. 在关系中凡能唯一标识元组的最小属性集称为该表的键或码。二维表中可能有若干

个键，它们称为该表的（　　）。

    A. 连接码　　　　　　B. 关系码　　　　　　C. 外码　　　　　　D. 候选码

26. 检查软件产品是否符合需求定义的过程称为（　　）。

    A. 确认测试　　　　　B. 需求测试　　　　　C. 验证测试　　　　　D. 路经测试

27. 数据流图用于抽象描述一个软件的逻辑模型，数据流图由一些特定的图符构成。下列图符名标识的图符不属于数据流图合法图符的是（　　）。

    A. 控制流　　　　　　B. 加工　　　　　　　C. 存储文件　　　　　D. 源和潭

28. 待排序的关键码序列为（15，20，9，30，67，65，45，90），要按关键码值递增的顺序排序，采取简单选择排序法，第一趟排序后关键码 15 被放到第（　　）个位置。

    A. 2　　　　　　　　　B. 3　　　　　　　　　C. 4　　　　　　　　　D. 5

29. 对关系 S 和关系 R 进行集合运算，结果中既包含关系 S 中的所有元组也包含关系 R 中的所有元组，这样的集合运算称为（　　）。

    A. 并运算　　　　　　B. 交运算　　　　　　C. 差运算　　　　　　D. 除运算

30. 下列选项中，不属于数据管理员的职责是（　　）。

    A. 数据库维护　　　　　　　　　　　　B. 数据库设计

    C. 改善系统性能，提高系统效率　　　　D. 数据类型转换

31. 数据结构主要研究的是数据的逻辑结构、数据的运算和（　　）。

    A. 数据的方法　　　　　　　　　　　　B. 数据的存储结构

    C. 数据的对象　　　　　　　　　　　　D. 数据的逻辑存储

32. 一棵二叉树的前序遍历结果是 ABCEDF，中序遍历结果是 CBAEDF，则其后序遍历的结果是（　　）。

    A. DBACEF　　　　　B. CBEFDA　　　　　C. FDAEBC　　　　　D. DFABEC

33. 在数据处理中，其处理的最小单位是（　　）。

    A. 数据　　　　　　　B. 数据项　　　　　　C. 数据结构　　　　　D. 数据元素

34. 在数据库系统的内部结构体系中，索引属于（　　）。

    A. 模式　　　　　　　B. 内模式　　　　　　C. 外模式　　　　　　D. 概念模式

35. 以下（　　）不属于对象的基本特征。

    A. 继承性　　　　　　B. 封装性　　　　　　C. 分类性　　　　　　D. 多态性

36. 数据库系统的核心是（　　）。

    A. 数据模型　　　　　B. 软件开始　　　　　C. 数据库设计　　　　D. 数据库管理系统

37. 开发软件所需高成本和产品的低质量之间有着尖锐的矛盾，这种现象称为（　　）。

    A. 软件矛盾　　　　　B. 软件危机　　　　　C. 软件耦合　　　　　D. 软件产生

38. 关系模型允许定义 3 类数据约束，下列不属于数据约束的是（　　）。

    A. 实体完整性约束　　　　　　　　　　B. 参照完整性约束

    C. 属性完整性约束　　　　　　　　　　D. 用户自定义的完整性约束

39. 关系表中的每一行记录称为一个（　　）。

    A. 字段　　　　　　　B. 元组　　　　　　　C. 属性　　　　　　　D. 关键码

40. 在数据库管理技术的发展中，数据独立性最高的是（　　）。

    A. 人工管理　　　　　B. 文件系统　　　　　C. 数据库系统　　　　D. 数据模型

41. 在结构化方法中，用数据流程图（DFD）作为描述工具的软件开发阶段是（　　）。

A. 逻辑设计   B. 需求分析   C. 详细设计   D. 物理设计

42. 对序线性表（23，29，34，55，60，70，78），用二分法查找值为 60 的元素时，需要比较次数为（   ）。

     A. 1   B. 2   C. 3   D. 4

43. 下列描述中，正确的是（   ）。

     A. 线性链表是线性表的链式存储结构

     B. 栈与队列是非线性结构

     C. 双向链表是非线性结构

     D. 只有根结点的二叉树是线性结构

44. 开发大型软件时，产生困难的根本原因是 （   ）。

     A. 大型系统的复杂性   B. 人员知识不足

     C. 客观时间千变万化   D. 时间紧、任务重

45. 两个或两个以上的模块之间关联的紧密程度称为（   ）。

     A. 耦合度   B. 内聚度   C. 复杂度   D. 连接度

46. 下列关于线性表的叙述中，不正确的是（   ）。

     A. 线性表可以是空表

     B. 线性表是一种线性结构

     C. 线性表的所有结点有且仅有一个前件和后件

     D. 线性表是由 n 个元素组成的一个有限序列

47. 设有如下关系表：

R				S				T		
A	B	C		A	B	C		A	B	C
4	5	6		4	5	6		4	5	6
5	6	4		10	9	4				
7	8	9								

则下列操作正确的是（   ）。

     A. T=R/S   B. T=R*S   C. T=R∩S   D. T=R∪S

48. 以下描述中，不是线性表顺序存储结构特征的是（   ）。

     A. 可随机访问   B. 需要连续的存储空间

     C. 不便于插入和删除   D. 逻辑相似的数据物理位置上不相邻

49. 在三级模式之间引入两层映象，其主要功能之一是（   ）。

     A. 使数据与程序具有较高的独立性   B. 使系统具有较高的通道能力

     C. 保持数据与程序的一致性   D. 提高存储空间的利用率

50. 下列方法中，属于白盒法设计测试用例的方法的是（   ）。

     A. 错误推测   B. 因果图   C. 基本路经测试   D. 边界值分析

51. 算法的空间复杂度是指（   ）。

     A. 算法程序的长度   B. 算法程序中的指令条数

     C. 算法程序所占的存储空间   D. 算法执行过程中所需要的存储空间

52. 下列叙述中正确的是（   ）。

A. 一个逻辑数据结构只能有一种存储结构

B. 逻辑结构属于线性结构，存储结构属于非线性结构

C. 一个逻辑数据结构可以有多种存储结构，且各种存储结构不影响数据处理的效率

D. 一个逻辑数据结构可以有多少种存储结构，且各种存储结构影响数据处理的效率

53. 下列关于类、对象、属性和方法的叙述中，错误的是（　　）。

A. 类是对一类具有相同的属性和方法对象的描述

B. 属性用于描述对象的状态

C. 方法用于表示对象的行为

D. 基于同一个产生的两个对象不可以分别设置自己的属性值

54. 在软件开发中，需求分析阶段产生的主要文档是（　　）。

A. 数据字典　　　　　　　　　　　　　　B. 详细设计说明书

C. 数据流图说明书　　　　　　　　　　　D. 软件需求规格说明书

55. 数据库设计的 4 个阶段是：需求分析、概念设计、逻辑设计和（　　）。

A. 编码设计　　　　　B. 测试阶段　　　　　C. 运行阶段　　　　　D. 物理设计

56. 在下列关系运算中，不改变关系表中的属性个数但能减少元组个数的是（　　）。

A. 并　　　　　　　　B. 交　　　　　　　　C. 投影　　　　　　　D. 除

57. 下列叙述中，正确的是（　　）。

A. 软件交付使用后还需要进行维护

B. 软件一旦交付使用就不需要再进行维护

C. 软件交付使用后其生命周期就结束

D. 软件维护是指修复程序中被破坏的指令

58. 设一棵满二叉树共有 15 个结点，则在该满二叉树中的叶子结点数为（　　）。

A. 7　　　　　　　　　B. 8　　　　　　　　C. 9　　　　　　　　D. 10

59. 设 R 是一个 2 元关系，有 3 个元组，S 是一个 3 元关系，有 3 个元组。如 T= R×S，则 T 的元组的个数为（　　）。

A. 6　　　　　　　　　B. 8　　　　　　　　C. 9　　　　　　　　D. 12

60. 下列选项中，不属于数据库管理的是（　　）。

A. 数据库的建立　　　　　　　　　　　　B. 数据库的调整

C. 数据库的监控　　　　　　　　　　　　D. 数据库的校对

61. 线性表常采用的两种存储结构是（　　）。

A. 散列方法和索引方式　　　　　　　　　B. 链表存储结构和数组

C. 顺序存储结构和链式存储结构　　　　　D. 线性存储结构和非线性存储结构

62. 软件需求分析阶段的工作，可以分为 4 个方面：需求获取、编写需求规格说明书、需求评审和（　　）。

A. 阶段性报告　　　　B. 需求分析　　　　　C. 需求总结　　　　　D. 都不正确

63. 在软件生命周期中，能准确地确定软件系统必须做什么和必须具备哪些功能的阶段是（　　）。

A. 需求分析　　　　　B. 详细设计　　　　　C. 软件设计　　　　　D. 概要设计

64. 对建立良好的程序设计风格，下面描述中正确的是（　　）。

A. 程序应简单、清晰、可读性好　　　　　B. 符号名的命名只要符合语法

C. 充分考虑程序的执行效率 D. 程序的注释可有可无

65. 下列工具中，不属于结构化分析的常用工具的是 （   ）。

A. 数据流图　　　　B. 数据字典　　　　C. 判定树　　　　D. N-S 图

66. 在软件生产过程中，需求信息的来源是 （   ）。

A. 程序员　　　　B. 项目经理　　　　C. 设计人员　　　　D. 软件用户

67. 对关系 S 和 R 进行集合运算，结果中既包含 S 中的所有元组也包含 R 中的所有元组，这样的集合运算称为（   ）。

A. 并运算　　　　B. 交运算　　　　C. 差运算　　　　D. 积运算

68. 设有关键码序列(Q，G，M，Z，A，N，B，P，X，H，Y，S，T，L，K，E)，采用堆排序法进行排序，经过初始建堆后关键码值 B 在序列中的序号是（   ）。

A. 1　　　　B. 3　　　　C. 7　　　　D. 9

69. 数据库的故障恢复一般是由（   ）来执行恢复的。

A. 电脑用户　　　　　　　　B. 数据库恢复机制

C. 数据库管理员　　　　　　D. 系统普通用户

70. 下列选项中，不属于数据模型所描述的内容的是（   ）。

A. 数据类型　　　　B. 数据操作　　　　C. 数据结构　　　　D. 数据约束

71. 算法的有穷性是指（   ）。

A. 算法程序的运行时间是有限的　　　　B. 算法程序所处理的数据量是有限的

C. 算法程序的长度是有限的　　　　　　D. 算法只能被有限的用户使用

72. 下列关于栈的描述中，正确的是（   ）。

A. 在栈中只能插入元素

B. 在栈中只能删除元素

C. 只能在一端插入或删除元素

D. 只能在一端插入元素，而在另一端删除元素

73. 在一棵二叉树中，叶子结点共有 30 个，度为 1 的结点共有 40 个，则该二叉树中的总结点数共有（   ）个

A. 89　　　　B. 93　　　　C. 99　　　　D. 100

74. 对下列二叉树进行中序遍历的结果是（   ）。

A. ABCDEFGH　　B. ABDGEHCF　　C. GDBEHACF　　D. GDHEBFCA

75. 设有表示学生选课的三张表，学生表（学号，姓名，性别），课程表（课程号，课程名），选课成绩表（学号，课程号，成绩），则选课成绩表的关键字为（   ）。

A. 课程号，成绩　　　　　　B. 学号，成绩

C. 学号，课程号　　　　　　D. 学号，课程号，成绩

76. 详细设计主要确定每个模块具体执行过程，也称过程设计，下列不属于过程设计工具的是（   ）。

A. DFD 图　　　　B. PAD 图　　　　C. N-S 图　　　　D. PDL

77. 下列关于软件测试的目的和准则的叙述中，正确的是（   ）。

A. 软件测试是证明软件没有错误

B. 主要目的是发现程序中的错误

C. 主要目的是确定程序中错误的位置

D. 测试最好由程序员自己来检查自己的程序

78. 在 E-R 图中，用（　　）来表示实体之间联系。

A. 矩形　　　　　　　B. 菱形　　　　　　　C. 椭圆形　　　　　　D. 正方形

79. 在数据库系统中，数据库用户能够看见和使用的局部数据的逻辑结构和特征的描述是（　　）。

A. 外模式　　　　　　B. 逻辑模式　　　　　C. 概念模式　　　　　D. 物理模式

80. 设有如下关系表：

R				S				T	
A	B	C		A	B	C		A	B
3	3	5		6	3	6		3	3
5	5	6						5	5
								6	3

由关系 R 和 S 通过运算得到关系 T，则所使用的运算为（　　）。

A. T=R∩S　　　　　　B. T=R∪S　　　　　　C. T=R*S　　　　　　D. T=R/S

81. 在关系代数运算中，有 5 种基本运算，它们是（　　）。

A. 并（∪）、差（-）、交（∩）、除（÷）和笛卡儿积（*）

B. 并（∪）、差（-）、交（∩）、投影（∏）和选择

C. 并（∪）、交（∩）、投影（∏）、选择（σ）和笛卡儿积（*）

D. 并（∪）、差（-）、投影（∏）、选择（σ）和笛卡儿积（*）

82. 在数据库系统的组织结构中，下列（　　）映射把用户数据库与概念数据库联系了起来。（　　）

A. 外模式/模式　　　　　　　　　　　　B. 内模式/外模式

C. 模式/内模式　　　　　　　　　　　　D. 内模式/模式

83. 下列关于线性链表的描述中，正确的是（　　）。

Ⅰ、只含有一个指针域来存放下一个元素地址　Ⅱ、指针域中的指针用于指向该结点的前一个或后一个结点（即前件或后件）Ⅲ、结点由两部分组成：数据域和指针域。

A. 仅Ⅰ、Ⅱ　　　　　B. 仅Ⅰ、Ⅲ　　　　　C. 仅Ⅱ、Ⅲ　　　　　D. 全部

84. 下面关于数据库三级模式结构的叙述中，正确的是（　　）。

A. 内模式可以有多个，外模式和模式只有一个

B. 外模式可以有多个，内模式和模式只有一个

C. 内模式只有一个，模式和外模式可以有多个

D. 模式只有一个，外模式和内模式可以有多个

85. 设有关键码序列（66，13，51，76，81，26，57，69，23），要按关键码值递增的次序排序，若采用快速排序法，并以第一个元素为划分的基准，那么第一趟划分后的结果为（　　）。

A. 23,13,51,57,66,26,81,69,76　　　　　B. 13,23,26,51,57,66,81,76,69

C. 23,13,51,57,26,66,81,69,76　　　　　D. 23,13,51,57,81,26,66,69,76

86. 下列哪一条不属于数据库设计的任务？（　　）。

A. 设计数据库应用结构　　　　　　　　B. 设计数据库概论结构

C. 设计数据库逻辑结构　　　　　　　　D. 设计数据库物理结构

87. 数据库技术的根本目标是（　　）。

A. 数据存储　　　　　B. 数据共享　　　　　C. 数据查询　　　　　D. 数据管理

88. 需求分析阶段的任务是（　　）。

A. 软件开发方法　　　　　　　　　　B. 软件开发工具

C. 软件开发费用　　　　　　　　　　D. 软件系统功能

89. 关系数据库管理系统能实现的专门关系运算包括（　　）。

A. 排序、索引、统计　　　　　　　　B. 选择、投影、连接

C. 关联、更新、排序　　　　　　　　D. 显示、打印、制表

90. 数据管理技术发展的三个阶段中，（　　）没有专门的软件对数据进行管理。

Ⅰ. 人工管理阶段　　Ⅱ. 文件系统阶段　　Ⅲ. 数据库阶段

A. 仅Ⅰ　　　　　　　B. 仅Ⅲ　　　　　　　C. Ⅰ和Ⅱ　　　　　　D. Ⅱ和Ⅲ

91. 下列数据结构中，能用二分法进行查找的是（　　）。

A. 无序线性表　　　　B. 线性链表　　　　　C. 二叉链表　　　　　D. 顺序存储的有序表

92. 下列叙述中，不属于设计准则的是（　　）。

A. 提高模块独立性　　　　　　　　　B. 使模块的作用域在该模块的控制域中

C. 设计成多入口、多出口模块　　　　D. 涉及功能可预测的模块

93. 下面关于队列的描述中，正确的是（　　）。

A. 队列属于非线性表

B. 队列在队尾删除数据

C. 队列按"先进后出"进行数据操作

D. 队列按"先进先出"进行数据操作

94. 对下列二叉树进行前序遍历的结果为（　　）。

A. ABCDEFGH　　　　B. ABDGEHCF　　　　C. GDBEHACF　　　　D. GDHEBFCA

95. 对于长度为 n 的线性表，在最坏情况下，下列各排序法所对应的比较次数中正确的是（　　）。

A. 冒泡排序为 $n(n-1)/2$　　　　　　B. 简单插入排序为 n

C. 希尔排序为 n　　　　　　　　　　D. 快速排序为 $n/2$

96. 为了使模块尽可能独立，要求（　　）。

A. 内聚程度要尽量高，耦合程度要尽量强

B. 内聚程度要尽量高，耦合程度要尽量弱

C. 内聚程度要尽量低，耦合程度要尽量弱

D. 内聚程度要尽量低，耦合程度要尽量强

97. 下列选项中不属于软件生命周期开发阶段任务的是（　　）。

A. 软件测试　　　　　B. 概要设计　　　　　C. 软件维护　　　　　D. 详细设计

98. 数据独立性是数据库技术的重要特点之一。所谓数据独立性是指（　　）。

A. 数据与程序独立存放

B. 不同的数据被存放在不同的文件中

C. 不同的数据只能被对应的应用程序所使用

D. 以上三种说法都不对

99. 在学校中，"班级"与"学生"两个实体集之间的联系属于（　　）关系。

A. 一对一   B. 一对多   C. 多对一   D. 多对多

100. 软件调试的目的是（   ）。

A. 发现错误   B. 改善软件的性能

C. 改正错误   D. 验证软件的正确性

5.2   参考答案

1. D	2. C	3. B	4. B
5. C	6. B	7. D	8. C
9. D	10. B	11. B	12. B
13. B	14. D	15. A	16. D
17. D	18. B	19. B	20. C
21. D	22. D	23. C	24. B
25. D	26. A	27. A	28. A
29. A	30. D	31. B	32. B
33. B	34. B	35. A	36. D
37. B	38. C	39. B	40. C
41. B	42. C	43. A	44. A
45. A	46. C	47. C	48. D
49. A	50. C	51. D	52. D
53. D	54. D	55. D	56. B
57. A	58. B	59. C	60. D
61. C	62. B	63. A	64. A
65. D	66. D	67. A	68. B
69. C	70. A	71. A	72. C
73. C	74. C	75. C	76. A
77. B	78. B	79. A	80. B
81. D	82. A	83. D	84. B
85. A	86. A	87. B	88. D
89. B	90. A	91. D	92. C
93. D	94. B	95. A	96. B
97. C	98. D	99. B	100. C